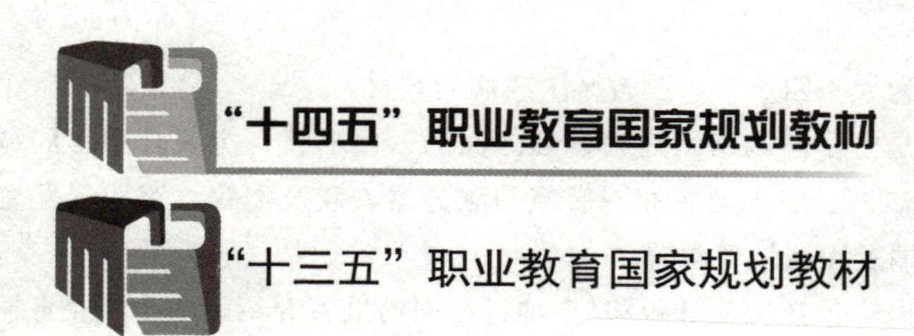

中小型网络组建与管理

主　编　乔得琢

参　编　李兴梅　李景娟　李国华　岳大安

机械工业出版社

本书为“十四五”职业教育国家规划教材。

本书是中小型网络组建与管理方面的入门书籍，主要介绍了局域网构建及规划的基础知识、中小型企业网必需的服务器安装及配置、路由器配置、交换机配置、防火墙及无线设备配置。

全书内容包括岗前准备和6个项目：岗前准备介绍了中小型企业网络组建及规划方面的知识，项目1主要介绍了网络传输介质及IP地址规划；项目2讲述了如何配置局域网中常用的服务器；项目3讲述了配置路由器和交换机上的生成树协议、VLAN、RIP、OSPF等；项目4讲述了无线技术原理及企业级无线AP的配置；项目5讲述了网络安全技术、防火墙配置NAT和网站过滤等技术；项目6通过一个综合项目展示了项目从规划到实施的整个过程。

本书适合作为各类职业院校网络搭建相关课程的教材，也可作为从事企业网络安全维护人员的参考用书。

本书配有电子课件，教师可登录机械工业出版社教育服务网（www.cmpedu.com）免费注册后下载，或联系编辑（010-88379807）咨询。

图书在版编目（CIP）数据

中小型网络组建与管理/乔得琢主编．—北京：
机械工业出版社，2019.5（2024.12重印）
“十三五”职业教育国家规划教材
ISBN 978-7-111-62566-7

Ⅰ．①中…　Ⅱ．①乔…　Ⅲ．①中小企业—计算机网络—职业教育—教材　Ⅳ．①TP393.18

中国版本图书馆CIP数据核字（2019）第072324号

机械工业出版社（北京市百万庄大街22号　邮政编码100037）
策划编辑：张星瑶　梁　伟　　责任编辑：梁　伟　李绍坤
责任校对：马立婷　　封面设计：马精明
责任印制：郜　敏
三河市骏杰印刷有限公司印刷
2024年12月第1版第15次印刷
184mm×260mm・12.75印张・293千字
标准书号：ISBN 978-7-111-62566-7
定价：43.00元

电话服务　　网络服务
客服电话：010-88361066　　机　工　官　网：www.cmpbook.com
010-88379833　　机　工　官　博：weibo.com/cmp1952
010-68326294　　金　书　网：www.golden-book.com
封底无防伪标均为盗版　　机工教育服务网：www.cmpedu.com

关于“十四五”职业教育
国家规划教材的出版说明

为贯彻落实《中共中央关于认真学习宣传贯彻党的二十大精神的决定》《习近平新时代中国特色社会主义思想进课程教材指南》《职业院校教材管理办法》等文件精神，机械工业出版社与教材编写团队一道，认真执行思政内容进教材、进课堂、进头脑要求，尊重教育规律，遵循学科特点，对教材内容进行了更新，着力落实以下要求：

1. 提升教材铸魂育人功能，培育、践行社会主义核心价值观，教育引导学生树立共产主义远大理想和中国特色社会主义共同理想，坚定“四个自信”，厚植爱国主义情怀，把爱国情、强国志、报国行自觉融入建设社会主义现代化强国、实现中华民族伟大复兴的奋斗之中。同时，弘扬中华优秀传统文化，深入开展宪法法治教育。

2. 注重科学思维方法训练和科学伦理教育，培养学生探索未知、追求真理、勇攀科学高峰的责任感和使命感；强化学生工程伦理教育，培养学生精益求精的大国工匠精神，激发学生科技报国的家国情怀和使命担当。加快构建中国特色哲学社会科学学科体系、学术体系、话语体系。帮助学生了解相关专业和行业领域的国家战略、法律法规和相关政策，引导学生深入社会实践、关注现实问题，培育学生经世济民、诚信服务、德法兼修的职业素养。

3. 教育引导学生深刻理解并自觉实践各行业的职业精神、职业规范，增强职业责任感，培养遵纪守法、爱岗敬业、无私奉献、诚实守信、公道办事、开拓创新的职业品格和行为习惯。

在此基础上，及时更新教材知识内容，体现产业发展的新技术、新工艺、新规范、新标准。加强教材数字化建设，丰富配套资源，形成可听、可视、可练、可互动的融媒体教材。

教材建设需要各方的共同努力，也欢迎相关教材使用院校的师生及时反馈意见和建议，我们将认真组织力量进行研究，在后续重印及再版时吸纳改进，不断推动高质量教材出版。

机械工业出版社

前　言

党的二十大报告提出“加快建设制造强国、质量强国、航天强国、交通强国、网络强国、数字中国”。网络管理涉及面非常广泛，网络管理部门作为企业信息技术的实践者，为企业提供敏捷、安全、高效和灵活的服务。当前适合职业院校学生学习的从项目网络规划到具体项目实施的书籍较少。为此，编者编写了本书。

本书在编写过程中依据职教学生的学习特点进行规划，主要内容包括岗前准备和6个项目，通过岗前知识及各项目学习企业中必备的网络知识，最后再利用综合项目提升学生能力，建议有一定网络基础知识的学生学习。

在编写过程中还融入了德育内容，通过对国际先进技术和国内龙头企业的介绍，使学生提高职业素养，学习大国工匠精神，培养民族自豪感和社会责任感。

项目1介绍了如何制作并测试双绞线及皮线光缆，配置客户机IP地址并测试网络的连通性，以及创建新用户和配置组策略。

项目2介绍了安装及配置主DNS服务器和辅助DNS服务器，安装及配置DHCP服务器和DHCP中继代理，安装及配置Web服务器和FTP服务器。

项目3介绍了配置路由器和交换机，实现Telnet远程管理、配置交换机VLAN、配置PPP、RIP及OSPF。

项目4介绍了无线局域网技术，企业级无线AP基础配置和无线AP安全。

项目5介绍了网络安全方面的知识，包括访问控制列表、NAT协议、URL过滤、配置硬件防火墙等方面的知识。

项目6介绍了一个校园网综合项目从网络规划到具体项目实施过程。

在学习的过程中，建议教师根据项目中任务的难度及学生掌握的情况，合理分配学时，项目1～项目5中每个任务用1～2个学时，项目6建议用8个学时。

本书由乔得琢担任主编，李兴梅、李景娟、李国华和岳大安参加编写。

由于编者水平有限，书中难免有疏漏和不妥之处，恳请广大读者批评指正。

编　者

目 录

岗前准备　局域网综合布线基础及规划

一、网络拓扑规划

本节内容主要讲解什么是网络拓扑结构、网络拓扑结构的分类以及各种拓扑结构的优缺点。这些是网络基础知识，是网络维护人员必要的知识储备。

1．网络拓扑结构简介

网络拓扑结构是指由计算机组成的网络之间设备的分布情况以及连接状态，即计算机或设备与传输媒介形成的节点与线的物理构成模式。每一种网络拓扑结构都由节点、链路组成。

节点又称为网络单元，它是网络系统中的各种数据处理设备、数据通信控制设备和数据终端设备。常见的节点有服务器、工作站、路由器和交换机等设备。

链路是两个节点间的连线，可分为物理链路和逻辑链路两种，前者指实际存在的通信线路，后者指在逻辑上起作用的网络通路。

2．网络拓扑结构分类

计算机网络的拓扑结构主要有：总线型拓扑、星形拓扑、环形拓扑、树形拓扑、网状拓扑。

1）星形拓扑：星形拓扑是由中央节点和通过点到点通信链路接到中央节点的各个站点组成。中央节点执行集中式通信控制策略，因此中央节点相对复杂，而各个站点的通信处理负担都很小。星形拓扑是目前应用最广泛的一种网络拓扑结构，如图0-1所示。

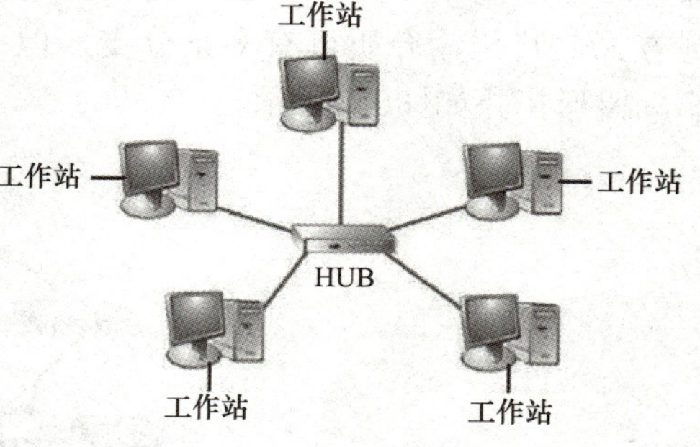

图0-1　星形拓扑

星形拓扑的优点：结构简单，连接方便，管理和维护都相对容易，而且扩展性强；网络延迟时间较小，传输误差低；每个节点直接连到中央节点，故障容易检测和隔离，可以很方便地排除有故障的节点。

星形拓扑的缺点：安装和维护的费用较高；一条通信线路只被该线路上的中央节点和边缘节点使用，通信线路利用率不高；对中央节点要求相当高，一旦中央节点出现故障，整个网络就将瘫痪。

2）总线型拓扑：总线型拓扑采用一个信道作为传输媒体，所有站点都通过相应的硬件接口直接连到这一公共传输媒体上，该公共传输媒体即称为总线。任何一个站发送的信号都沿着传输媒体传播，而且能被其他站所接收。总线型拓扑如图0-2所示。

总线型拓扑的优点：总线结构简单；总线结构所需要的线缆数量少，线缆长度短，易于布线和维护。

总线型拓扑的缺点：总线的传输距离有限，通信范围受到限制；故障诊断和隔离较困难。

3）环形拓扑：在环形拓扑中各节点通过环路接口连在一条首尾相连的闭合环形通信线路中，环路上任何节点均可以请求发送信息。请求一旦被批准，便可以向环路发送信息。环形网中的数据可以是单向也可是双向传输。由于环线公用，一个节点发出的信息必须穿越环中所有的环路接口，信息流中目的地址与环上某节点地址相符时，信息被该节点的环路接口接收，而后信息继续流向下一环路接口，一直流回到发送该信息的环路接口节点为止。环形拓扑如图0-3所示。

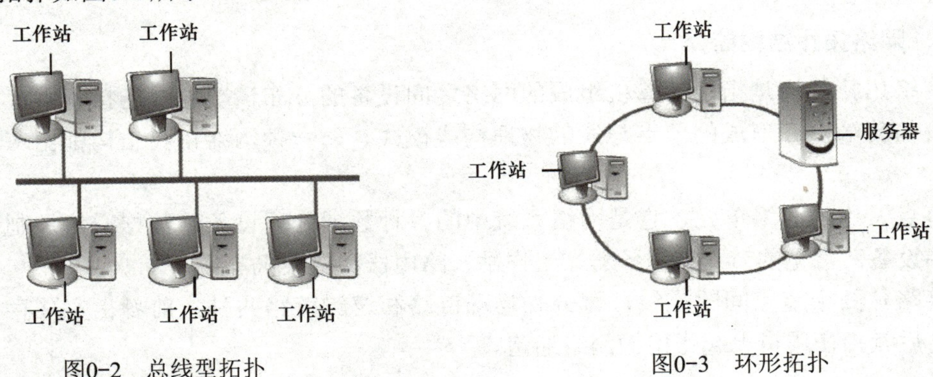

图0-2　总线型拓扑

图0-3　环形拓扑

环形拓扑的优点：线缆长度短；增加或减少工作站时，仅需简单的连接操作。

环形拓扑的缺点：节点的故障会引起全网故障；故障检测困难；环形拓扑结构的媒体访问控制协议都采用令牌传递的方式，在负载很轻时，信道利用率相对来说就比较低。

4）树形拓扑：树形拓扑可以认为是多级星形结构组成的，只不过这种多级星形结构自上而下呈三角形分布，就像一棵树一样。树的最下端相当于网络中的边缘层，树的中间部分相当于网络中的汇聚层，而树的顶端则相当于网络中的核心层。它采用分级的集中控制方式，其传输介质可有多条分支，但不形成闭合回路，每条通信线路都必须支持双向传输。树形拓扑如图0-4所示。

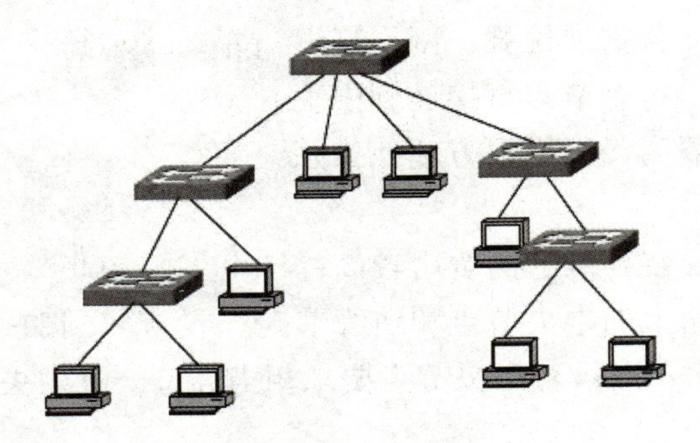

图0-4　树形拓扑

树形拓扑的优点：易于扩展；故障隔离较容易。

树形拓扑的缺点：各个节点对根的依赖性太大，如果根发生故障，则全网不能正常工作。

5）网状拓扑：这种结构在广域网中得到了广泛的应用，它的优点是不受瓶颈问题和失效问题的影响。由于节点之间有许多条路径相连，可以为数据流的传输选择适当的路由，从而绕过失效的部件或过忙的节点。这种结构比较复杂，成本比较高，提供上述功能的网络协议也较复杂。网状拓扑如图0-5所示。

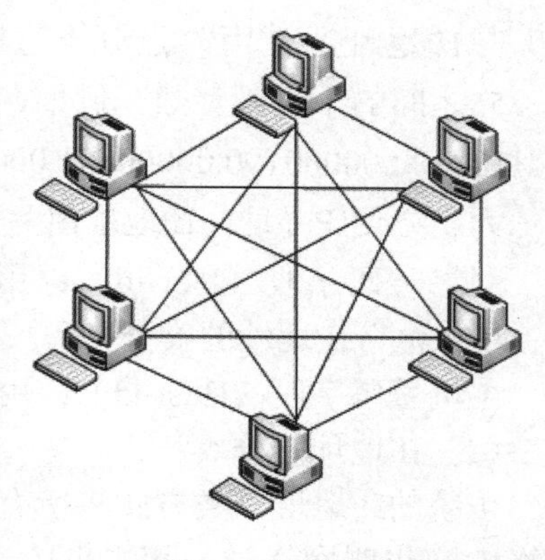

图0-5　网状拓扑

网状拓扑的优点：节点间路径多，碰撞和阻塞减少；局部故障不影响整个网络，可靠性高。

网状拓扑的缺点：网络关系复杂，建网较难，不易扩充；网络控制机制复杂，必须采用路由算法和流量控制机制。

二、IP地址分配及规划

本节内容讲述什么是IP和IP地址，IP地址的分类方式，什么是公有地址和私有地址以及如何划分子网，这是构建企业网络的基础。

1．IP

IP（Internet Protocol，网络互联协议）：是为计算机网络相互连接进行通信而设计的协议。在互联网络中，它是能使连接到网上的所有计算机网络实现相互通信的一套规则，规定了计算机在互联网络上进行通信时应当遵守的规则。任何厂家生产的计算机系统，只要遵守IP就可以与互联网络互联互通。IP将多个分组交换网络连接起来，在源地址和目的地址之间传送数据包，不负责保证传送可靠性、流控制、包顺序；提供对数据大小的重新组装功能，以适应不同网络对包大小的要求。

IP有多个版本，目前应用最为广泛的是IPv4，由于IPv4中地址空间马上消耗殆尽，IPv6也开始有了大量部署。

2．IPv4地址分类及表示方法

IP地址（Internet Protocol Address，网际协议地址）：IP地址是IP提供的一种统一的地址格式，它为互联网上的每一个网络和每一台主机分配一个逻辑地址，以此来屏蔽物理地址的差异。IP地址由ICANN（The Internet Corporation for Assigned Names and Numbers，互联网名称与数字地址分配机构）分配。我国用户可向APNIC（Asia Pacific Network Information Center，亚太互联网络信息中心）申请IP地址。

（1）IP地址的组成

IP地址是一个32位的二进制数，通常被分割为4个“8位二进制数”（也就是4个字节）。IP地址通常用“点分十进制”表示成（a.b.c.d）的形式，其中，a、b、c、d都是0～255之间的十进制整数。例如，点分十进制IP地址（100.4.5.6），实际上是32位二进制数（01100100.00000100.00000101.00000110）。

为了方便IP寻址，IP地址由两个部分组成：

网络号码字段（Net-id）：用于区分不同的网络。网络号码字段的前几位称为类别字段，用来区分IP地址的类型。

主机号码字段（Host-id）：用于区分一个网络内的不同主机。

（2）IP地址的分类

传统的IP地址分类方式将所有IP地址所在的网络划分为A、B、C、D和E5类，IP地址由网络ID（也叫网络号）和主机ID（也叫主机号）两部分组成。每种类型的网络对其IP地址中用来表示网络ID和主机ID的位数作了明确的规定，如图0-6所示。

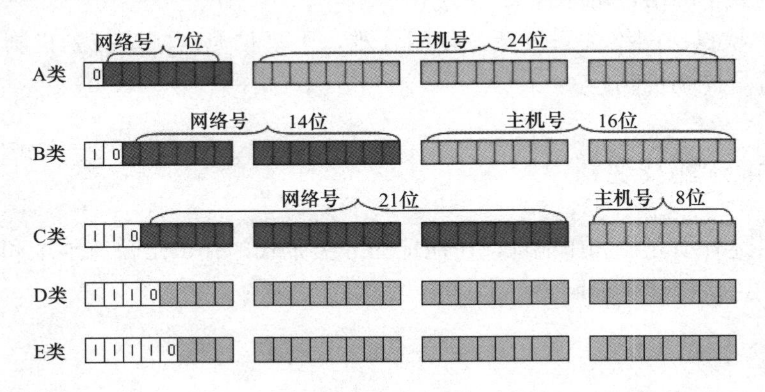

图0-6　IP地址的分类方式

A类地址用IP地址前8位表示网络ID，后24位表示主机ID。表示网络ID的第一位必须以0开始，其他7位可以是任意值，当其他7位全为0时网络ID最小，即为0；当其他7位全为1时网络ID最大，即为127。网络ID不能为0，它有特殊的用途，用来表示所有网段，所以网络ID最小为1；网络ID也不能为127；127用来作为网络回路测试用。所以，A类网络的网络ID的有效范围是1～126，共126个网络，每个网络可以包含$2^{24}-2$台主机。

B类地址用IP地址前16位表示网络ID，后16位表示主机ID。表示网络ID的前两位必须以10开始，其他14位可以是任意值，当其他14位全为0时网络ID最小，即为128；当其他14位全为1时网络ID最大，第一个字节数最大，即为191。B类IP地址第一个字节的有效范围为128～191，共16 384个B类网络；每个B类网络可以包含$2^{16}-2$台主机（即65 534台主机）。

C类地址用IP地址前24位表示网络ID，后8位表示主机ID。表示网络ID的前3位必须以110开始，其他22位可以是任意值，当其他22位全为0时网络ID最小，IP地址的第一个字节为192；当其他22位全为1时网络ID最大，第一个字节数最大，即为223。C类IP地址第一个字节的有效范围为192～223，共2 097 152个C类网络；每个C类网络可以包含$2^{8}-2$台主机（即254台主机）。

D类地址用来多播使用，没有网络ID和主机ID之分，其第一个字节前4位必须以1110开始，其他28位可以是任何值，D类IP地址的有效范围为224.0.0.0到239.255.255.255。

E类地址保留实验用，没有网络ID和主机ID之分，其第一字节前4位必须以1111开始，其他28位可以是任何值，E类IP地址的有效范围为240.0.0.0至255.255.255.254。其中255.255.255.255表示广播地址。

在实际应用中，只有A、B和C3类IP地址能够直接分配给计算机，D类和E类不能直接分配给计算机。

一个网络中最小的IP地址为网络号，用于识别主机所在的网络；最大的IP地址为广播地址，专门用于同时向网络中所有工作站进行发送的一个地址。

例如，网络ID为10的A类网的网络号为10.0.0.0，广播地址为10.255.255.255。

（3）公共IP和私有IP地址

IP地址由IANA（Internet Assigned Numbers Authority，互联网编号分配机构）管理和分配，IANA分配的能够在互联网上正常使用的IP地址称为公共IP地址；同时IANA也保留了一部分IP地址，这部分IP地址不能让个人和机构在互联网上使用，此类IP地址就称为私有IP地址，这些非注册的私有IP地址可供组织个人内部使用。私有IP地址范围包括：

A类：10.0.0.0/8；

B类：172.16.0.0/12 即172.16.0.1～172.31.255.254共16个B类网络；

C类：192.168.0.0/16即192.168.0.1～192.168.255.254共256个C类网络。

（4）子网的划分

前面介绍的“分类的IP地址”不利于根据企业需要灵活分配IP地址。比如，一个企业有2 000台计算机，那么根据前面对各类IP地址规定，要么为其分配一个B类的网络地址，这样该网络可包含65 534台计算机，将造成63 534个IP地址的浪费；要么为其分配8个C类网络地址，那么必须用路由器连接这8个网络，造成公司网络管理和维护的负担。

以上问题的根源就在于早期建立的IP地址结构，只有“网络号+主机号”这样的两级结构，且长度固定。为了解决上述问题，1985年在原有IP地址的两级结构中增加了一个“子网号”，这样原来的两级IP地址变成了“网络号+子网号+主机号”三级结构，其中“网络号”就是原来两级结构中的网络号，“子网号+主机号”就是原来两级结构中的“主机号”，如图0-7所示。

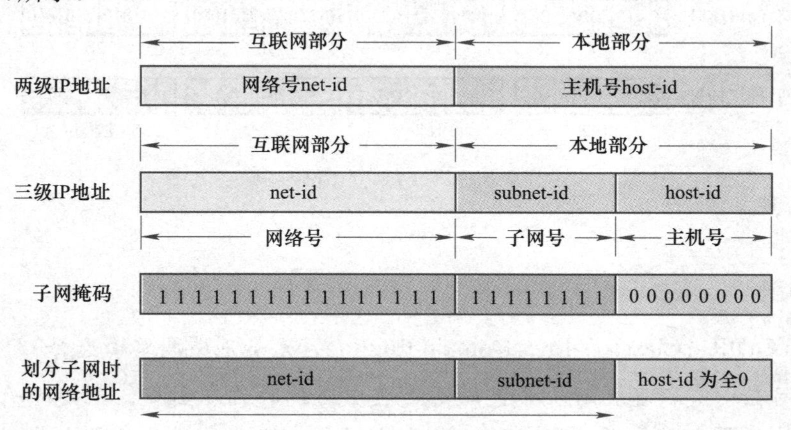

图0-7　子网划分结构

通过对原来网络中固定长度的“主机号部分”划分为可变的“子网号+主机号”两部分，可以实现将原有网络号对应的网络再次划分子网，原来两级结构中的“主机号”部分不再固定不变，增加了灵活性，节省了IP地址。

子网掩码（subnet mask）：用来指明一个IP地址的哪些位标识的是主机所在的子网以及哪些位标识的是主机位。子网掩码不能单独存在，它必须结合IP地址一起使用。子网掩码只有一个作用，就是将某个IP地址划分成网络地址和主机地址两部分。与二进制IP地址相同，子网掩码的长度也是32位，子网掩码由1和0组成，且1和0分别连续。左边是网络位，用二进制数字“1”表示，1的数目等于网络位的长度；右边是主机位，用二进制数字“0”表示，0的数目等于主机位的长度。

例如，A类地址的子网掩码就是255.0.0.0；B类地址的子网掩码为255.255.0.0；划分了两个子网的B类地址其子网的子网掩码为255.255.128.0。

网络地址是IP地址与子网掩码进行与运算获得，即将IP地址中表示主机ID的部分全部变为0，表示“网络ID+子网ID”的部分保持不变。再次强调，网络地址的格式与IP地址相同都是32位的二进制数；主机号就是表示主机号的部分。

例如，C类网络192.168.1.0，子网掩码为255.255.255.128。

划分C类网络192.168.1.0，成为两个子网192.168.1.0/25和192.168.1.128/25，其广播地址分别为192.168.1.127和192.168.1.255，如图0-8所示。

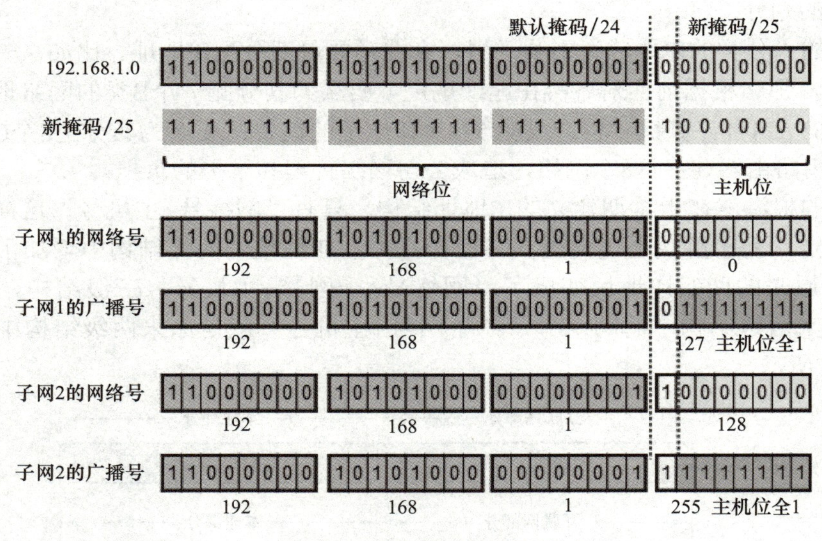

图0-8　C类网划分子网示例

小知识

CIDR（Classless Inter Domain Routing，**无类别域间路由选择**）

划分子网在一定程度上解决了互联网发展中遇到的许多困难，但是随着互联网的普及，仍然面临着两个重要的问题：IP地址面临耗尽；路由表项目急剧增长。第一个问题属于长远的问题，将由IETF（Internet Engineering Task force，互联网工程任务组）成立的IPv6工作组研究新版本IP解决；第二个问题采用无分类编址来解决。下面是CIDR最重要的两个特点：

CIDR消除了传统A、B、C等分类，以及在分类的IP中进行子网划分的概念。CIDR不用子网，而直接使用网络前缀。这里的网络前缀直接就是IP地址中的网络地址位数（也可以认为是子网掩码中1的数目），这个网络地址已经没有A、B、C之类的区别。IP地址采用“斜线记法”，即在IP地址后面加上一个“/”，再加上网络前缀的位数。例如，100.100.100.100/20，表示这个32位的IP地址中，前20位表示网络前缀，后12位表示主机号。

CIDR将连续的、网络前缀相同的IP地址组成“CIDR地址块”。

由于没有IP地址分类的概念，一个地址块可能包含多个某类型的网络（例如，一个“/19地址块”相当于32个C类的网络），通过这个方式，CIDR使得路由器中的路由表项目比包含分类IP概念的路由表项目少了很多。这个可以称为“路由聚合（Route Aggregation）”或者“构成超网（Super Netting）”。虽然现在很难将已经分配出去的IP重新收回，但采用CIDR的策略重新规划IP地址，推迟了IP地址将要耗尽的日期。

三、交换机

本节内容主要讲解什么是交换机、交换机的分类方式、交换机厂商以及锐捷公司企业级交换机产品线。

交换机（Switch）是一种用于电（光）信号转发的网络设备。它可以为接入交换机的任意两个网络节点提供独享的电信号通路。最常见的交换机是以太网交换机，其他常见的还有电话语音交换机、光纤交换机等。

1. 交换机分类方式

交换机从应用领域可分为两种：广域网交换机和局域网交换机。广域网交换机主要应用于电信领域，提供电话通信用的基础平台；局域网交换机应用于数据通信网络，用于连接终端设备，如PC、服务器、存储设备和网络打印机等。

从传输介质和传输速度上可分为以太网交换机、快速以太网交换机、千兆以太网交换机、FDDI（Fiber Distributed Data Interface，光纤分布式数据接口）交换机、ATM（Asychronous Transfer Mode，异步传输模式）交换机和令牌环交换机等。

从规模应用上又可分为企业级交换机、部门级交换机和工作组交换机等。各厂商划分的尺度并不是完全一致的，一般来讲，企业级交换机都是机架式，部门级交换机可以是机架式（插槽数较少），也可以是固定配置式，而工作组级交换机为固定配置式。从应用的规模来看，支持500个信息点以上大型企业应用的交换机为企业级交换机，支持300个信息点以下中型企业的交换机为部门级交换机，而支持100个信息点以内的交换机为工作组级交换机。

2. 交换机厂商介绍

网络设备厂商包括思科、华为、H3C、Juniper、锐捷网络、D-Link、TP-LINK、NETGEAR、中兴、Netcore、神州数码、3COM、博科等，图标见表0-1。思科是全世界网络设备市场份额最大的厂商；华为公司是我国最大的网络设备厂商，华为的产品主要涉及通信和数据网络中的交换网络、传输网络、无线及有线固定接入网络和数据通信网络及无线终端产品，为世界各地通信运营商及专业网络拥有者提供硬件设备、软件、服务和解决方案。

表0-1　各厂商图标

服务器厂商	服务器厂商图标	服务器厂商	服务器厂商图标
CISCO	CISCO	华为	HUAWEI
Juniper	Juniper NETWORKS	H3C	H3C
锐捷	锐捷网络	D-Link	D-Link 友讯网络
中兴	ZTE中兴	博科	BROCADE VYATTA.

3. 锐捷交换机产品线简介

锐捷网络作为国内最早的交换机厂商之一，经过多年的发展，形成了数据中心和园区网两大类别品类完善的交换机产品系列。目前，锐捷网络交换机产品已经广泛应用于互联网、金融、运营商、政府、教育、医疗等各个行业。以其稳定的性能、多样的解决方案，广泛助力我国实体经济的产业升级，同时对乡村振兴和共同富裕做出很大帮助。

锐捷网络把交换机根据不同应用场景分为了数据中心交换机、园区网交换机和SDN（软件定义）交换机。这里主要介绍和大部分企业相关的园区网交换机。

园区网交换机又根据交换机所在网络层次分为核心交换机、汇聚层交换机和接入层交换机。

接入层交换机：园区网汇聚层交换机包含RG-S5750-S、RG-S2910-H、RG-S2910XS-E等系列交换机，提供了千兆或万兆接入能力，满足用户对园区网高密度接入的使用需求。接入层交换机RG-S5750-S如图0-9所示。

图0-9　接入层交换机RG-S5750-S

汇聚层交换机：园区网汇聚层交换机包含RG-S6100、RG-S5750H、RG-S3760E和RG-AS3GT等系列交换机，它们基于业界领先的高性能硬件架构和锐捷自主的模块化软件平台开发，具备先进的硬件处理能力、丰富的业务特性，满足用户对园区网高性能汇聚的使用需求。RG-S6100系列交换机如图0-10所示。

图0-10　汇聚层交换机RG-S6100

核心层交换机：锐捷园区网核心交换机包含RG-S8600E、RG-S8600、RG-S7800E、RG-S7808C等系列交换机，面向云架构网络设计的核心交换机，支持云数据中心特性和云园区网特性，实现云架构网络融合、虚拟化、灵活部署的新一代云架构网络核心交换机，可以根据业务需要部署在数据中心、城域网、园区网或数据中心与园区网融合的场景。核心层交换机RG-S8600E如图0-11所示。

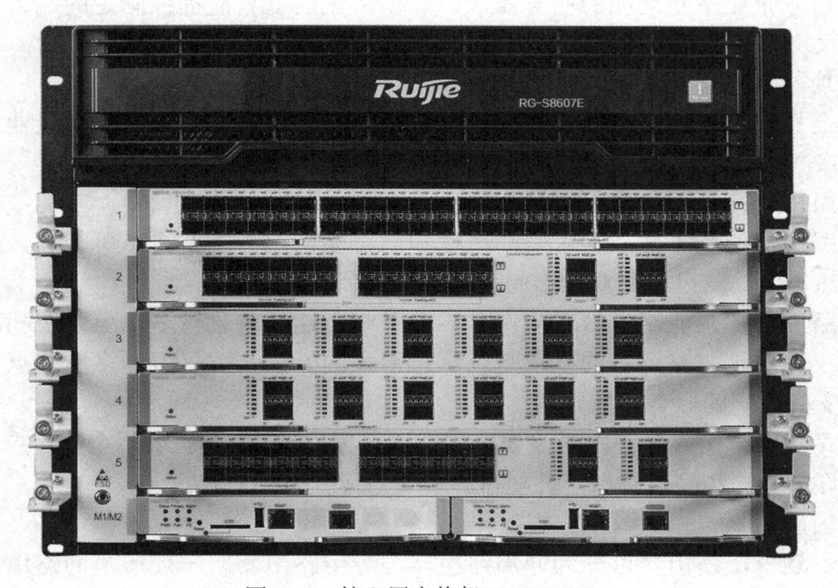

图0-11　核心层交换机RG-S8600E

四、路由器

本节内容主要讲述什么是路由器、路由器的分类方式以及锐捷网络路由器产品线。

路由器是一种连接多个网络或网段的网络设备，在运行着多种网络协议的网络或异种网络之间起到连接并转发数据的作用，如图0-12所示。

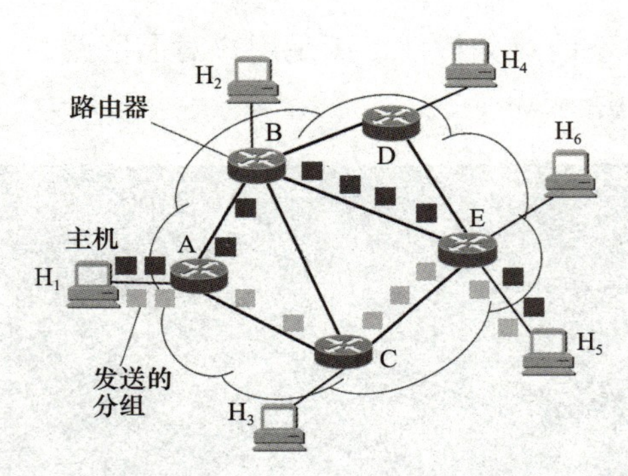

图0-12　路由器转发数据

1. 路由器的分类方式

（1）按性能档次分

路由器可分高、中和低档路由器，不过各厂家划分并不完全一致。通常将背板交换能力大于100Tbit/s的路由器称为高档路由器，背板交换能力在500Gbit/s～100Tbit/s之间的路由器称为中档路由器，低于500Gbit/s的则为低档路由器。

（2）按结构分

从结构上分，路由器可分为模块化结构与非模块化结构。模块化结构可以灵活地配置路由器，以适应企业不断增加的业务需求，非模块化的就只能提供固定的端口。通常中高端路由器为模块化结构，低端路由器为非模块化结构。

（3）从功能上划分

从功能上划分，可将路由器分为核心层（骨干级）路由器、汇聚层（企业级）路由器和接入层（接入级）路由器。

骨干级路由器：骨干级路由器是实现企业级网络互联的关键设备，它的数据吞吐量较大。骨干级路由器的基本性能要求是高速度和高可靠性。为了获得高可靠性，网络系统普遍采用诸如热备份、双电源、双数据通路等传统冗余技术。

企业级路由器：企业路由器连接许多终端系统，连接对象较多，但系统相对简单，且数据流量较小，对这类路由器的要求是以尽量便宜的方法实现尽可能多的端点互连，同时还要求能够支持不同的服务质量。

接入级路由器：接入级路由器主要应用于连接家庭或ISP内的小型企业客户群体。接入路由器支持许多异构和高速端口，并能在各个端口运行多种协议。

（4）从应用划分

从功能上划分，路由器可分为通用路由器与专用路由器。一般所说的路由器皆为通用路由器。专用路由器通常为实现某种特定功能对路由器接口、硬件等做专门优化。例如，家庭路由器就是专用路由器。

（5）从性能上划分

从性能上分，路由器可分为线速路由器以及非线速路由器。

线速路由器是完全可以按传输介质带宽进行通畅传输，基本上没有间断和延时。通常线速路由器是高端路由器，具有非常高的端口带宽和数据转发能力，能以媒体速率转发数据包；中低端路由器是非线速路由器。

2. 锐捷路由器产品线简介

2006年，锐捷发布了第一款自主知识产权的企业级路由器，正式进入IP数据通信市场。经过11年的持续发展与创新，锐捷路由器已覆盖了接入、汇聚、核心和移动等多种应用场景，大量应用于金融、教育、政府等行业骨干网，为用户提供电信级可靠性设计和一体化的解决方案，使得锐捷路由器一直走在自主创新的发展前端。

锐捷率先发布了国内第一台金融网点定制路由器，开启了路由器产品的多业务之路；此后推出了RSR全系列路由器产品线，集路由、交换、VPN（Virtual Private Network，虚拟专用网络）、防火墙、传输、应用扩展平台等于一体的多业务、高可靠性路由器，全面覆盖核心、汇聚、接入路由器场景；同时面对日益发展的移动互联网需求，锐捷研发了支持3G/4G的工业化级移动路由器系列，应用于全行业的客户场景；锐捷独有的VCPU、REF、X-Flow技术，让任何流量攻击完全不影响业务管理。

核心路由器：锐捷核心路由器采用行业领先的多核CPU（Central Processing Unit，中央处理器）和分布式架构灵活分担业务处理，RG-RSR77-X系列核心路由引擎、交换网板和业务板卡物理分离，在高性能多核平台、分布式构架基础上实现了管理、控制和数据转发的三平面分离。RG-RSR77-X系列核心路由器率先采用双数据平面，提升性能的同时进一步确保业务的不间断运行，子卡均支持全业务，具备MPLS（Multi Protocol Label Switching，多协议标记交换）、QoS（Quality of Service，服务质量）、IPSec（Internet Protocol Security，互联网络层安全协议）、NAT（Network Address Translation，网络地址转换）等高性能业务处理能力。RSR77-X系列核心全业务路由器是锐捷网络坚持自主创新的“极简网络”解决方案，紧随移动宽带联网的发展趋势，面向企业网云架构和云业务的需求，基于已广泛商用的RG-RSR77系列核心路由器升级推出的下一代高端分布式路由器。RG-RSR77系列核心路由器如图0-13所示。

图0-13 RG-RSR77系列核心路由器

汇聚路由器：锐捷汇聚路由器采用模块化结构设计，广泛服务于IP骨干网、IP城域网以及各种大型网络的分支接入/互联、外联接入和中小型汇聚，以及广域网出口位置应用的可信多业务安全路由器。其中，RSR30-X系列汇聚路由器创新使用弹性架构设计，灵活满足机架空间需求，可单主机独立运行，也可实现路由引擎和业务转发引擎的分离，配置双主控提升可靠性，满足客户高可靠、高稳定性场景需求。RSR30-X汇聚系列路由器提供多业务部署保障，通过

VCPU、REF、X-Flow、H-QoS等技术，完备抗流量攻击能力，顺畅运行视频流；具有很强的可配置性，支持多种广域网接口，内置全业务特性，将IPv6、BGP（Border Gateway Protocol，边界网关协议）、IPSec、MPLS VPN、H-QoS、组播等技术融合起来；接入技术与认证技术一体化，为客户提供工作量最小的实名认证方案。RSR30-X汇聚系列路由器如图0-14所示。

图0-14　RSR30-X汇聚系列路由器

接入路由器：锐捷接入路由器是面向行业机构、大中型企业和园区网推出的接入网络产品，在广域网边缘网点接入中得到了广泛应用。RSR20-X系列全千兆接入路由器是锐捷在RSR可信任多业务路由器的成功基础上新推出的新一代接入产品，全系列接入路由器产品提供了极其丰富的软件特性，支持MPLS、VPN、组播、IPv6、VoIP（Voice over IP，互联网电话）、NAT、MVRF（Multicast Virtual Routing Forwarding，组播虚拟路由转发）等多种应用技术，以及丰富的备份方案及QoS/HQoS特性，无须单独购买软件许可证或业务板卡，最大限度节省用户的投资。RSR20-X系列路由器如图0-15所示。

图0-15　RSR20-X系列路由器

五、防火墙

本节内容主要讲述什么是防火墙、防火墙的分类方式、其他的网络安全设备以及锐捷网络防火墙产品线。

防火墙（Firewall）是一个由软件和硬件设备组合而成、在内部网和外部网之间、专用网与公共网之间的界面上构造的保护屏障，依照特定的规则，允许或是限制传输的数据通过，从而保护内部网免受非法用户的侵入。

防火墙实际上是一种隔离技术，在两个网络通信时执行的一种访问控制，它能允许“同意”的人和数据进入网络，同时将“不同意”的人和数据拒之门外，最大限度地阻止黑客访问非授权网络。

1. 防火墙分类的分类方法

1）依据防火墙处理数据的方式，可以分为包过滤防火墙、状态监测防火墙和应用程序代理防火墙。

包过滤防火墙：在每一个数据包传送到源主机时都会在网络层进行过滤，对于不合法的数据访问，防火墙会选择阻拦以及丢弃。

状态检测防火墙：状态检测防火墙可以跟踪通过防火墙的网络连接和数据包，这样防火墙就可以根据设定的规则，以确定该数据包是允许或者拒绝通信。

应用程序代理防火墙：应用程序代理防火墙实际上并不允许在它连接的网络之间直接通信。应用程序代理防火墙接受来自内部网络特定用户应用程序的通信，然后建立与公共网络服务器单独的连接。

2）根据防火墙的应用部署位置分为边界防火墙、个人防火墙和混合防火墙3大类。

3）按照防火墙的性能可分为百兆防火墙、千兆防火墙和万兆防火墙。

2. 其他常见的网络安全设备

（1）VPN

VPN即虚拟专用网络，通过特殊加密的通信协议在连接互联网上位于不同地方的两个或多个企业内部网之间建立一条专有的通信线路。

（2）IDS和IPS

IDS（Intrusion Detection System，入侵检测系统）是检测计算机是否遭到入侵攻击的网络安全技术。作为防火墙的合理补充，它能够帮助系统对付网络攻击，扩展了系统管理员的安全管理能力（包括安全审计、监视、攻击识别和响应），提高了信息安全基础结构的完整性。

IPS（Intrusion Prevention System，入侵防御系统）检测网络数据流，进而检测计算机是否遭到入侵攻击，对入侵行为防御。

（3）杀毒软件

杀毒软件也称反病毒软件或防毒软件，是用于消除计算机病毒和恶意软件等计算机威胁的一类软件。杀毒软件通常集成监控识别、病毒扫描和清除以及自动升级等功能，有的杀毒软件还带有数据恢复等功能，是计算机防御系统的重要组成部分。

（4）上网行为管理

上网行为管理可以帮助企业控制员工的上网行为，还可以控制一些网页访问、网络应用控制、带宽流量管理、信息收发审计、用户行为分析。

（5）UTM

UTM（Unified Threat Management，统一威胁管理）是将防火墙、VPN、防病毒、防垃圾邮件、Web网址过滤、IPS六大功能集成在一起的，并且可以进行统一管理的一种网络安全设备。

3. 安全设备的部署

现在网络的安全威胁比较大，在内部网和外部网之间部署防火墙已经不能满足安全需求，还需要对服务器群进行额外防火墙防护；对桌面进行安全管理和启用上网行为管理，整体进行安全防护；使用IPS和IDS等设备防护从内网发起的攻击；增加虚拟专用网络设备保证移动办公需求等，如图0-16所示。

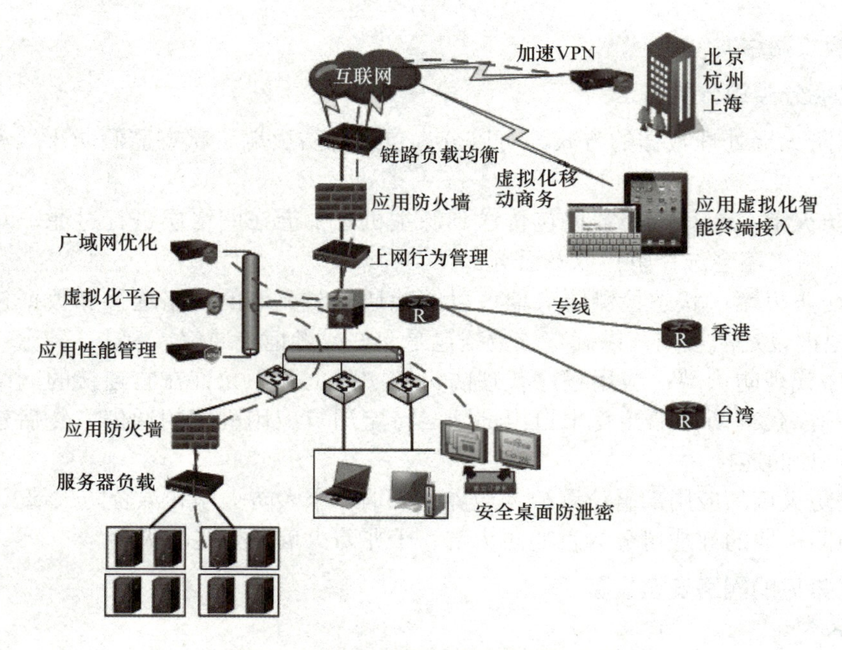

图0-16 整体部署防火墙等安全设备

4. 锐捷防火墙产品线简介

锐捷防火墙产品基于不同场景有不同的系列，比如，基于传统的防火墙开发的网关类防火墙、大数据安全平台、审计类安全产品、应用防护类安全产品和缓存加速产品等。

RG-WALL 1600-E系列下一代防火墙：锐捷RG-WALL 1600-E系列产品是基于锐捷公司十余年高品质安全产品开发经验开发的安全系统平台。随着多核技术的广泛应用，以多核硬件架构为基础，分为系统内核层、硬件抽象层及安全引擎层。在安全引擎层内，根据安全功能模块协议特性的不同，分为网络引擎组与应用引擎组。通过将引擎组与多核硬件架构的完美整合，在系统层面实现了全功能多核并行流处理。而在硬件抽象层则采用多种加速技术，根据各个核心的实时负载情况，将流量按会话的方式动态均衡到CPU的各个核心，从而确保整个CPU效率执行的最大化。锐捷RG-WALL 1600-E系列产品如图0-17所示。

图0-17 锐捷RG-WALL 1600-E系列产品

RG-UAC6000系列统一上网行为管理与审计系统：锐捷统一上网行为管理与审计RG-UAC是星网锐捷网络有限公司自主研发的业界领先的上网行为管理与审计产品，以路由、透明或混合模式部署在网络的关键节点上，对数据进行2～7层的全面检查和分析，深度识别、管控和审计数百种IM（Instant Message，即时消息）聊天软件、P2P（Peer to Peer，对等网络）下载软件、炒股软件、网络游戏应用、流媒体在线视频应用等常见应用，并利用智能流控、智能阻断、智能路由、智能DNS（Domain Name System，域名系统）策略等技术提供强大的带宽管理特性，配合创新的社交网络行为精细化管理功能、清晰管理日志等功能，同时具备精细的用户上网行为的审计功能，提供了业界领先的全面、完善的上网行为管理解决方案。锐捷统一上网行为管理与审计RG-UAC产品线提供不同档次的多款型号，适用于数据中心、大型网络边界、中小型企业等全业务应用场景。RG-UAC6000系列统一上网行为管理与审计系统如图0-18所示。

图0-18　RG-UAC6000系列统一上网行为管理与审计系统

RG-IDP入侵检测防御系统：锐捷网络RG-IDP系列入侵检测防御系统，是锐捷网络推出的将深度内容检测、安全防护、上网行为管理等技术完美结合的入侵检测防御系统设备。通过对网络中深层攻击行为进行准确的分析判断，主动有效地保护网络安全。配合实时更新的入侵攻击特征库，可检测防护3 500种以上网络攻击行为，包含DoS/DDoS（Denial of Service/Distributed Denial of Service，拒绝服务/分布式拒绝服务）、病毒、僵尸网络、可疑代码、探测与扫描等各种网络威胁。RG-IDP系列入侵检测防御系统全面的安全防护方式、多样的安全管理功能、出色的网络防护性能、深度的IPv6防护能力，为用户构建了高效、智能的安全网络。RG-IDP入侵检测防御系统如图0-19所示。

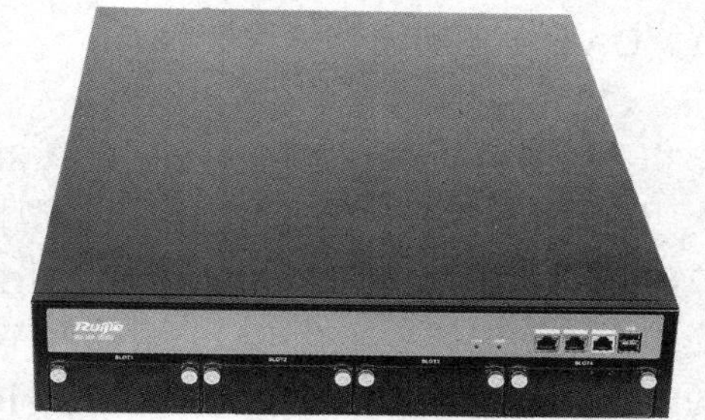

图0-19　RG-IDP入侵检测防御系统

六、服务器

本节内容讲述什么是服务器、服务器的构成及特性、服务器的分类以及锐捷服务器产品线。

服务器是提供计算服务的设备。服务器应具备承担服务并且保障服务的能力，服务器需要响应服务请求并进行处理。

1．服务器构成及特性

服务器的构成包括处理器、硬盘、内存、系统总线、网卡等，和通用的计算机架构类似。但为了给客户机提供安全可靠持续的服务，服务器在性能、稳定性、可靠性、安全性、可扩展性、可管理性等方面要求较高。

性能：服务器的CPU类型、主频和数量在一定程度上决定服务器性能，内存的容量和频率、单个硬盘或磁盘阵列的读取和写入速度、网卡的传输速度、采用的芯片组，都能对服务器性能产生重要影响。

可靠性：服务器能够容忍本身CPU、内存、硬盘、电源、网卡等各类错误，使用冗余风扇、冗余电源、冗余内存、冗余网卡、硬盘冗余阵列等技术来降低单点故障。

可扩展性：服务器上具备一定的可扩展空间和冗余件（如磁盘阵列架位、PCI和内存条插槽位等）。具体体现在硬盘和内存是否可扩充，CPU是否可升级或扩展，只有这样才能保证前期投资为后期充分利用。

易使用性：主要体现在服务器是不是容易操作，用户导航系统是不是完善，机箱设计是不是人性化，有没有关键恢复功能，是否有操作系统备份，以及有没有足够的培训支持等。

可用性：即所选服务器能满足长期稳定工作的要求，不能经常出问题，除了要求各配件质量过关外，还可采取必要的技术和配置措施，如硬件冗余、在线诊断等。

可管理性：服务器的可管理性还体现在服务器有没有智能管理系统，有没有自动报警功能，是不是有独立于系统的管理系统。

2. 服务器类型

（1）根据服务器提供的服务类型

根据服务器的服务类型可分为文件服务器、数据库服务器、应用程序服务器、Web服务器、OA服务器和流媒体服务器等。

（2）根据服务器的CPU类型

按服务器的CPU类型可分为：非x86服务器和x86服务器。

非x86服务器：包括大型机、小型机和UNIX服务器，它们是使用RISC（精简指令集）或EPIC（并行指令代码）处理器，并且主要采用UNIX和其他专用操作系统的服务器。精简指令集处理器主要有IBM公司的POWER和PowerPC处理器，SUN与富士通公司合作研发的SPARC处理器；EPIC处理器主要是Intel研发的安腾处理器等。这种服务器价格昂贵，体系封闭，但是稳定性好，性能强，主要用在金融、电信等大型企业的核心系统中。

x86服务器：又称CISC（复杂指令集）架构服务器，即通常所讲的PC服务器，它是基于PC体系结构，使用Intel或其他兼容x86指令集的处理器芯片和Windows操作系统的服务器。价格便宜、兼容性好、稳定性较差、安全性不算太高，主要用在中小企业和非关键业务中。

（3）根据服务器的外形划分

根据服务器的外形，可以把服务器划分为机架式服务器、刀片服务器、塔式服务器和机柜式服务器。服务器外形图如图0-20所示。

图0-20　塔式服务器、机架式服务器、刀片服务器和机柜式服务器外形

塔式服务器：塔式服务器的外形以及结构都跟人们平时使用的立式PC差不多，服务器的主板扩展性较强、插槽也比较多，所以体积比普通主板大一些，因此塔式服务器的主机机箱也比标准的ATX机箱要大，一般都会预留足够的内部空间以便日后进行硬盘和电源的冗余扩展。由于塔式服务器的机箱比较大，服务器的配置也可以很高，冗余扩展更可以很齐备。

机架式服务器：机架式服务器的外形很像交换机，有1U（1U=1.75in=4.445cm）、2U、4U等规格。机架式服务器安装在标准的19in机柜里面。1U的机架式服务器最节省空间，但性能和可扩展性较差，适合一些业务相对固定的使用领域。4U以上的产品性能较高，可扩展性好，一般支持4个以上的高性能处理器和大量的标准热插拔部件。

刀片服务器：是指在标准高度的机架式机箱内可插装多个卡式的服务器单元，实现高可用和高密度。每一块“刀片”实际上就是一块系统主板，相当于一个独立的服务器。在这种模式下，每一块“刀片”运行自己的系统，“刀片”相互之间没有关联，因此相较于机架式服务器和机柜式服务器，单片“刀片”的性能较低。不过，管理员可以使用系统软件将这些“刀片”集合成一个服务器集群。在集群模式下，所有的“刀片”可以连接起来提供高速的运行环境，并同时共享资源，为相同的用户群服务。在集群中插入新的“刀片”，就可以提高整体性能。而由于每块“刀片”都是热插拔的，所以，系统可以轻松地进行替换，并且将维护时间减少到最小。

机柜式服务器：机柜式服务器通常由机架式、刀片式服务器再加上其他设备组合而成。对于证券、银行、邮电等重要行业，则应采用具有完备的故障自修复能力的系统，关键部件应采用冗余措施，对于关键业务使用的服务器也可以采用双机热备份高可用系统或者是高性能计算机，这样系统可用性就可以得到很好的保证。

3. 服务器厂商简介

传统的服务器厂商有国外的DELL、HP、IBM（x86服务器产品线已经被联想公司收购），国内的浪潮、联想、锐捷、曙光、宝德等。现在一些网络设备厂商也加入了服务器生产厂商阵营，如中国的华为、H3C和锐捷以及美国的CISCO。各厂商图标见表0-2。

表0-2　各服务器厂商图标

服务器厂商	服务器厂商图标	服务器厂商	服务器厂商图标
DELL	DELL	华为	HUAWEI
HP	hp invent	浪潮	inspur 浪潮
IBM	IBM	联想	lenovo联想
CISCO	CISCO	锐捷	Ruijie锐捷 Networks

4. 锐捷服务器简介

锐捷的服务器产品主要应用于锐捷云数据中心，包括超融合一体机、四路或八路机架式服务器和统一存储系统等。部分产品如下。

RG-UDS4000M超融合系统：RG-UDS4000M是锐捷网络自主设计的高密度、高性能的面向数据中心的超融合系统。RG-UDS4000M采用统一的基础架构，单个机箱可支持4个计算或存储型节点，并可按需灵活配比，可灵活满足不同业务对计算、存储、I/O弹性配置的需求。在RG-UDS4000M内含RG-JCOS云操作系统，可提供裸容量高达400TB以上的分布式存储能力，成为一个集计算和存储为一体的超融合架构，如图0-21所示。

RG-UDS-Serv 8000G20八路服务器：RG-UDS-Serv 8000G20是锐捷自主研发的新一代8路服务器，支持Intel Xeon E7-8800 V3/V4或E7-4800 V3/V4系列处理器，采用领先架构

设计，可配置高达192个处理器核心、24TB内存，提供卓越的计算能力和扩展能力。RG-UDS-Serv 8000G20拥有60余项RAS特性设计，可靠性堪比小型机，保障关键业务运行的稳定可靠。RG-UDS-Serv 8000G20性能卓越，是大型数据库、商业智能分析、ERP等关键业务的理想选择，如图0-22所示。

图0-21 RG-UDS4000M超融合系统

图0-22 RG-UDS-Serv 8000G20八路服务器

UDS-Stor 3000统一存储系统：UDS-Stor 3000是锐捷网络自主研发的企业级SAN/NAS统一存储系统，面向中大型云计算数据中心，是新一代高性能存储平台。在性能上，UDS-Stor 3000采用最新芯片技术，独创性的高性能和高可靠硬件架构，为海量并发应用提供大缓存、高带宽、高处理能力的硬件平台。在可靠性上，UDS-Stor 3000采用双控全冗余模块化设计，除提供丰富的数据保护特性外，还通过创新的硬盘诊断安全机制，将硬盘故障导致的死机时间和几率减少90%，如图0-23所示。

图0-23 UDS-Stor 3000统一存储系统

七、传输介质简介

本节内容讲述什么是网络传输介质、双绞线、双绞线的型号分类和双绞线线缆类型以及光纤和光纤接口。

网络传输介质是指在网络中传输信息的载体，常用的传输介质分为有线传输介质和无线传输介质两大类。不同的传输介质其特性也各不相同，它们不同的特性对网络中数据通信质量和通信速度有较大影响。

有线传输介质是指在两个通信设备之间实现的物理连接部分，它能将信号从一方传输到另一方，有线传输介质主要有双绞线、同轴电缆和光纤。双绞线和同轴电缆传输电信号，光纤传输光信号。

无线传输介质是指人们周围的自由空间。人们利用无线电波在自由空间的传播可以实现多种无线通信。在自由空间传输的电磁波根据频谱可分为无线电波、微波、红外线、激光等，信息被加载在电磁波上进行传输。无线传输的介质有无线电波、红外线、微波、卫星和激光。在局域网中，通常只使用无线电波和红外线作为传输介质。

1．双绞线

双绞线是一种在综合布线工程中最常用的传输介质，是由两根具有绝缘保护层的铜导线组成的。把两根绝缘的铜导线按一定密度互相绞在一起，每一根导线在传输中辐射出来的电波会被另一根线上发出的电波抵消，不仅可以降低多对绞线之间的相互干扰，也可以抵御一部分来自外界的电磁波干扰。实际使用时，双绞线是由多对双绞线一起包在一个绝缘电缆套管里的。在一个电缆套管里的不同线对具有不同的扭绞长度，一般地，扭绞长度在38.1～140mm内，按逆时针方向扭绞，相临线对的扭绞长度在12.7mm以内。双绞线一个扭绞周期的长度叫节距，节距越小（扭线越密）抗干扰能力越强。

（1）双绞线型号分类

双绞线常见的有三类线、五类线、超五类线、六类线和七类线，前者线径细而后者线径粗，图0-24为各类双绞线的示例图。现在应用的双绞线型号如下。

三类线（CAT3）：指在EIA/TIA-568标准中指定的电缆，该电缆的传输频率16MHz，最高传输速率为10Mbit/s，主要应用于语音、10Mbit/s以太网，最大网段长度为100m，采用RJ形式的连接器。

五类线（CAT5）：该类电缆增加了绕线密度，外套一种高质量的绝缘材料，线缆最高频率带宽为100MHz，最高传输率为100Mbit/s，用于语音传输和最高传输速率为100Mbit/s的数据传输，主要用于100BASE-T和1000BASE-T网络，最大网段长为100m，采用RJ形式的连接器。这是最常用的以太网电缆。

超五类线（CAT5e）：超五类线衰减小串扰少，并且具有更高的衰减与串扰的比值（ACR）和信噪比（SNR）、更小的时延误差，性能得到很大提高。超五类线主要用于千兆位以太网（1000Mbit/s）。

六类线（CAT6）：该类电缆的传输频率为1～250MHz，六类布线系统在200MHz时综合衰减串扰比（PS-ACR）应该有较大的余量，它提供两倍于超五类的带宽。六类布线的传输性能远远高于超五类标准，最适用于传输速率高于1Gbit/s的应用。

七类线（CAT7）：传输频率为600MHz，传输速度为10Gbit/s，单线标准外径为8mm，多芯线标准外径为6mm。

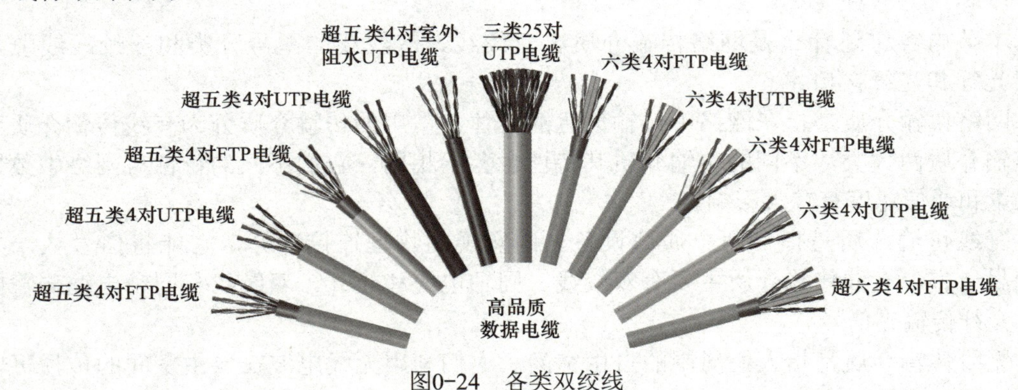

图0-24　各类双绞线

小知识

双绞线类的含义

类型数字越大版本越新，技术越先进，带宽也越宽，当然价格也越贵。这些不同类型的双绞线标注方法是这样规定的，如常用的五类线和六类线，在外皮上标注为CAT 5、CAT 6。不同类的双绞线在性能参数方面也存在一定差异，类数越高，参数要求越严格。

（2）屏蔽双绞线和非屏蔽双绞线

除了按照上述分类定义双绞线，还可以按照双绞线有无屏蔽层进行分类。按照这种分类，双绞线可以分为STP（Shielded Twisted Pair，屏蔽双绞线）与UTP（Unshielded Twisted Pair，非屏蔽双绞线）。

非屏蔽双绞线：是一种数据传输线，由4对不同颜色的传输线所组成，广泛用于以太网路和电话线中。非屏蔽双绞线电缆具有以下优点：无屏蔽外套，直径小，节省所占用的空间，成本低；重量轻，易弯曲，易安装；将串扰减至最小或加以消除；具有阻燃性；具有独立性和灵活性，适用于结构化综合布线。

屏蔽双绞线：在双绞线与外层绝缘封套之间有一个金属屏蔽层。屏蔽双绞线分为STP（Shielded Twicted Pair）和FTP（Foil Twisted Pair）两种。前者指每条线都有各自的屏蔽层，而后者只在整个电缆有屏蔽装置，并且两端都正确接地时才起作用。所以要求整个系统是屏蔽器件，包括电缆、信息点、水晶头和配线架等，同时建筑物需要有良好的接地系统。屏蔽层可减少辐射，防止信息被窃听，也可阻止外部电磁干扰的进入，使屏蔽双绞线比同类的非屏蔽双绞线具有更高的传输速率。

非屏蔽双绞线、STP及FTP，如图0-25所示。

图0-25　非屏蔽双绞线、STP及FTP

（3）双绞线接口及线缆

除了上述针对线路的了解之外，还应该了解双绞线的接头。

8P8C接头：也称为RJ-45或RJ-45水晶头，是以太网使用双绞线连接时常用的连接器插头。8P8C的意义是8个位置（Position）也就是8个凹槽，8个触点（Contact）也就是8个金属接点。RJ-45插头及RJ-45插座示意图如图0-26所示。

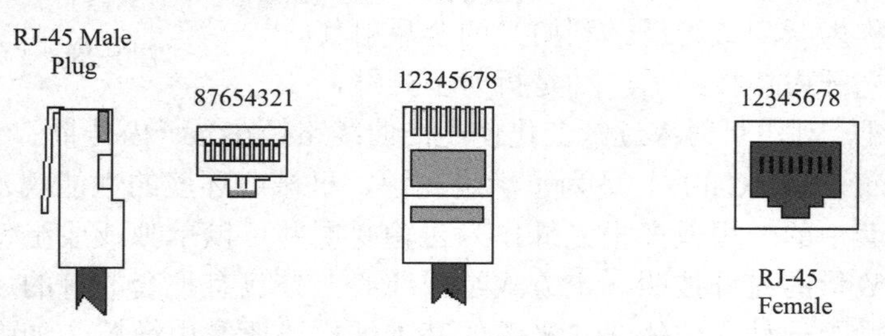

图0-26　RJ-45插头和RJ-45插座示意图

在T568-A中，与之相连的8根线分别定义为：绿白、绿；橙白、蓝；蓝白、橙；棕白、棕。在T568-B中，与之相连的8根线分别定义为：橙白、橙；绿白、蓝；蓝白、绿；棕白、棕。其中橙白色和橙色组成一对差分传输线，绿白色和绿色组成一对差分传输线，蓝白色和蓝色组成一对差分传输线，棕白色和棕色组成一对差分传输线。

传统以太网、100Base-T和千兆以太网中使用全部的四对差分线对。在百兆以太网100Base-TX中，仅使用1、2、3、6四根线，差分信号传输方式，减少电磁干扰。

IEEE为快速以太网制定两种RJ-45接口标准：MDI和MDIX。MDI（Medium Dependent Interface，介质相关接口）：MDI定义1、2引脚拧在一起为TX（发送），3、6引脚拧在一起为RX（接收），其他引脚直通。一般路由器和PC网卡接口为此类接口。MDI-X（Media Dependent Interface–X Mode，交叉模式介质相关接口）：MDI-X定义1、2引脚拧在一起为RX（接收），3、6引脚拧在一起为TX（发送），其他引脚直通。一般交换机接口为此类接口。

异种接口互相连接时采用直连线（Straight Forward Cable），而同种接口互相连接时采用交叉线（Cross-over Cable），如图0-27所示。

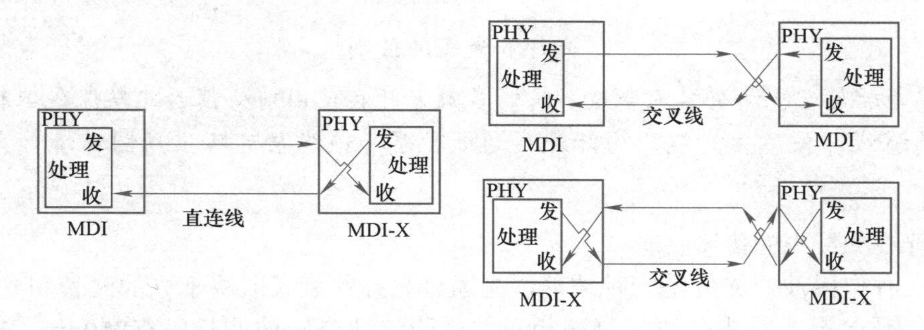

图0-27　直连线和交叉线传输示意图

2. 光纤

光纤是光导纤维的简写，是一种利用光在玻璃或塑料制成的纤维中的全反射原理而制成的光传导工具，如图0-28所示。微细的光纤封装在塑料护套中，使得它能够弯曲而不至于断裂。通常，光纤一端的发射装置使用发光二极管或一束激光将光脉冲传送至光纤，光纤另一端的接收装置使用光敏元器件检测脉冲。由于光在光导纤维中的传导损耗比电在电线中传导的损耗低得多，光纤被用于作长距离的信息传递。光纤有两种类型：一种是反射型光纤，又称为跃变式光纤，利用光的全反射使光沿折射路径在光纤内传播；另一种是折射型光纤，又称为渐变式光纤，利用折射率逐渐变化使光沿曲线路径在光纤内传播。

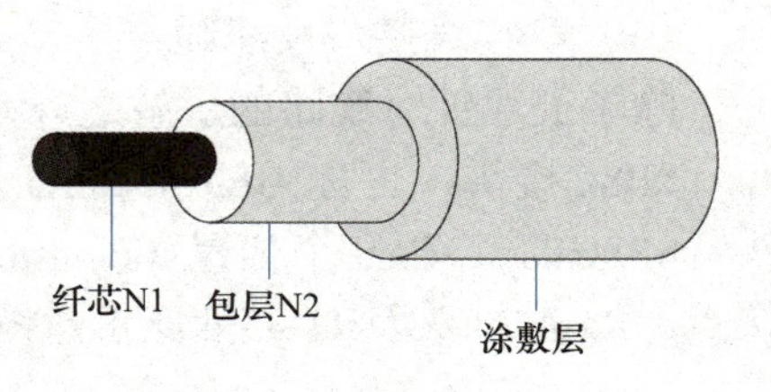

图0-28　光纤示意图

光缆（Optical Fiber Cable）是为了满足光学、机械或环境的性能规范而制造的，它是利用置于包覆护套中的一根或多根光纤作为传输媒质并可以单独或成组使用的通信线缆组件。光缆是一定数量的光纤按照一定方式组成缆心，外包有护套，有的还包覆外护层，用以实现光信号传输的一种通信线路。光缆的基本结构一般是由缆芯、加强钢丝、填充物和护套等几部分组成，另外根据需要还有防水层、缓冲层、绝缘金属导线等构件，如图0-29所示。

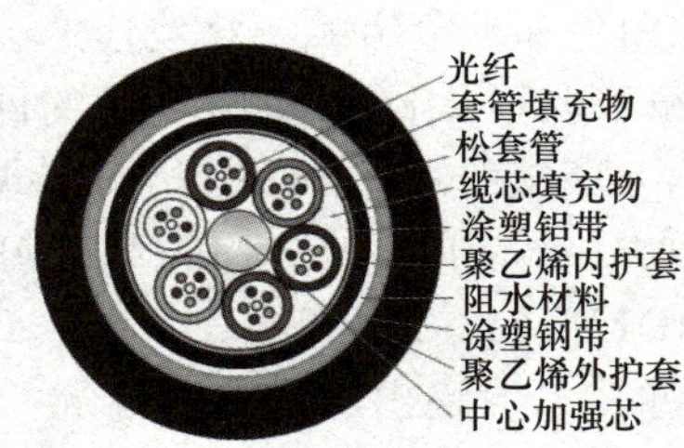

图0-29　光缆示意图

小知识

光纤和光缆的区别

通常光纤与光缆两个名词会被混淆。多数光纤在使用前必须由几层保护结构包覆，包覆后的缆线即被称为光缆。光纤外层的保护层和绝缘层可防止周围环境对光纤的伤害，如水、火、电击等。

（1）光在光纤中的传输原理

光是一种电磁波，光纤是一种玻璃，光通过光纤的衰减取决于光的波长和光纤的某些物理特性，适合在光纤中传输、衰减相对比较稳定的电磁波波长段有850nm、1310nm和1550nm这3种。光纤通信就是基于光在纤芯和包层之间的折射率不同，纤芯的折射率大，包层的折射率小，光从中心传播时遇到光纤弯曲处，会发生全反射现象，而保证光线不会泄漏到光纤外。光即使是在弯曲均匀透明的光纤中，借助于接连不断地全反射也可以从一端传导到另一端。

（2）光纤的种类

依据信号在光纤中传输的模式，主要分两大类：单模和多模。

多模光纤中心玻璃芯较粗（50μm或62.5μm），可传多种模式的光。但其模间色散较大，这就限制了传输数字信号的频率，而且随距离的增加会更加严重。例如，600MB/km的光纤在2km时则只有300MB的带宽了。因此，多模光纤传输的距离比较短，一般只有几千米，而且多模光纤只能进行单向传输，所以网络中使用的多模光纤都是成对的，例如，4芯、6芯、8芯等。

单模光纤中心玻璃芯很细（芯径一般为9μm或10μm），只能传一种模式的光。因此，其模间色散很小，适用于远程通信，但还存在着材料色散和波导色散，这样单模光纤对光源的谱宽和稳定性有较高的要求，即谱宽要窄，稳定性要好。所以单模光纤可以进行双向数据的传输，这一点要明显优于多模光纤。

（3）光纤接头

光纤接头是用来连接光纤线缆的物理接头，通常有SC、ST、FC、LC等几种类型。

FC接头：电信运营商用得比较多，它们的光纤配线盘里用的都是这种，它是像螺丝一样要旋进插座的，所以接好后比较牢，如图0-30所示。

ST接头：ST接头和FC接头又俗称“圆头”，它旋转到一定角度就可以卡进插座，如图0-31所示。

图0-30　FC接头

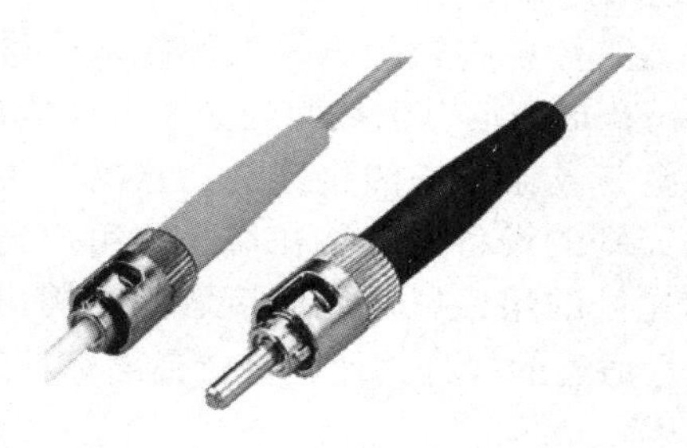

图0-31　ST接头

SC接头：SC接头俗称“方头”，淘汰的GBIC模块都是用这个接口，如图0-32所示。

LC接头：LC接头是近几年出现的SFP模块的专用接头，它和上面几种接口比就是小很多，在交换机上同等面积能容纳更多端口，如图0-33所示。

图0-32　SC接头

图0-33　LC接头

（4）光纤跳线、尾纤、光纤跳线架

光纤跳线（又称光纤连接器）是指光缆两端都装上连接器插头，用来实现光路活动连接。各类接头的光纤跳线如图0-34所示。

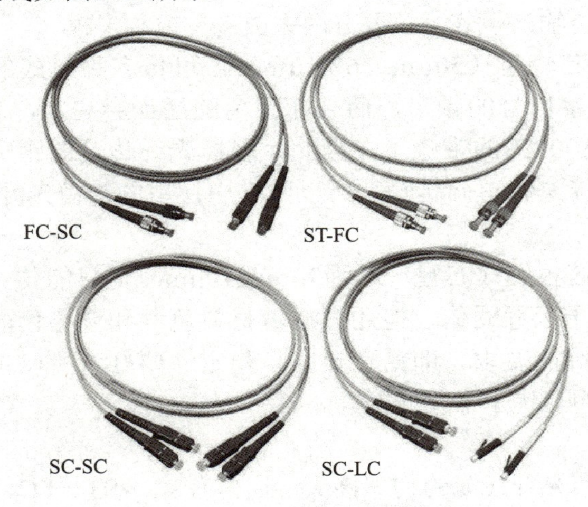

图0-34　光纤跳线

尾纤俗称“猪尾线”，只有一端有连接头，而另一端是一根光缆纤芯的断头，通过熔接与其他光缆纤芯相连，常出现在光纤终端盒内，用于连接光缆与光纤收发器（之间还用到耦合器、跳线等）。

光纤收发器是一种将短距离的双绞线电信号和长距离的光信号进行互换的以太网传输媒体转换单元，在很多地方也被称为光电转换器（Fiber Converter），如图0-35所示。

光纤终端盒是一条光缆的终接头，它的一头是光缆，另一头是尾纤，相当于把一条光缆拆分成单条光纤的设备，安装在墙上的用户光缆终端盒，它的功能是提供光纤与光纤的熔接、光纤与尾纤的熔接以及光连接器的交接。对光纤及其元器件提供机械保护和环境保护，并允许进行适当的检查，使其保持最高标准的光纤管理，如图0-36所示。

图0-35　光电转换器

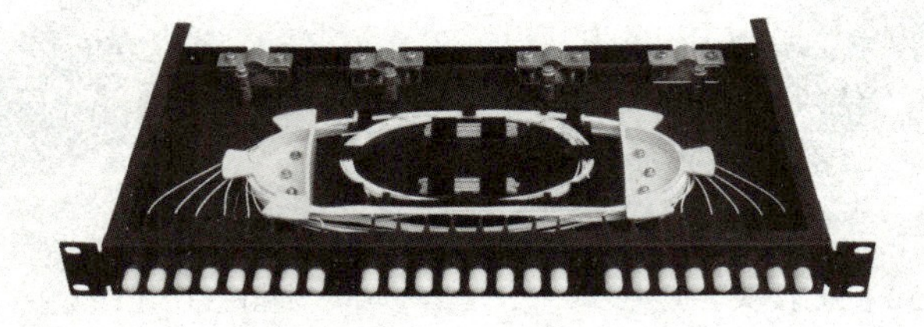

图0-36　光纤终端盒

光纤耦合器是用于两条跳线或尾纤活动连接的部件，俗称法兰盘，如图0-37所示。

图0-37　光纤耦合器

以学校的网络为例，学校的核心交换机通过一条四芯室外多模光缆接入机房内的光纤终端盒，将光缆中的光纤与尾纤进行熔接后，尾纤通过光纤耦合器和光纤跳线相连。将光纤跳线接入光纤收发器，将光信号转换成电信号，并通过双绞线连接机房交换机，便完一个简单的光网络，如图0-38所示。

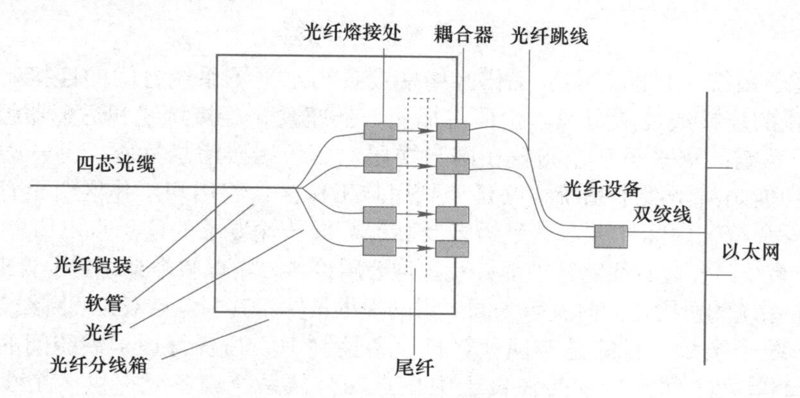

图0-38　光网络连接示意图

八、综合布线结构

本节内容讲述综合布线系统、综合布线系统的7个子系统以及综合布线系统的特点。

综合布线系统就是为了顺应发展需求而特别设计的一套布线系统。对于现代化的大楼来说，就如体内的神经，它采用了一系列高质量的标准材料，以模块化的组合方式，把语音、数据、图像和部分控制信号系统用统一的传输媒介进行综合，经过统一的规划设计，综合在一套标准的布线系统中，将现代建筑的3大子系统有机地连接起来，为现代建筑的系统集成提供了物理介质。可以说，结构化布线系统的成功与否直接关系到现代化大楼的成败，选择一套高品质的综合布线系统是至关重要的。

综合布线系统是智能化办公室建设数字化信息系统的基础设施，是将所有语音、数据等系统进行统一规划设计的结构化布线系统，为办公提供信息化、智能化的介质，支持将来语音、数据、图文、多媒体等综合应用。

1．结构化布线系统子系统

结构化布线系统可由以下7个方面的子系统组成：工作区子系统、水平子系统、管理子系统、垂直干线子系统、设备间子系统、建筑群子系统和出入口子系统，如图0-39所示。

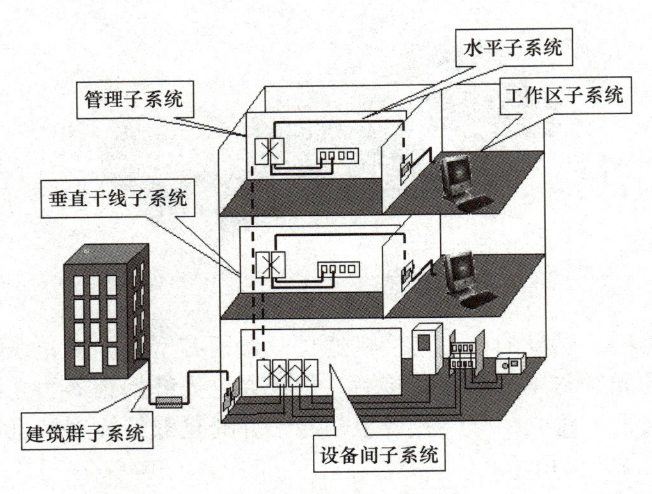

图0-39　结构化布线系统

1）工作区子系统：目的是实现工作区终端设备与水平子系统之间的连接，由终端设备连接到信息插座的连接线缆所组成。由信息插座、插座盒、连接跳线和适配器组成。

2）水平子系统：水平子系统布置在同一楼层上，一端接信息插座，另一端接配线间的跳线架，它的功能是将干线子系统线路延伸到用户工作区，将用户工作区引至管理子系统，并为用户提供一个符合国际标准、满足语音及高速数据传输要求的信息点出口。

3）管理子系统：安装有线路管理器件及各种公用设备，实现整个系统集中管理，它是干线子系统和水平子系统的桥梁，同时又可为同层组网提供条件。其中包括双绞线跳线架和跳线。

4）垂直干线子系统：目的是实现计算机设备控制中心与各管理子系统间的连接。该子系统通常是两个单元之间，特别是在位于中央点的公共系统设备处提供多个线路设施。系统由建筑物内所有的垂直干线多对数电缆及相关支撑硬件组成，以提供设备间总配线架与干线接线间楼层配线架之间的干线路由。常用介质是大对数双绞线电缆和光缆。

5）设备间子系统：该子系统是由设备间中的电缆、连接跳线架及相关支撑硬件、防雷电保护装置等构成。可以说是整个配线系统的中心单元，因此它的布放、造型及环境条件的考虑适当与否，直接影响到将来信息系统的正常运行及维护和使用的灵活性。设备包括计算机系统、交换机、路由器、服务器、防火墙和报警控制中心等。

6）建筑群子系统：它是将多个建筑物的数据通信信号连接成一体的布线系统，它采用架空、地下电缆管道或直埋敷设的室外电缆与光缆互联，是结构化布线系统的一部分，支持提供楼群之间通信所需的硬件。

7）出入口子系统：当综合布线系统需要在一个建筑群之间敷设较长距离的线路或者在建筑物内信息系统要求组成高速率网络，或与电力电缆网络一起敷设有抗电磁干扰要求时，应采用光缆作为传输媒体。光缆传输系统应能满足建筑与建筑群环境对电话、数据、计算机、电视等综合传输的要求；作为远距离电信网的一部分时应采用单模光缆。

2. 综合布线系统的特点

综合布线系统的特点可以概况为以下几点。

1）实用性：实施后，布线系统将能够适应现代和未来通信技术的发展，并且实现语音、数据通信等信号的统一传输。

2）灵活性：布线系统能满足各种应用的要求，即任一信息点能够连接不同类型的终端设备，如电话、计算机、打印机、电传真机、各种传感器件以及图像监控设备等。

3）模块化：综合布线系统中除去固定于建筑物内的水平缆线外，其余所有的接插件都是基本式的标准件，可互联所有语音、数据、图像、网络和楼宇自动化设备，以方便使用、搬迁、更改、扩容和管理。

4）扩展性：综合布线系统是可扩充的，以便将来有更大的用途时很容易将新设备扩充进去。

5）经济性：采用综合布线系统后可以使管理人员减少，同时，因为模块化的结构，大大降低了日后因更改或搬迁系统时的费用。

6）通用性：对符合国际通信标准的各种计算机和网络拓扑结构均能适应，对不同传递速度的通信要求均能适应，可以支持和容纳多种计算机网络的运行。

九、使用Visio软件制图

本节讲述利用Office Visio 2003软件创建某学校的网络拓扑图。

某学校管理员为了能更好地掌握学校设备之间连接状况，方便排查网络故障，创建学校网络拓扑图，如图0-40所示。

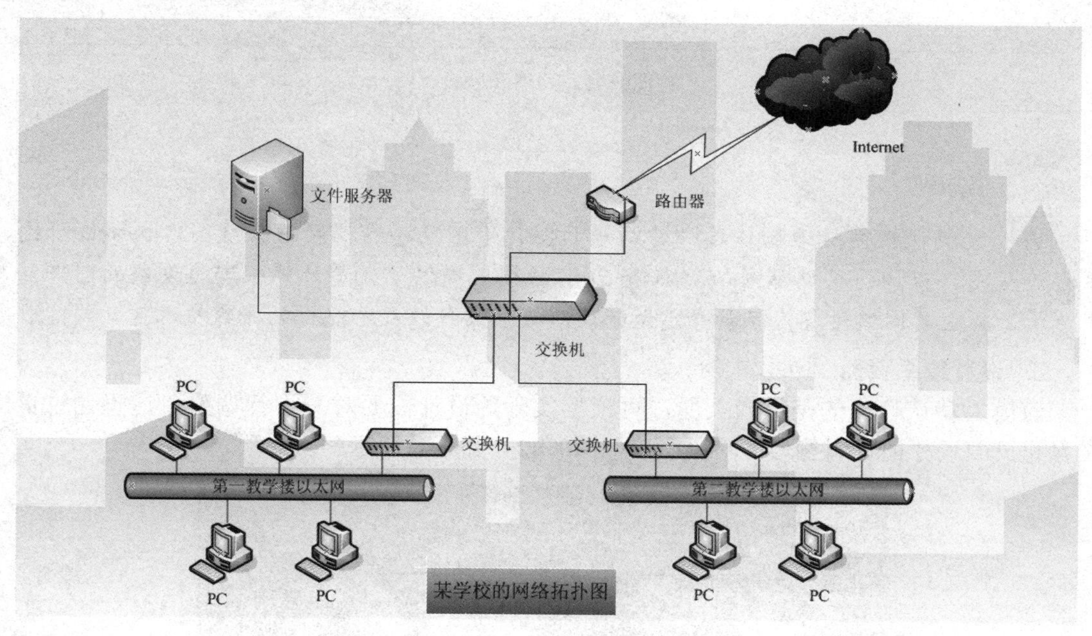

图0-40　某学校的网络拓扑图

创建拓扑图的过程如下。

1. 创建新绘图

启动Visio 2003软件，执行“文件”→“新建”→“网络”→“详细网络图”命令，创建一个新绘图，同时打开了Visio 2003软件左侧“形状”中自带的“网络和外设”模板，如图0-41所示。

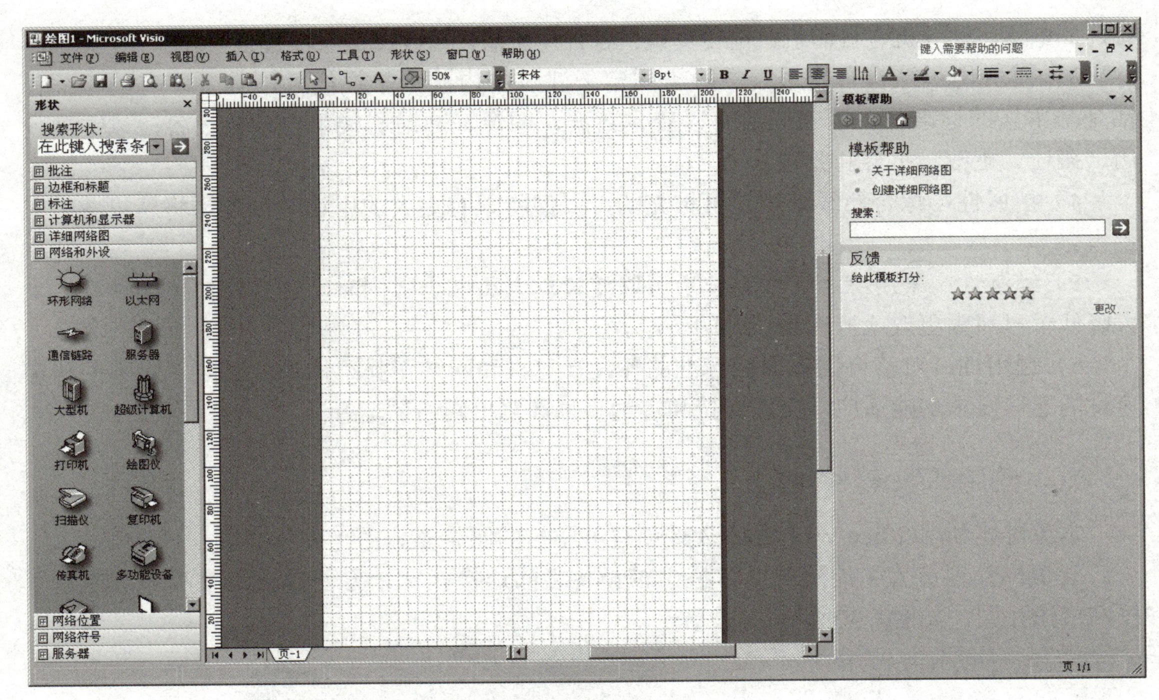

图0-41　网络和外设

小知识

Visio能够快捷灵活地制作各种建筑平面图、管理及构图、网络布线图、机械设计图、工程流程图、审计图及电路图等。Visio 2003的模板提供了大量计算机周边设备的图件，其中包括了为主要网络设备产品量身定做的网络接入设备以及智能化的布线技术。

2. 设置绘图页面

该模板默认打开的是纵向页面，可根据实际的设计需要对其进行调整，这里通过页面设置和页面尺寸把它调整为横向页面，如图0-42和图0-43所示。

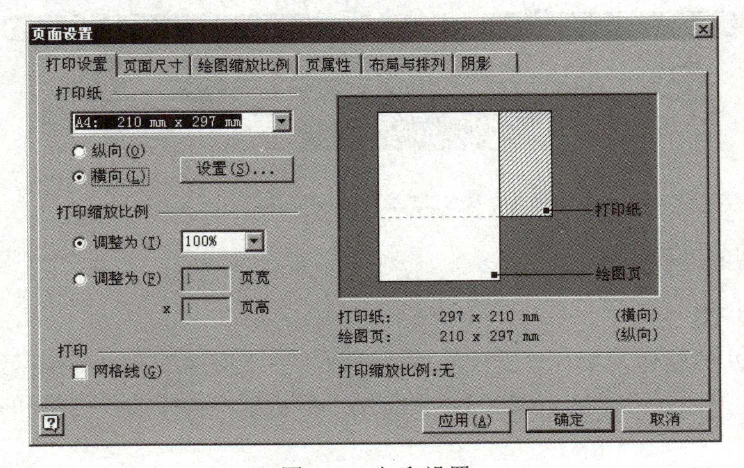

图0-42　打印设置

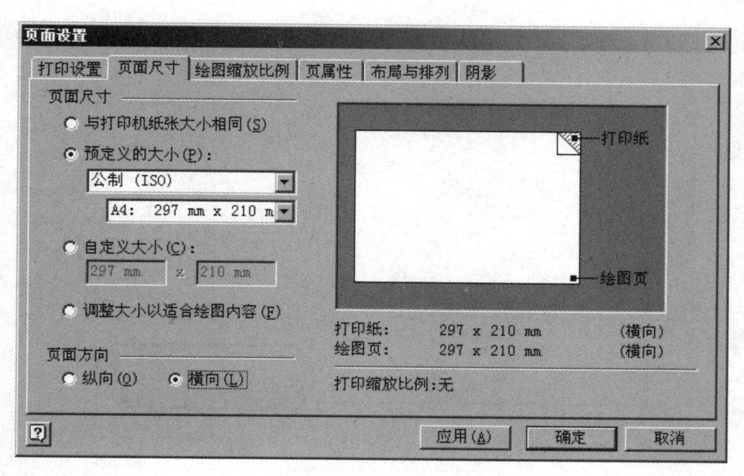

图0-43 页面尺寸

3. 绘制图形

将“网络和外设”模板中的“交换机”图件拖入绘图页中生成图件，并适当调整其大小和位置，如图0-44所示。

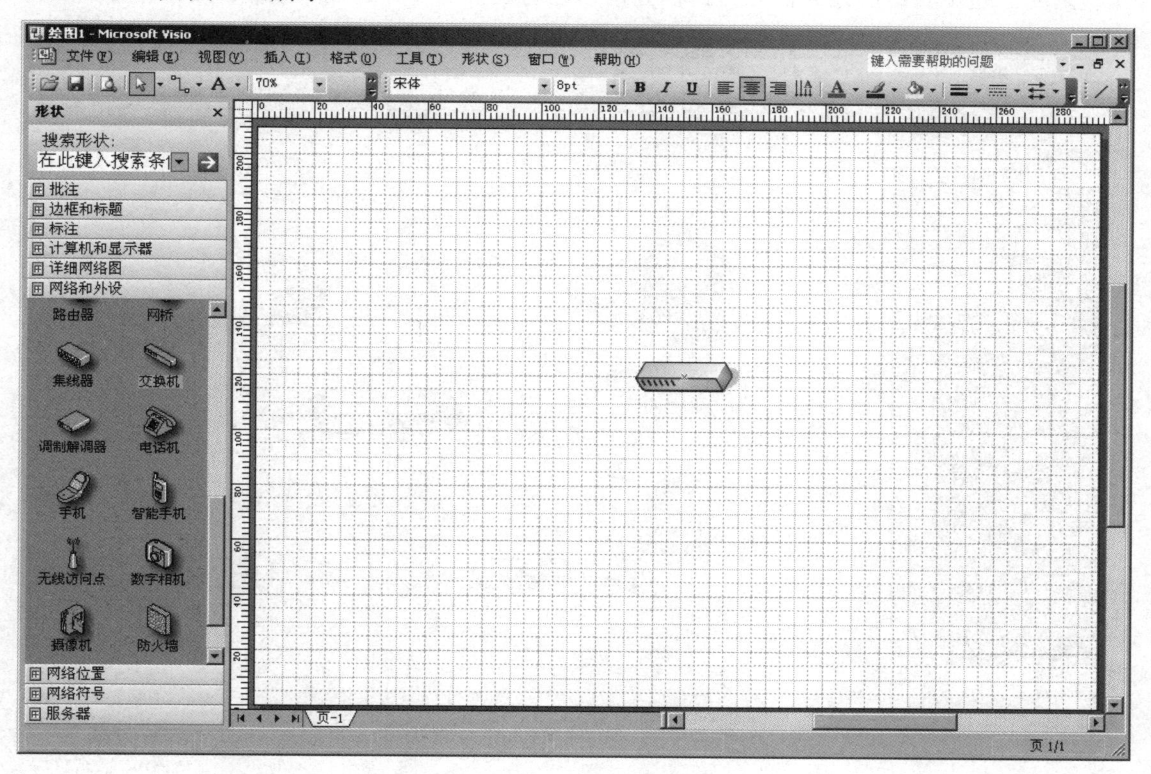

图0-44 图件拖入绘图页

将“服务器”模具中的“文件服务器”图件拖入绘图中，适当调整位置和大小，然后单击“常用”工具栏中的“连接线工具”按钮，在该图形和刚才建立的连接点之间添加连接线，如图0-45所示。

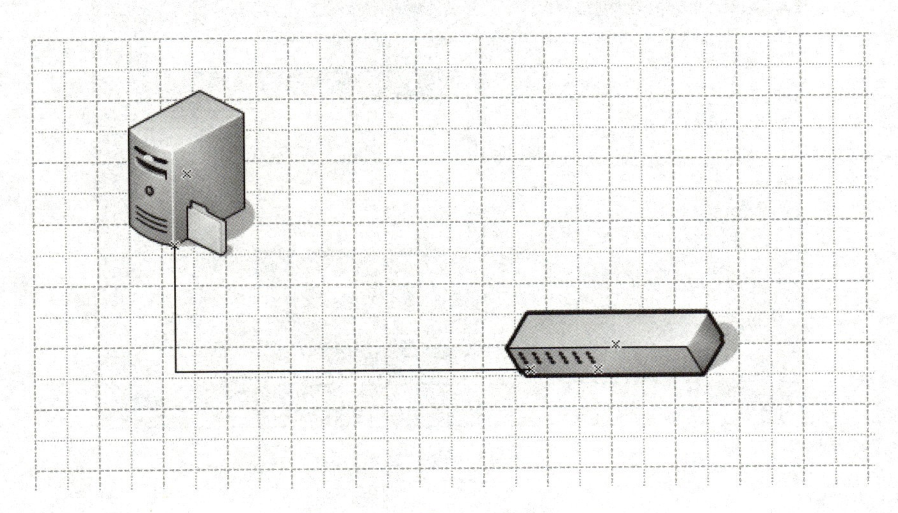

图0-45　使用连接线工具连接

重复上述步骤，创建其他与交换机直接相连的设备图形并连线，如图0-46所示。

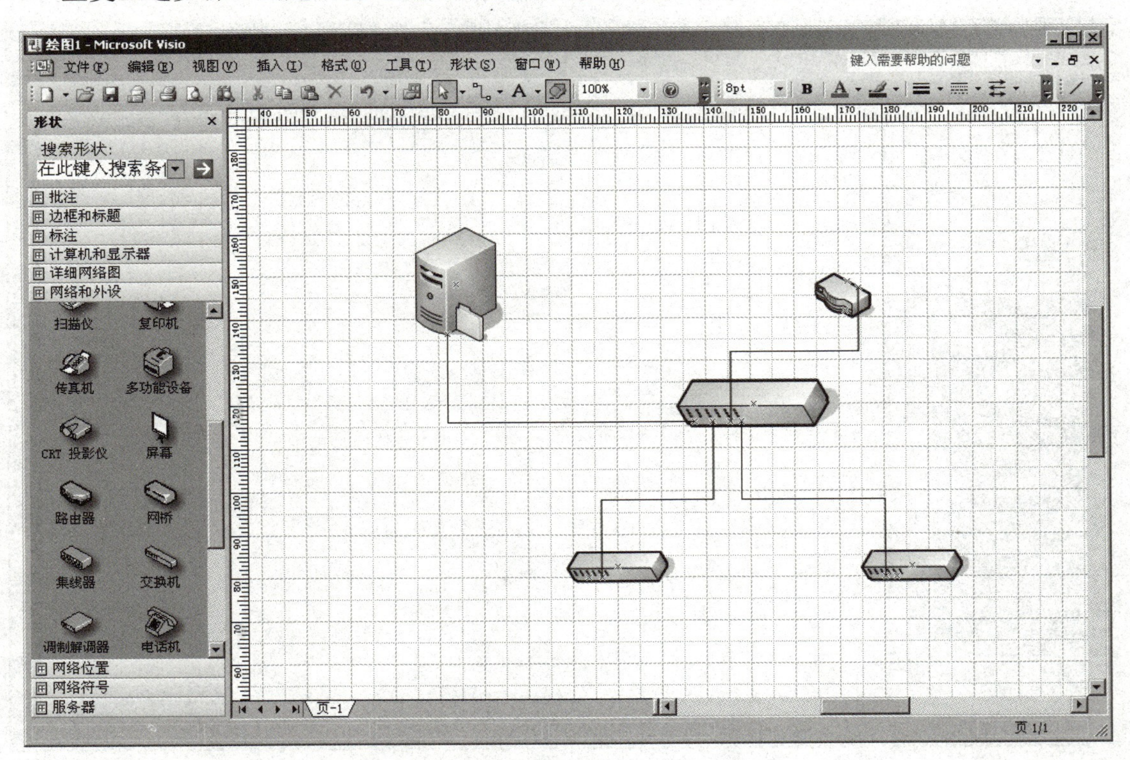

图0-46　创建其他与交换机直接相连的设备图形并连线

将“网络和外设”模具中的“以太网”图件拖入绘图中，放置在交换机下方，适当调整位置和大小。再从“计算机和显示器”模具中拖入各种终端设备图件，连接在以太网中，如图0-47所示。

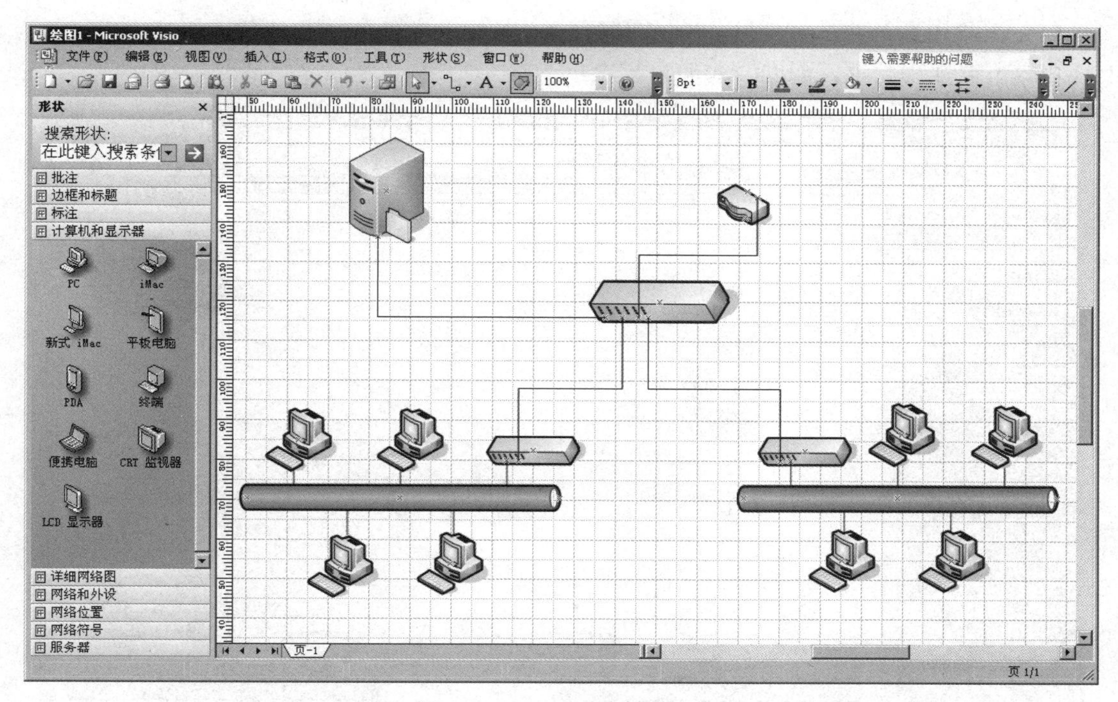

图0-47　添加其他设备组件

现在整个局域网的结构基本绘制完毕，接下来绘制局域网通过路由器与广域网的连接。这时需要用到一些虚拟的网络标记符号，这些符号可以在“网络位置”模具中找到。在该模具中找到“云”图件，将其拖入绘图页中，调整好大小和位置，如图0-48所示。

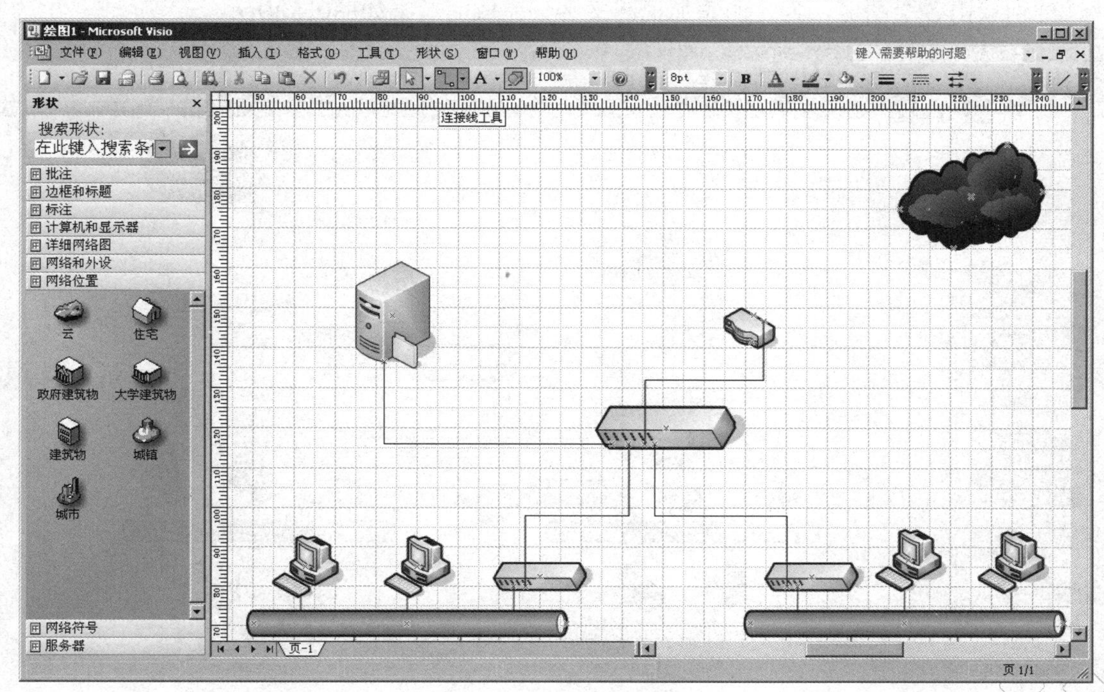

图0-48　添加“云”图件

拖入“网络和外设”模具中的“通信链路”图件，适当调整其位置和大小，将“云”图件和路由器连接起来，如图0-49所示。

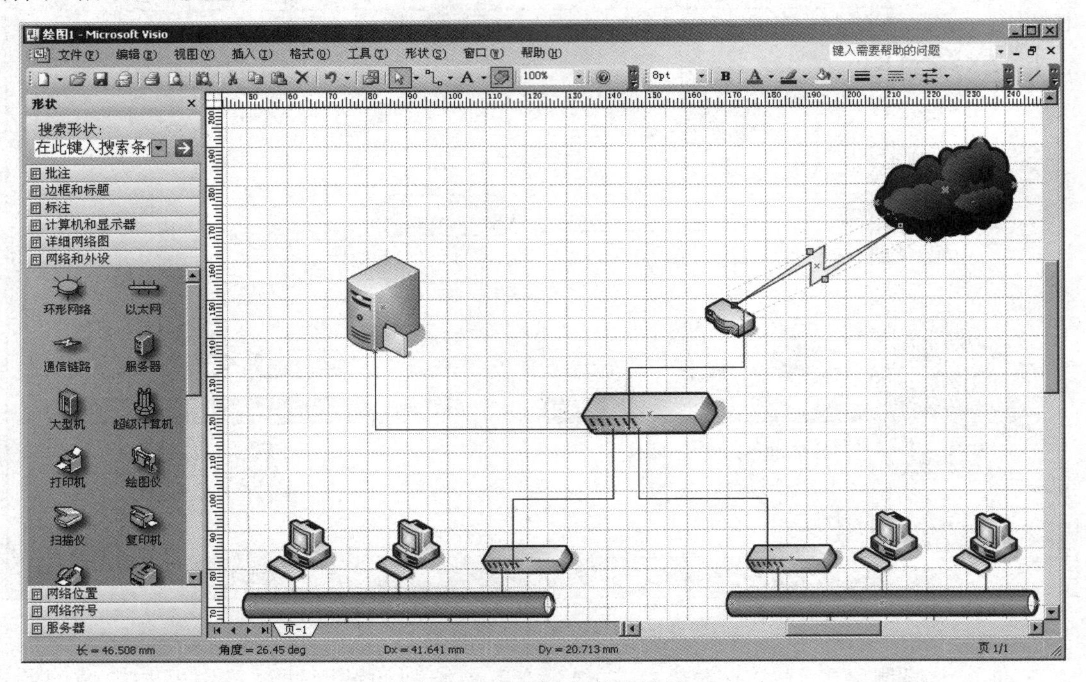

图0-49　使用通信链路连接

4．添加文本

分别双击各个图形，为它们添加说明文字，完成后效果如图0-50所示。

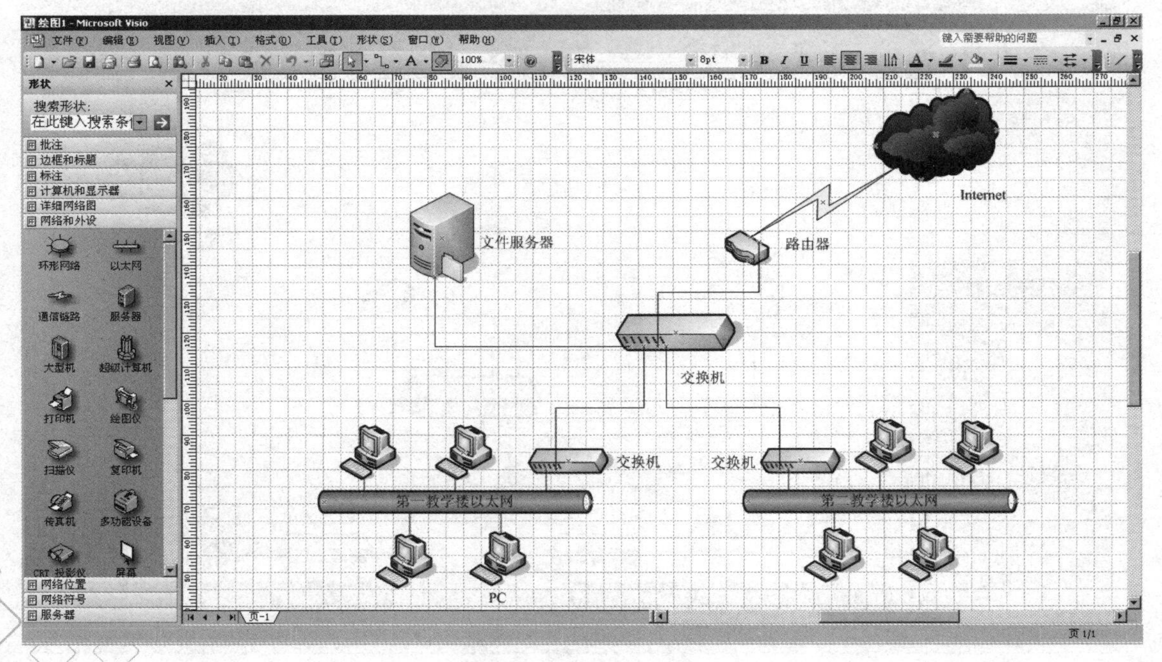

图0-50　添加说明文字

或者利用“常用”工具栏中的“文本工具”按钮A添加文字：单击该按钮，光标形状变为+▤，在绘图页中单击鼠标，就会自动生成一个文本框，直接在其中输入文字即可，如图0-51所示。

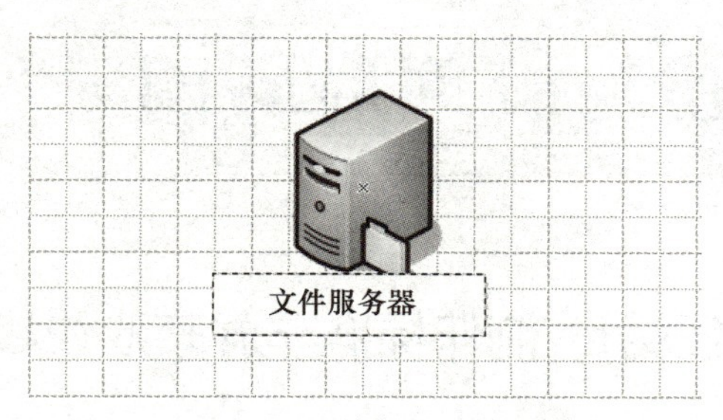

图0-51　文本框方式

5. 美化工作

执行“文件”→“形状”→“其他Visio方案”命令，打开“背景”和“边框和标题”模具，为绘图添加背景图案和标题，如图0-52所示。

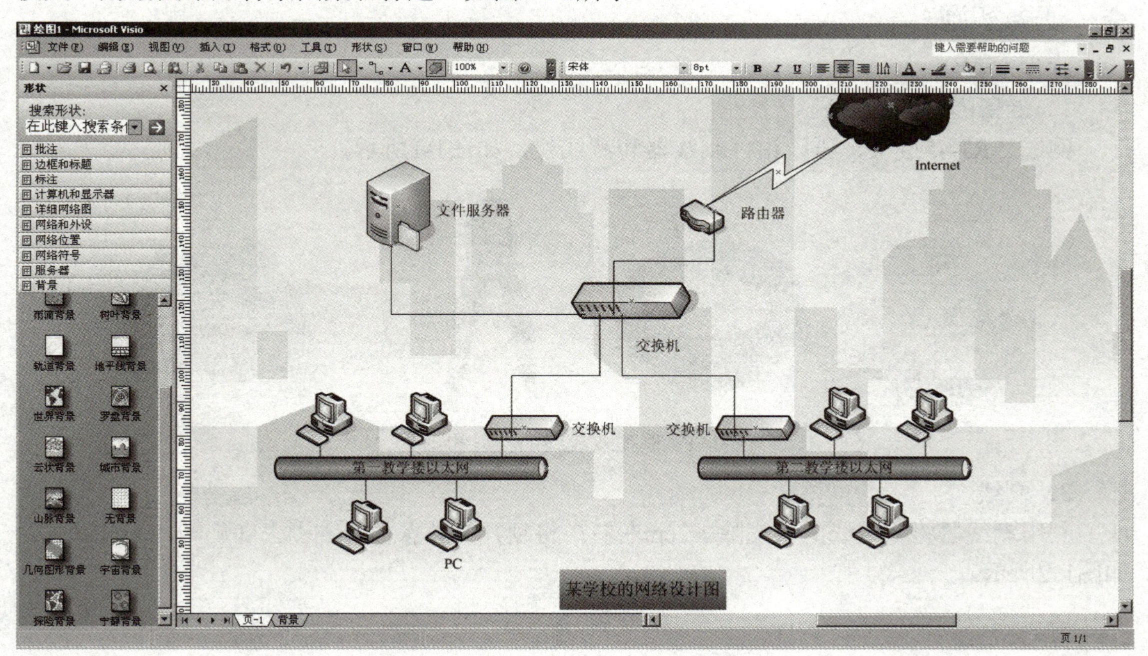

图0-52　添加背景图案和标题

6. 保存绘图

绘图完毕执行保存操作，将工作成果保存下来。该实例的最终效果图如图0-40所示。

项目1　搭建与管理局域网

任务1　制作标准非屏蔽双绞线

◆ 任务描述

本任务为校园新部署的学生机房制作网线，并测试网线的连通性。通过学习了解网络双绞线的制作方法和相应知识，进一步了解网络双绞线的线序标准及网络双绞线的类型。

◆ 任务实施

制作双绞线

1. 准备的材料和工具

网线、RJ-45接头、压线钳、剥线器和测线仪，如图1-1所示。

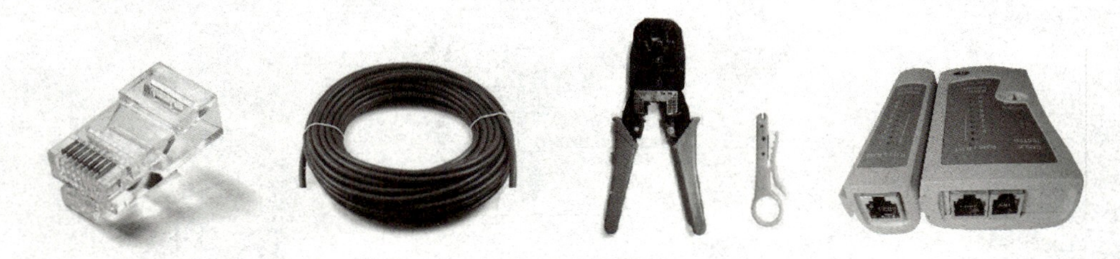

图1-1　制作双绞线的材料和工具

2. 剥线

利用剥线器将双绞线的外皮除去2cm左右；将划开的外保护套管剥去（旋转、向外抽），如图1-2所示。

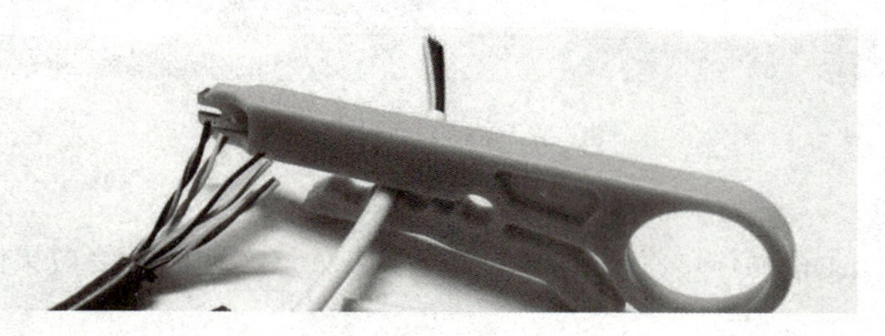

图1-2　利用剥线器剥线

3. 理线

按T568-B线序标准将8根导线平坦整齐地平行排列，导线间不留空隙；将裸露出的双绞线用压线钳剪下只剩约14mm的长度，一定要剪得很整齐，如图1-3所示。

4．插线

将剪断的双绞线放入RJ-45插头试一试长短（要插到底），双绞线的外保护层最后应能够在RJ-45插头内的凹陷处被压实，有时需要反复进行调整，如图1-4所示。

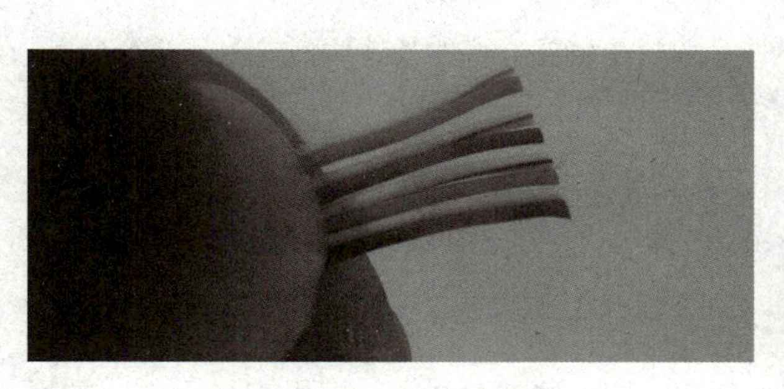

图1-3　按T568-B线序排列导线

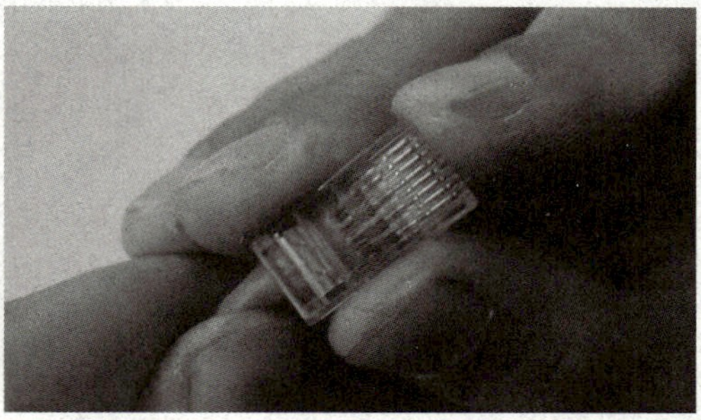

图1-4　插线

5．压线

在确认一切都正确后，将RJ-45插头放入压线钳的压头槽内，双手紧握压线钳的手柄，用力压紧，如图1-5所示。

6．测线

按同样的步骤制作双绞线的另一端，然后将双绞线两端接到测线仪两端，打开测线仪开关，此时测线仪的指示灯应从1一直亮到8，且顺序一样，如图1-6所示。

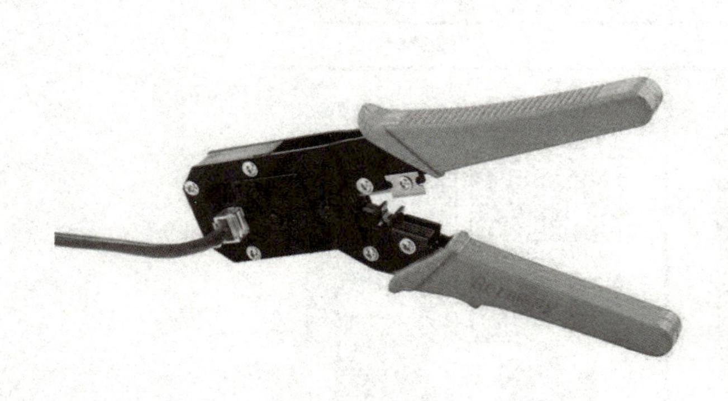

图1-5　压线

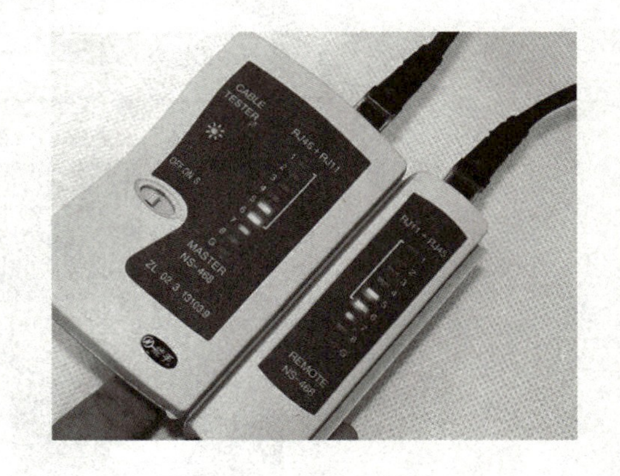

图1-6　测线仪测试网线连通性

◆　知识储备

一、熟悉双绞线标准：T568-A和T568-B

5类双绞线中有4对不同颜色的线缆，使用的接头为RJ-45型水晶头。关于双绞线的色标和排列方法有统一的国际标准严格规定，即TIA/EIA 568-B和TIA/EIA 568-A。具体为：

T568-B：橙白、橙、绿白、蓝、蓝白、绿、棕白、棕。

T568-A：绿白、绿、橙白、蓝、蓝白、橙、棕白、棕。

小知识

为什么要制定网线制线方面的国际标准？

从技术角度来看，只要网线两端采取同样的线序就能实现网络传输。但是，在整个网络布线中还是应该制定一种网线标准。因为如果标准不统一，几个人共同工作时会出现很大问题，可能出现网线两端线序不一样的情况；而且在施工过程中一旦出现线缆差错，在成捆的线缆中是很难查找和剔除的。这就是为什么要制定线序标准的原因。另外因为T568-B的标准可以实现5类线100Mbit/s的传输速率，所以，一般情况下制作网线统一采用T568-B标准。

二、缆线类型

交叉缆：同一根网线的两端使用不同的线序，即网线的两端，一端用T568-A，一端用T568-B的是交叉线。

直通缆：同一根网线的两端使用同样的线序，即网线的两端都使用T568-A或T568-B的是直连线（实际运用中一般都使用T568-B）。

RJ-45接头、T568-A线序、T568-B线序、直通缆和交叉缆的示意图如图1-7所示。

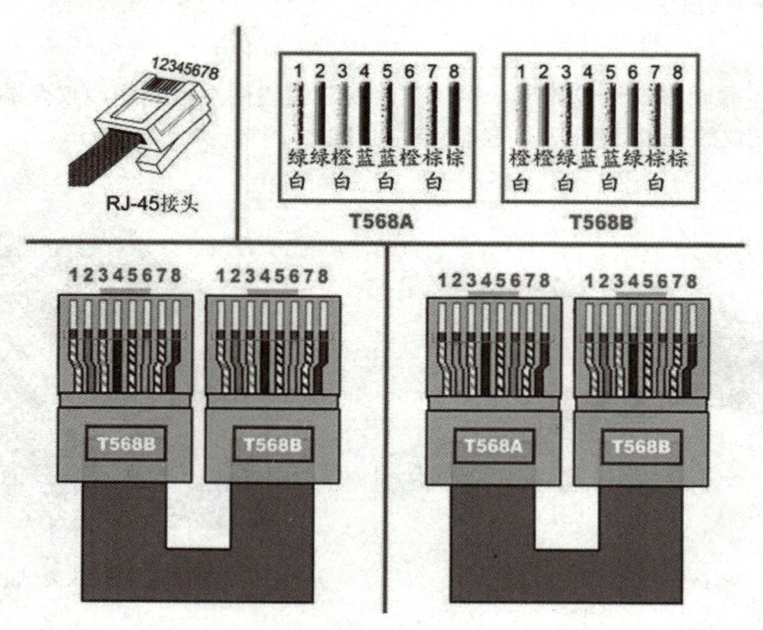

图1-7 RJ-45接头、T568-A线序、T568-B线序、直通缆和交叉缆示意图

小知识

直通缆和交叉缆的区别

由于大部分交换机都支持端口自适应模式，所以交换机在连接其他设备时，既可选用直通缆，也可选用交叉缆。但是，路由器和PC、PC和PC之间、路由器和路由器之间最好选用交叉缆。

任务2 制作并测试光纤

◆ 任务描述

某学校刚添加了一个机房，学生上课时需要访问互联网资源，而此机房离学校中心机房比较远，需要通过光纤连接。本任务使用冷熔光纤技术来演示如何制作光纤跳线，并进一步了解光纤的分类、光纤接头及光纤跳线等。

◆ 任务实施

制作光皮线接头

1）准备工具，依次是开剥器、米勒钳、定长开剥器（卡尺）、切割刀、酒精棉签、冷接子、皮线光缆，如图1-8所示。

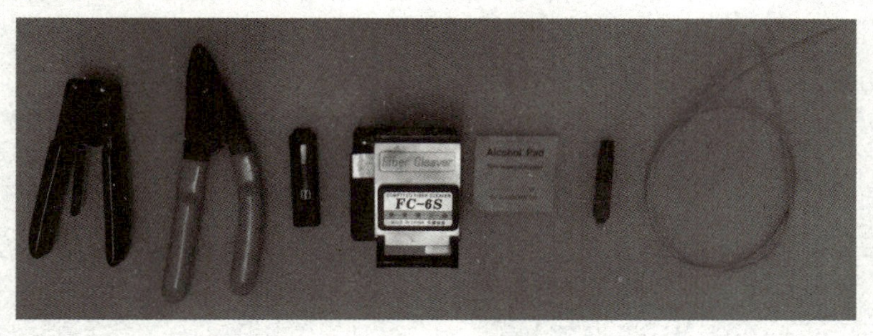

图1-8 制作光皮线接头的工具

2）用开剥器剥开光皮线外皮，如图1-9所示。

3）剥开后的光皮线，如图1-10所示。

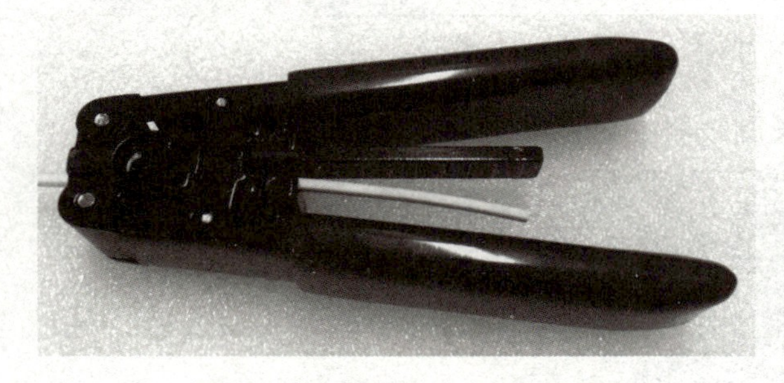

图1-9 用开剥器剥开光皮线外皮

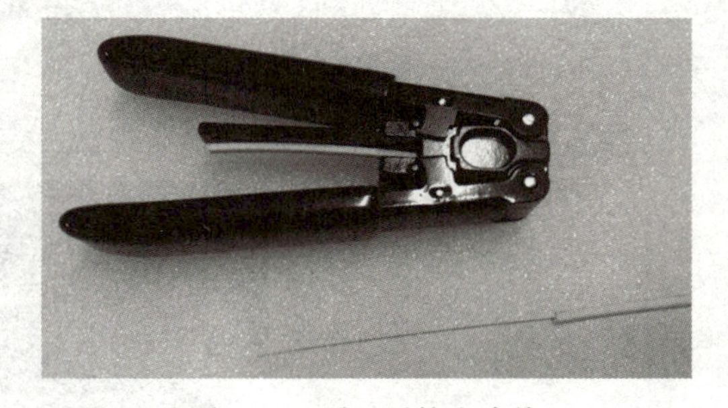

图1-10 剥开后的光皮线

4）把光皮线放进定长开剥器，按照需要预留的长度，扣上上盖，如图1-11所示。

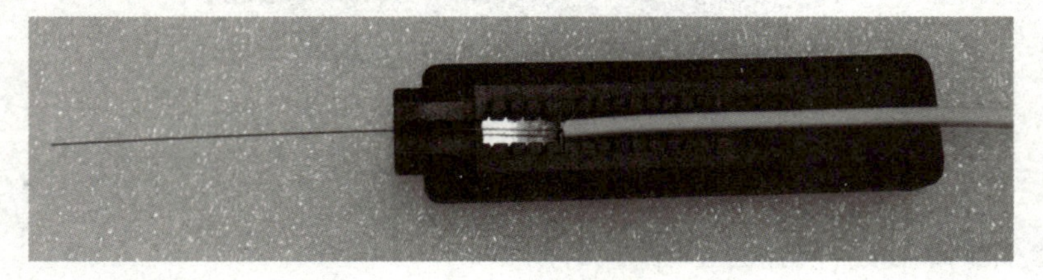

图1-11 把皮线放入定长开剥器

5）使用米勒钳斜向轻轻剥开涂层，如图1-12所示。

6）用酒精棉签擦拭光纤剥掉涂层的部分，如图1-13所示。

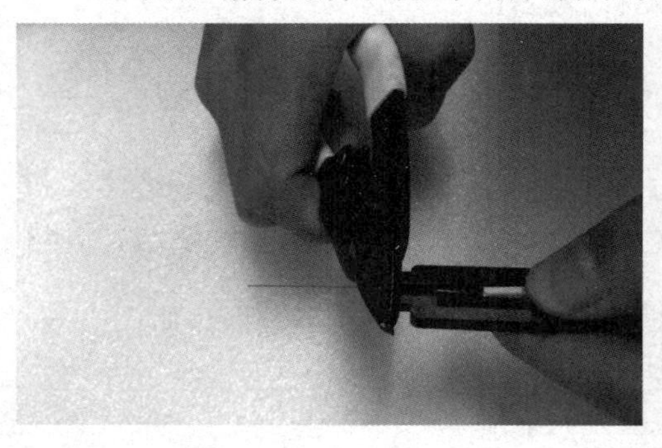

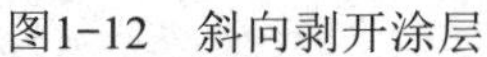
图1-12　斜向剥开涂层

图1-13　用酒精棉签擦拭光纤

7）准备用切割刀切纤。打开切割刀，将定长开剥器放入切割刀相应的位置，如图1-14所示。

8）合上切割刀上盖切纤，如图1-15所示。

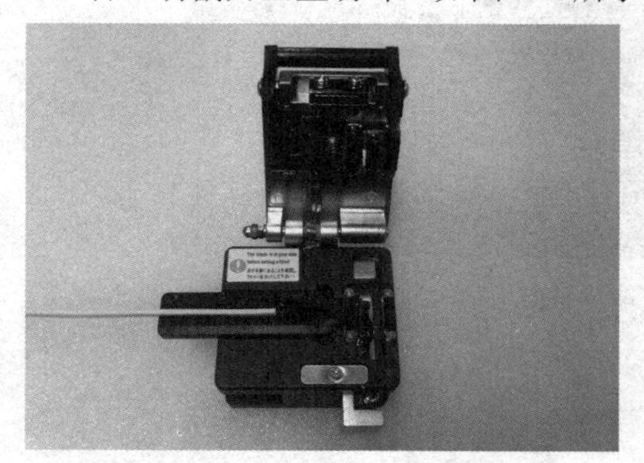
图1-14　将定长开剥器放入切割刀

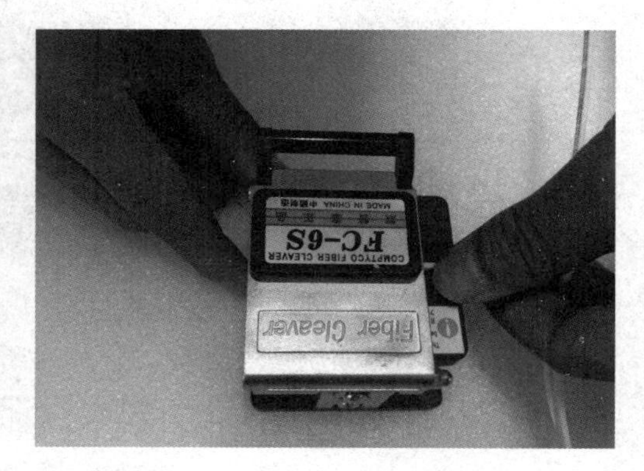

图1-15　切纤

9）打开切割刀，取出定长剥线器，定长剥线器中的光皮线就剥好了，如图1-16所示。

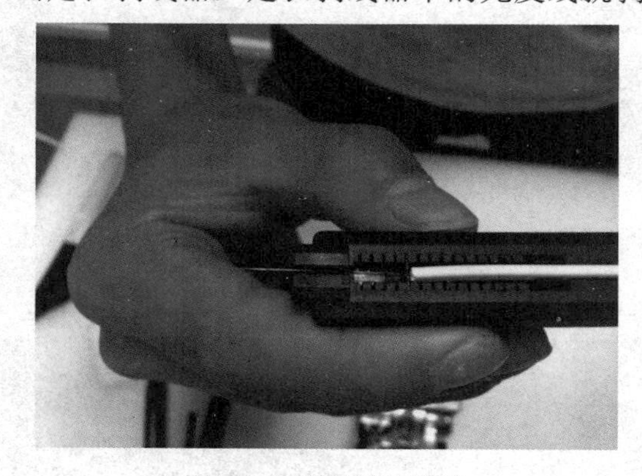
图1-16　剥好的光皮线

10）把冷接子螺母拧开待用，如图1-17所示。

11）在光皮线上套上冷接子螺母，并把已经切割好的光纤小心插入连接导入口，轻推光纤，确定光纤对准定位，如图1-18所示。

图1-17　拧开冷接子

图1-18　将光皮线推入冷接子

12）拧上螺母，这样光皮线的接头就做好了，如图1-19所示。

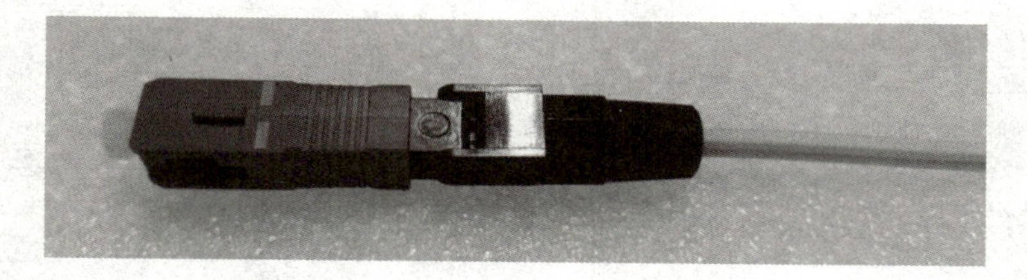

图1-19　做好的光皮线接头

小知识

如何识别光纤种类？

通过颜色辨别光纤跳线：一般单模光纤跳线用黄色表示，接头盒保护套为蓝色；一般多模光纤跳线用橙色表示，也有用灰色表示的，接头盒保护套为米色或黑色。

外套标识辨别光纤：50/125、62.5/125为多模，并且可能标有mm；9/125（g652）为单模，并且可能标有sm。

任务3　配置TCP/IP

任务描述

学校机房刚更新了40台计算机，需要给机房内40台计算机配置IP地址，并检测和校园网网关的连通性，以确保机房实训的正常开展。

◆ 任务实施

1. 规划IP地址

由于学校获得的IP地址段为10.11.0.0/16，学校规划为每个机房分配一个C类网址，给新机房的子网段为10.11.74.0/24，网关为10.11.74.1，DNS服务器地址为202.99.160.68，机房内主机IP地址为10.11.74.11～50。

2. 为每台主机配置IP地址

1）在“网上邻居”上单击鼠标右键，在弹出的快捷菜单中选择“属性”命令，然后单击“本地连接”，选择“属性”，就打开了“本地连接属性”对话框，如图1-20所示。

2）选择“Internet协议（TCP/IP）”，单击“属性”，打开“Internet协议（TCP/IP）属性”对话框，配置“IP地址”为10.11.74.25，“子网掩码”为255.255.255.0，“默认网关”为10.11.74.1，“DNS服务器”为202.99.160.68，如图1-21所示。

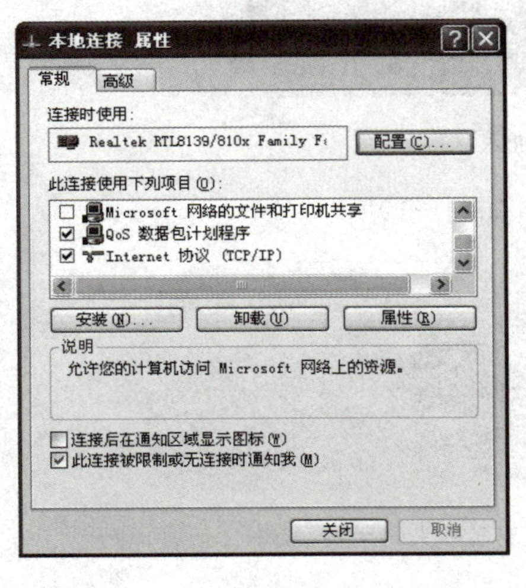

图1-20 “本地连接属性”对话框

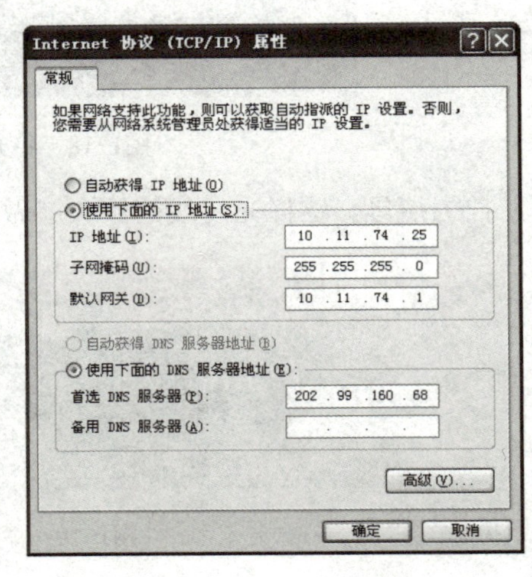

图1-21 设置TCP/IP属性

3. 测试网络的连通性

1）单击“开始”按钮，打开“运行”对话框，输入命令“cmd”，如图1-22所示。然后单击“确定”按钮。

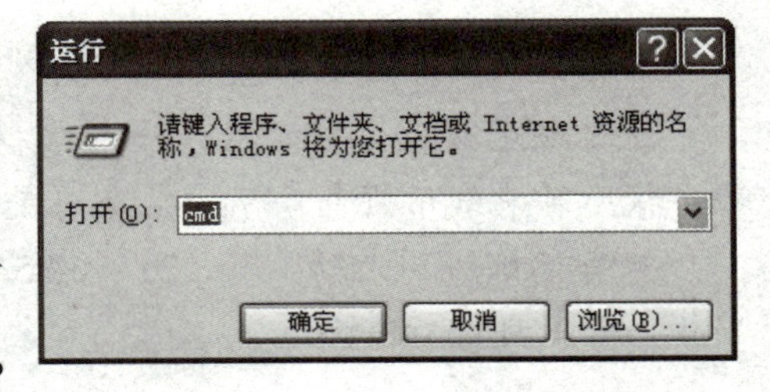

图1-22 打开中输入cmd

2）使用“ipconfig/all”命令观察本地网络设置是否正确，如图1-23所示。

3）ping回环地址127.0.0.1，检查本地的TCP/IP是否设置好，如果从127.0.0.1得到回复，则证明本地TCP/IP正确，如图1-24所示。

4）ping本机IP地址10.11.74.25，检查本机的IP地址是否设置有误，如果从本地地址10.11.74.25得到了回应，并且time小于1ms，则证明本机IP地址配置正确，如图1-25所示。

5）ping网关的IP地址10.11.74.1，检查硬件设备是否有问题及本机与本地网络连接是否正常。测试从网关IP地址得到回应，time小于1ms，证明网络连接正常，如图1-26所示。

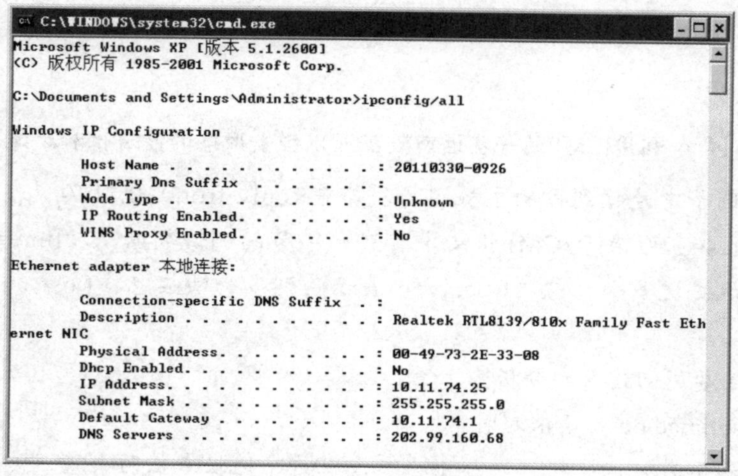

```
C:\WINDOWS\system32\cmd.exe
Microsoft Windows XP [版本 5.1.2600]
(C) 版权所有 1985-2001 Microsoft Corp.

C:\Documents and Settings\Administrator>ipconfig/all

Windows IP Configuration

        Host Name . . . . . . . . . . . . : 20110330-0926
        Primary Dns Suffix  . . . . . . . :
        Node Type . . . . . . . . . . . . : Unknown
        IP Routing Enabled. . . . . . . . : Yes
        WINS Proxy Enabled. . . . . . . . : No

Ethernet adapter 本地连接:

        Connection-specific DNS Suffix  . :
        Description . . . . . . . . . . . : Realtek RTL8139/810x Family Fast Eth
ernet NIC
        Physical Address. . . . . . . . . : 00-49-73-2E-33-08
        Dhcp Enabled. . . . . . . . . . . : No
        IP Address. . . . . . . . . . . . : 10.11.74.25
        Subnet Mask . . . . . . . . . . . : 255.255.255.0
        Default Gateway . . . . . . . . . : 10.11.74.1
        DNS Servers . . . . . . . . . . . : 202.99.160.68
```

图1-23　通过ipconfig命令查看本地连接的TCP/IP信息

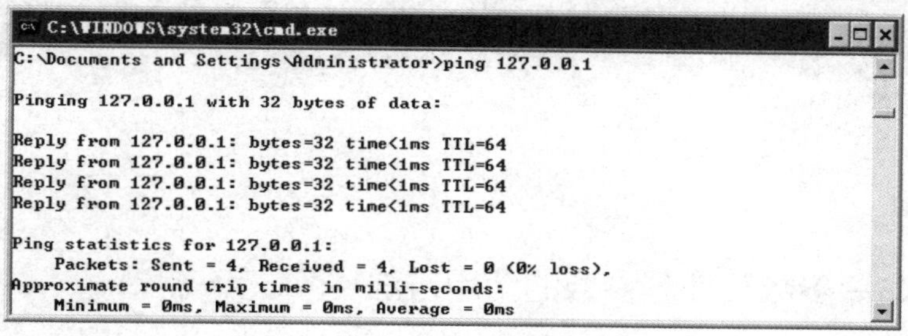

```
C:\WINDOWS\system32\cmd.exe
C:\Documents and Settings\Administrator>ping 127.0.0.1

Pinging 127.0.0.1 with 32 bytes of data:

Reply from 127.0.0.1: bytes=32 time<1ms TTL=64
Reply from 127.0.0.1: bytes=32 time<1ms TTL=64
Reply from 127.0.0.1: bytes=32 time<1ms TTL=64
Reply from 127.0.0.1: bytes=32 time<1ms TTL=64

Ping statistics for 127.0.0.1:
    Packets: Sent = 4, Received = 4, Lost = 0 (0% loss),
Approximate round trip times in milli-seconds:
    Minimum = 0ms, Maximum = 0ms, Average = 0ms
```

图1-24　ping回环地址

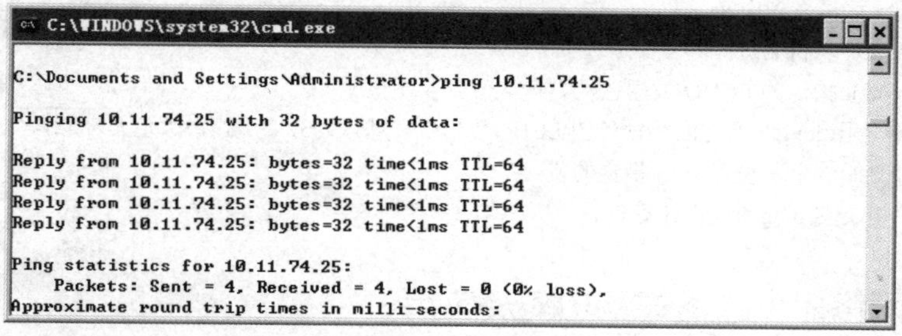

```
C:\WINDOWS\system32\cmd.exe

C:\Documents and Settings\Administrator>ping 10.11.74.25

Pinging 10.11.74.25 with 32 bytes of data:

Reply from 10.11.74.25: bytes=32 time<1ms TTL=64
Reply from 10.11.74.25: bytes=32 time<1ms TTL=64
Reply from 10.11.74.25: bytes=32 time<1ms TTL=64
Reply from 10.11.74.25: bytes=32 time<1ms TTL=64

Ping statistics for 10.11.74.25:
    Packets: Sent = 4, Received = 4, Lost = 0 (0% loss),
Approximate round trip times in milli-seconds:
```

图1-25　ping本机IP地址

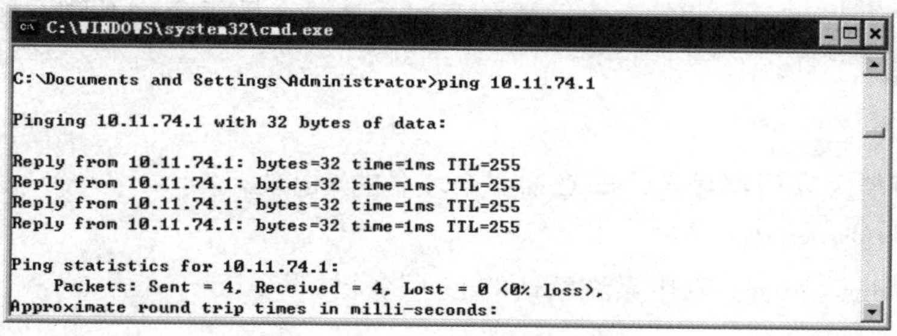

```
C:\WINDOWS\system32\cmd.exe

C:\Documents and Settings\Administrator>ping 10.11.74.1

Pinging 10.11.74.1 with 32 bytes of data:

Reply from 10.11.74.1: bytes=32 time=1ms TTL=255
Reply from 10.11.74.1: bytes=32 time=1ms TTL=255
Reply from 10.11.74.1: bytes=32 time=1ms TTL=255
Reply from 10.11.74.1: bytes=32 time=1ms TTL=255

Ping statistics for 10.11.74.1:
    Packets: Sent = 4, Received = 4, Lost = 0 (0% loss),
Approximate round trip times in milli-seconds:
```

图1-26　ping本地网关IP地址

小知识

ping命令利用ICMP的一些返回数据可以检查网络的连通性和故障。

在上面的例子中是收到目的主机回复，其中Reply from 10.11.74.1表示和网关能正常通信、“bytes=32”表示ICMP报文中有32个字节的测试数据，“time=1ms”是往返时间。Sent表示发送多个秒包、Received 表示收到多个回应包、Lost 表示丢弃了多少个包。

其他两个主要返回信息的分析:

1. Request timed out（请求超时）

请求超时表示对方已关机、网络上根本没有这个地址或被防火墙过滤了ICMP等。

2. Destination host unreachable（目的不可达）

目的不可达表示网线出了故障，或要访问的主机与自己不在同一网段内而自己又未设置网关。

◆ 知识储备

一、ping命令参数及部分参数的使用方法

ping [-t] [-a] [-n count] [-l length] [-f] [-i ttl] [-v tos] [-r count] [-s count] [-j computer-list] | [-k computer-list] [-w timeout] destination-list

-t：ping 指定的计算机直到中断。

-a：将地址解析为计算机名。

-ncount：发送 count 指定的 ECHO 数据包数。默认值为 4。

-llength：发送包含由 length 指定的数据量的 ECHO数据包。默认为32字节，最大值是65527。

-i ttl：将“生存时间”字段设置为 ttl 指定的值。

destination-list：指定要ping的远程计算机。

二、常用网络命令的格式、功能及应用

1．nslookup命令

nslookup（Name Server Lookup，域名查询）是一个用于查询互联网域名信息或诊断DNS服务器问题的工具。

2．直接查询

这个功能可能大家用得最多，即查询一个域名的A记录。

nslookup domain [dns-server]

如果没指定dns-server，则用系统默认的dns服务器。

3．指定查询类型

nslookup -qt=type domain [dns-server]

其中，type可以是以下这些类型：

A：地址记录；

AAAA：地址记录；

CNAME：别名记录；

MX：邮件服务器记录；

NS：名字服务器记录；

PTR：反向记录；

SRV：TCP服务器信息记录。

打开命令行工具，输入“nslookup”命令，在“nslookup”命令中输入网址，即可查看此网址对应的IP地址，如图1-27所示。

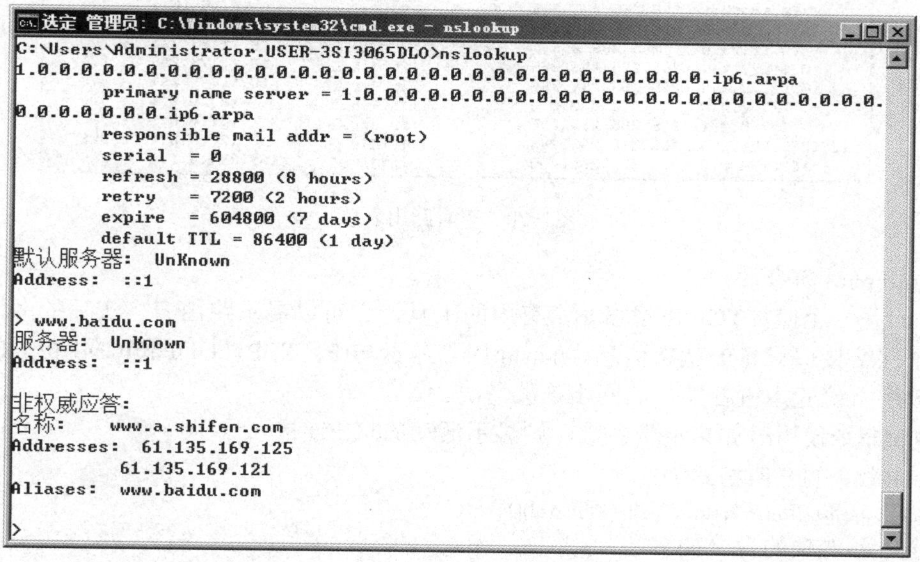

```
选定 管理员: C:\Windows\system32\cmd.exe - nslookup
C:\Users\Administrator.USER-3SI3065DLO>nslookup
1.0.0.0.0.0.0.0.0.0.0.0.0.0.0.0.0.0.0.0.0.0.0.0.0.0.0.0.0.0.0.0.ip6.arpa
        primary name server = 1.0.0.0.0.0.0.0.0.0.0.0.0.0.0.0.0.0.0.0.0.0.0.0.0.
0.0.0.0.0.0.0.ip6.arpa
        responsible mail addr = (root)
        serial  = 0
        refresh = 28800 (8 hours)
        retry   = 7200 (2 hours)
        expire  = 604800 (7 days)
        default TTL = 86400 (1 day)
默认服务器:  UnKnown
Address:  ::1

> www.baidu.com
服务器:  UnKnown
Address:  ::1

非权威应答:
名称:    www.a.shifen.com
Addresses:  61.135.169.125
          61.135.169.121
Aliases:  www.baidu.com

>
```

图1-27　使用“nslookup”命令

4. route print命令

route print是用来查看路由表的命令，其命令显示内容的关键字段如下：

destination：目的网段；

mask：网络掩码；

netmask：子网掩码；

interface：到达该目的地的本路由器的出口ip；

gateway：下一跳路由器入口的ip，路由器通过interface和gateway定义跳到下一个路由器的链路，通常情况下，interface和gateway是同一网段的；

metric跳数：该条路由记录的质量，一般情况下，如果有多条到达相同目的地的路由记录，则路由器会采用metric值小的那条路由。

在命令行工具中输入“route print”命令，查看本地PC中的路由表项，如图1-28所示。

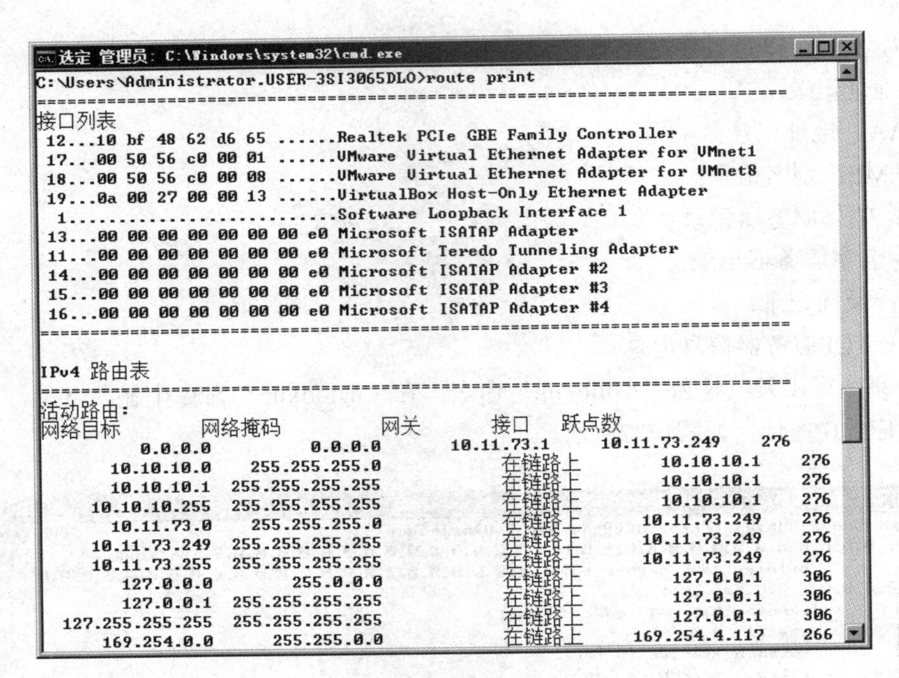

图1-28 查看路由表项

5. netstat命令

netstat是一个监控TCP/IP网络非常有用的工具，它可以显示路由表、实际的网络连接以及每一个网络接口设备的状态信息。netstat用于显示与IP、TCP、UDP和ICMP相关的统计数据，一般用于检验本机各端口的网络连接情况。

netstat命令使用时如果不带参数，则显示活动的TCP连接。

netstat命令的一般格式为：

netstat [-a][-e][-n][-o][-p Protocol][-r][-s][Interval][1]

命令中各选项的含义如下：

-a：显示所有socket，包括正在监听的；

-c：每隔1s就重新显示一遍，直到用户中断它；

-i：显示所有网络接口的信息，格式为“netstat-i”；

-n：以网络IP地址代替名称，显示出网络连接情形；

-r：显示核心路由表，格式同“route-e”；

-t：显示TCP的连接情况；

-u：显示UDP的连接情况；

-v：显示正在进行的工作；

-p：显示建立相关链接的程序名和PID；

-b：显示在创建每个连接或侦听端口时涉及的可执行程序；

-e：显示以太网统计。此选项可以与-s选项结合使用；

-f：显示外部地址的完全限定域名（FQDN）；

-o：显示与每个连接相关的所属进程 ID；

-s：显示每个协议的统计；

-x：显示NetworkDirect 连接、侦听器和共享端点；

-y：显示所有连接的TCP连接模板。无法与其他选项结合使用；

interval：重新显示选定的统计，各个显示间暂停的间隔秒数。按<Ctrl+C>组合键停止重新显示统计。如果省略，则netstat将打印当前的配置信息一次。

在命令行工具中输入“netstat -a”命令，查看本地PC中的连接状态，如图1-29所示。

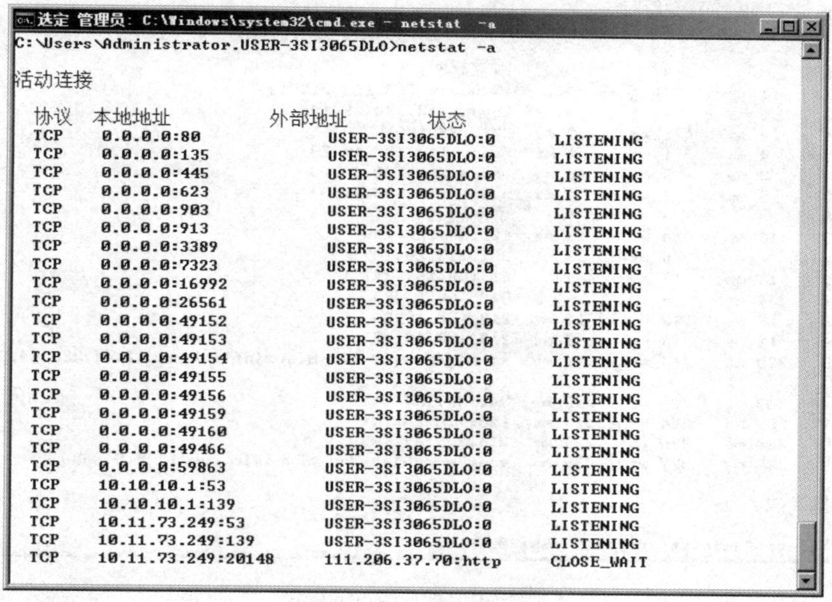

```
选定 管理员: C:\Windows\system32\cmd.exe - netstat  -a
C:\Users\Administrator.USER-3SI3065DLO>netstat -a

活动连接

  协议  本地地址              外部地址              状态
  TCP    0.0.0.0:80             USER-3SI3065DLO:0      LISTENING
  TCP    0.0.0.0:135            USER-3SI3065DLO:0      LISTENING
  TCP    0.0.0.0:445            USER-3SI3065DLO:0      LISTENING
  TCP    0.0.0.0:623            USER-3SI3065DLO:0      LISTENING
  TCP    0.0.0.0:903            USER-3SI3065DLO:0      LISTENING
  TCP    0.0.0.0:913            USER-3SI3065DLO:0      LISTENING
  TCP    0.0.0.0:3389           USER-3SI3065DLO:0      LISTENING
  TCP    0.0.0.0:7323           USER-3SI3065DLO:0      LISTENING
  TCP    0.0.0.0:16992          USER-3SI3065DLO:0      LISTENING
  TCP    0.0.0.0:26561          USER-3SI3065DLO:0      LISTENING
  TCP    0.0.0.0:49152          USER-3SI3065DLO:0      LISTENING
  TCP    0.0.0.0:49153          USER-3SI3065DLO:0      LISTENING
  TCP    0.0.0.0:49154          USER-3SI3065DLO:0      LISTENING
  TCP    0.0.0.0:49155          USER-3SI3065DLO:0      LISTENING
  TCP    0.0.0.0:49156          USER-3SI3065DLO:0      LISTENING
  TCP    0.0.0.0:49159          USER-3SI3065DLO:0      LISTENING
  TCP    0.0.0.0:49160          USER-3SI3065DLO:0      LISTENING
  TCP    0.0.0.0:49466          USER-3SI3065DLO:0      LISTENING
  TCP    0.0.0.0:59863          USER-3SI3065DLO:0      LISTENING
  TCP    10.10.10.1:53          USER-3SI3065DLO:0      LISTENING
  TCP    10.10.10.1:139         USER-3SI3065DLO:0      LISTENING
  TCP    10.11.73.249:53        USER-3SI3065DLO:0      LISTENING
  TCP    10.11.73.249:139       USER-3SI3065DLO:0      LISTENING
  TCP    10.11.73.249:20148     111.206.37.70:http     CLOSE_WAIT
```

图1-29　查看连接状态

6. tracert命令

tracert命令是路由跟踪实用程序，用于确定IP数据包访问目标所采取的路径。tracert命令使用IPTTL（Time To Live，生存时间）字段和ICMP（Internet Control Message Protocol，互联网控制报文协议）错误消息来确定从一个主机到网络上其他主机的路由。其命令格式如下：

```
tracert [-d] [-h maximum_hops] [-j computer-list] [-w timeout] target_name
```

命令参数如下：

-d：指定不将地址解析为计算机名；

-h：maximum_hops指定搜索目标的最大跃点数；

-j：host-list与主机列表一起的松散源路由（仅适用于IPv4），指定沿host-list的稀疏源路由列表序进行转发。host-list是以空格隔开的多个路由器IP地址，最多9个；

-w：timeout等待每个回复的超时时间（以毫秒为单位）；

-R：跟踪往返行程路径（仅适用于IPv6）；

-S：srcaddr要使用的源地址（仅适用于IPv6）；

-4：强制使用IPv4；

-6：强制使用IPv6；

target_name：目标计算机的名称。

tracert命令最简单的用法就是“tracert target_name”，tracert将返回到达目的地的各种IP地址。

在命令行工具中输入“tracert 8.8.8.8”命令，可以查看本地PC到谷歌服务器8.8.8.8之间经过的网关地址，如图1-30所示。

```
选定 管理员: C:\Windows\system32\cmd.exe

C:\Users\Administrator.USER-3SI3065DLO>tracert 8.8.8.8

通过最多 30 个跃点跟踪
到 google-public-dns-a.google.com [8.8.8.8] 的路由:

  1     *        *        *     请求超时。
  2    <1 毫秒   <1 毫秒   <1 毫秒 bogon [10.11.72.251]
  3     6 ms     *        *     bogon [10.130.25.1]
  4     4 ms     1 ms     2 ms  221.192.186.57
  5     1 ms     1 ms     1 ms  bogon [10.120.11.2]
  6     3 ms     5 ms    16 ms  bogon [10.120.11.1]
  7     3 ms     3 ms     4 ms  bogon [10.120.1.33]
  8     *        *        *     请求超时。
  9    16 ms    14 ms    18 ms  121.28.220.145
 10     *        6 ms     3 ms  221.192.20.209
 11    15 ms    13 ms     *     61.182.181.241
 12    34 ms     *        *     219.158.11.93
 13    15 ms    13 ms    17 ms  219.158.18.66
 14    12 ms    15 ms    16 ms  219.158.16.82
 15   220 ms   213 ms   219 ms  sl-mst30-sj-0-0-3-0.sprintlink.net [144.228.44.3
3]
 16   207 ms   207 ms   217 ms  74.125.147.248
 17   251 ms   274 ms   258 ms  108.170.242.81
 18   280 ms   286 ms   278 ms  216.239.49.103
 19   227 ms   227 ms   236 ms  google-public-dns-a.google.com [8.8.8.8]

跟踪完成。

C:\Users\Administrator.USER-3SI3065DLO>
```

图1-30　查看经过的网关

任务4　管理Windows用户和组

◆ 任务描述

学生机房的PC需要进行严格的控制，让学生只能使用普通用户名student来登录PC，并修改组策略为此用户添加相应的权限，为以后访问网络共享文件夹打下基础。

◆ 任务实施

1）在开始菜单中，执行“管理工具”→“计算机管理”命令，打开计算机管理工具，选择“本地用户和组”，在“用户”上单击鼠标右键，在弹出的快捷菜单中选择“新用户”命令，如图1-31所示。

2）在弹出的“新用户”对话框中，在“用户名”后输入“student”，选择“用户不能更改密码”和“密码永不过期”复选框，单击“创建”按钮，如图1-32所示。

3）在“用户”选项中，可以看到已经创建好的用户student，还有系统内置的账号Administrator和Guest，如图1-33所示。

图1-31　本地用户和组

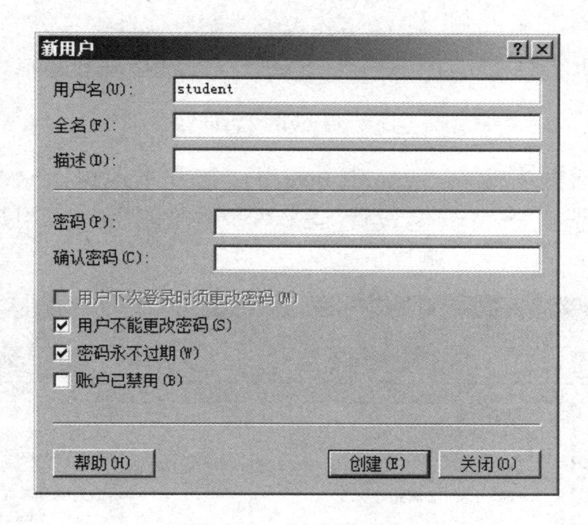

图1-32　创建新用户

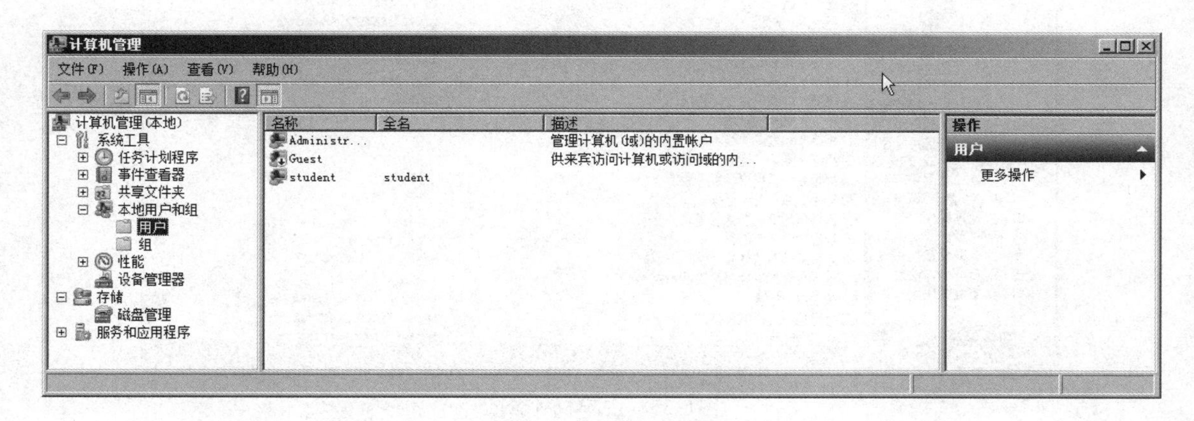

图1-33　验证新用户

4）双击用户student，打开用户“属性”对话框，可以查看和更改用户属性，如图1-34所示。

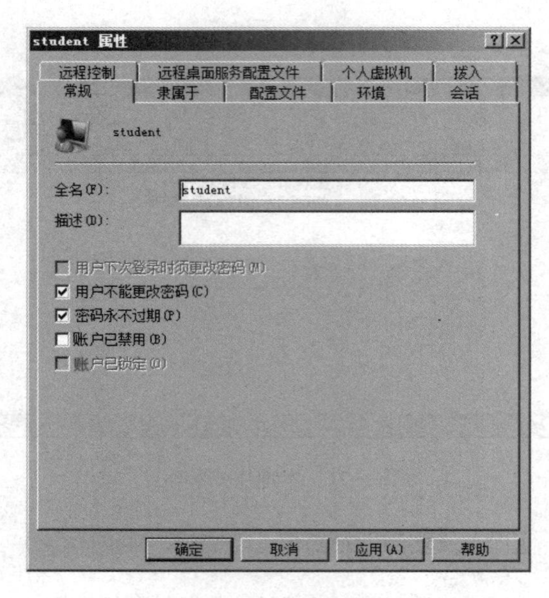

图1-34　用户属性

5）在“运行”对话框中输入“gpedit.msc”，打开本地组策略编辑器，执行“计算机配置”→“Windows设置”→“安全设置”→“本地策略”→“用户权利分配”命令，如图1-35所示。

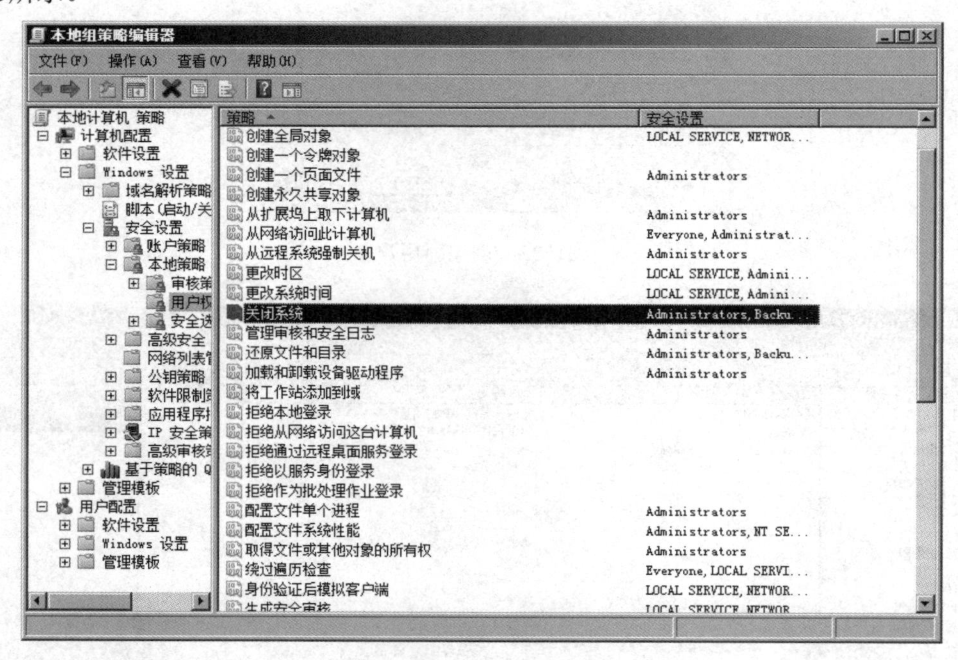

图1-35　用户权利分配

6）双击“关闭系统”打开“关闭系统”对话框，可以看到只有管理员组合备份操作组有关机权限，如图1-36所示，单击“添加用户或组”按钮。

7）在“选择用户或组”对话框中可以找到要对其授权的用户，如图1-37所示。

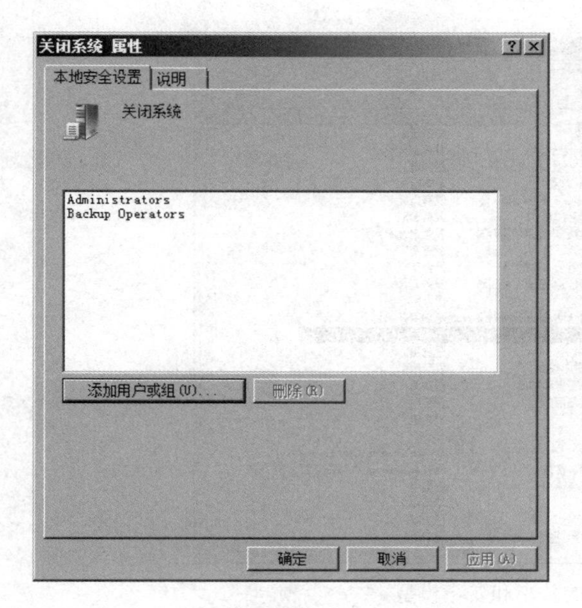

图1-36 “关闭系统属性”对话框

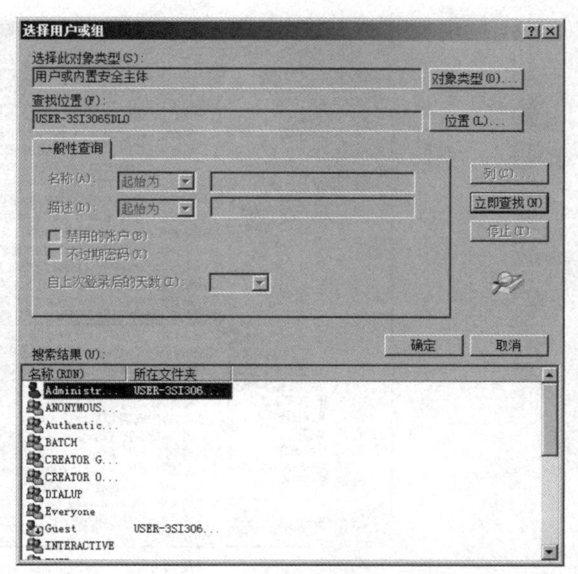

图1-37 “选择用户或组”对话框

8）把用户student添加到有关闭系统权限的本地安全设置中，如图1-38所示。

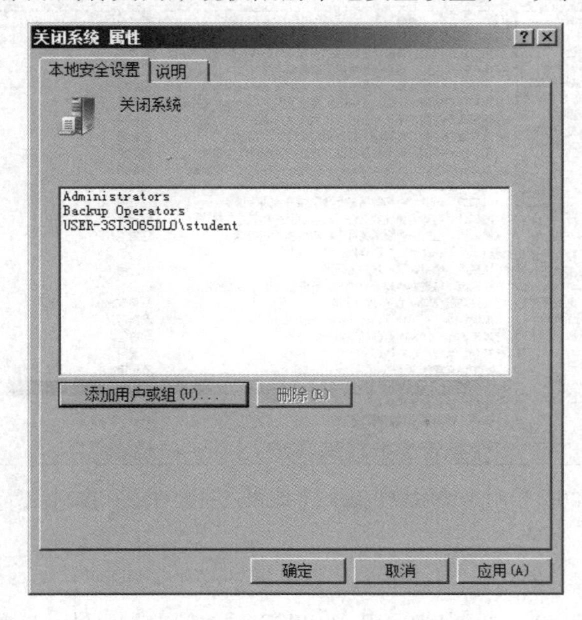

图1-38 “关闭系统属性”对话框

9）打开“本地策略”下的“安全选项”，将“本地账户的共享和安全模型”改为“经典-对本地用户进行验证”，如图1-39所示。

10）更改“安全选项”中“使用空密码的本地账户只允许进行控制台登录”为“已禁用”，如图1-40所示。

这样用户student不仅可以登录到本地计算机，还可以访问局域网内和它有相同配置的其他计算机的共享资源。

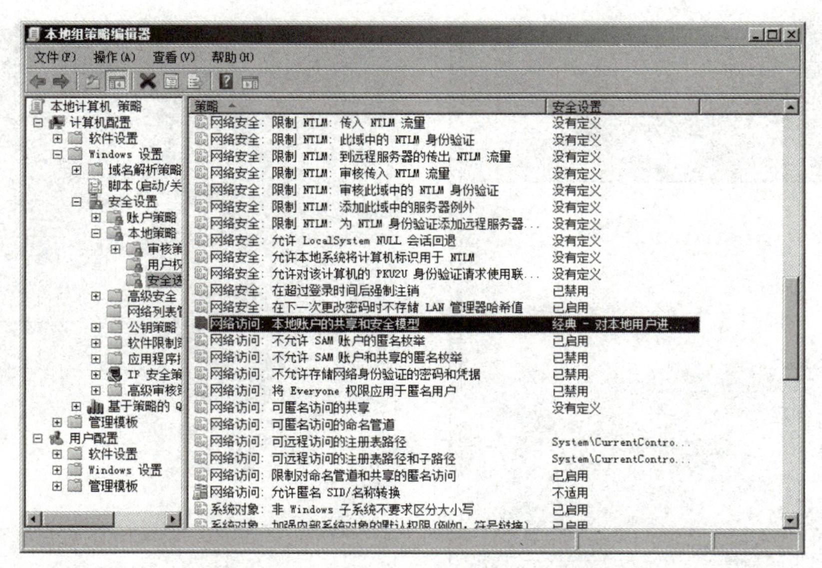

图1-39　本地账户的共享和安全模型

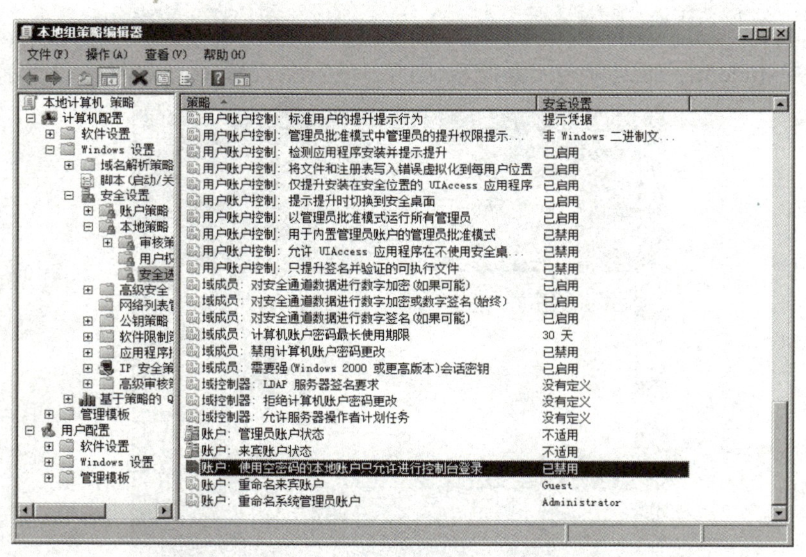

图1-40　禁用“使用空密码的本地账户只允许进行控制台登录”

◆ 知识储备

组策略（Group Policy）是Microsoft Windows系统管理员为用户和计算机定义并控制程序、网络资源及操作系统行为的主要工具。通过使用组策略可以设置各种软件、计算机和用户策略。组策略存放的根目录为C:\Windows\System32\gpedit.msc。

组策略的打开方式为，执行“运行”→“gpedit.msc”→“确定”命令。

通过使用组策略，用户可以大大降低组织的总拥有成本。各种各样的因素可能会使组策略设计变得非常复杂，例如，大量可用的策略设置、多个策略之间的交互以及继承选项。通过仔细规划、设计、测试并部署基于组织业务要求的解决方案，用户可以提供组织所需的标准化功能、安全性以及管理控制。

项目2 搭建与管理网络服务器

任务1 DNS服务器安装及区域配置

◆ 任务描述

某单位为了能通过域名结构来规范单位内部计算机名称结构，决定配置一台DNS服务器，服务器的IP地址为10.11.73.249，规划的域名为sjz.com，主机记录为www.sjz.com，对应的IP地址为10.11.73.249。

◆ 任务实施

步骤一：安装DNS服务器

1）执行“开始”→“管理工具”→“服务器管理器”命令，打开“服务器管理器”对话框如图2-1所示。然后单击“添加角色”按钮。

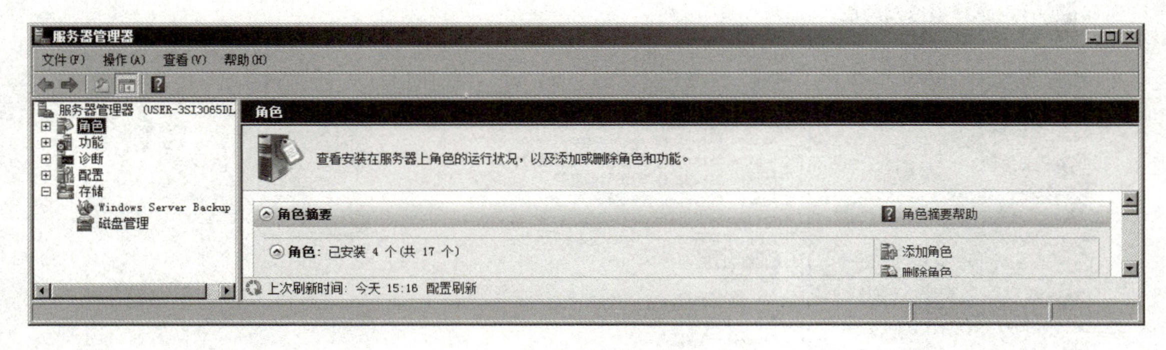

图2-1 “服务器管理器”对话框

2）在如图2-2所示的“添加角色向导”对话框中单击“下一步”按钮。

3）在“选择服务器角色”对话框中选择“DNS服务器”，如图2-3所示，单击“下一步”按钮。

4）在弹出的“DNS服务器”对话框中查看注意事项和其他信息，如图2-4所示，单击“下一步”按钮。

5）在“确认安装选择”对话框中确认安装的服务器后，单击“安装”按钮，如图2-5所示。可以在图2-6中看到DNS服务器已经安装成功。

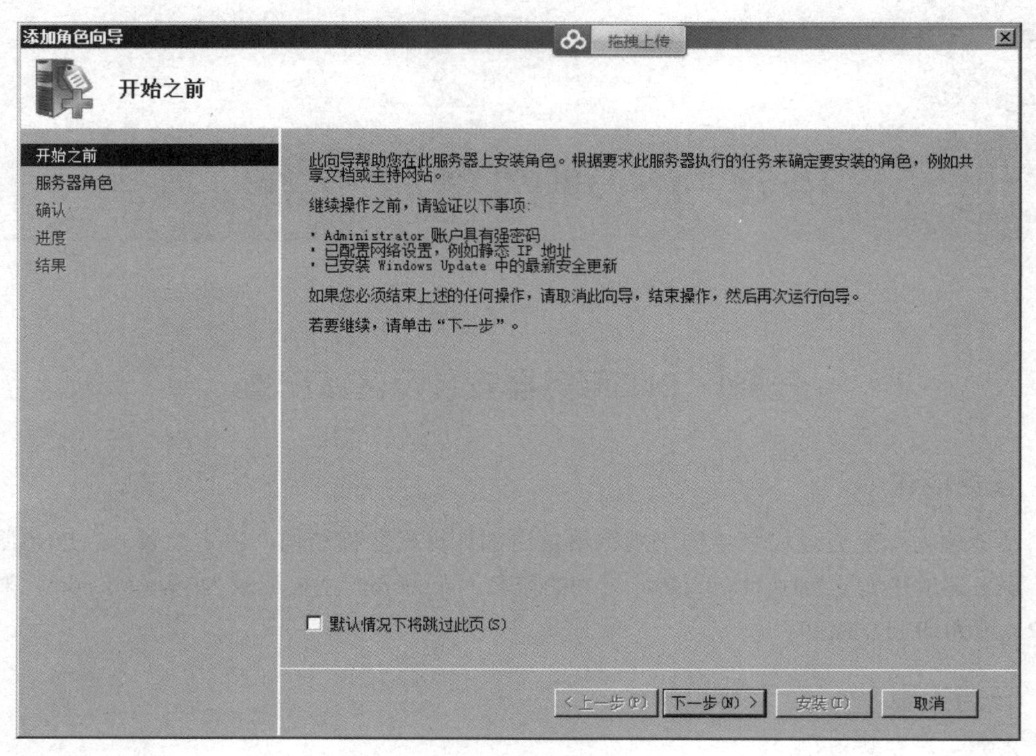

图2-2 “添加角色向导”对话框

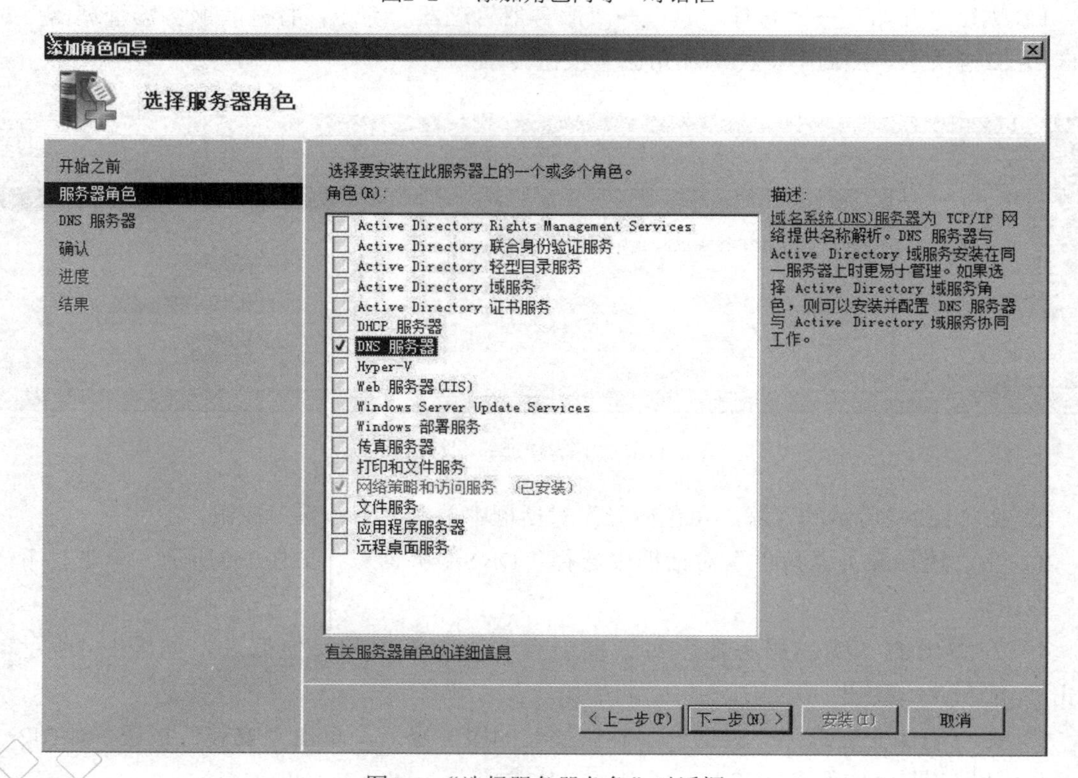

图2-3 “选择服务器角色”对话框

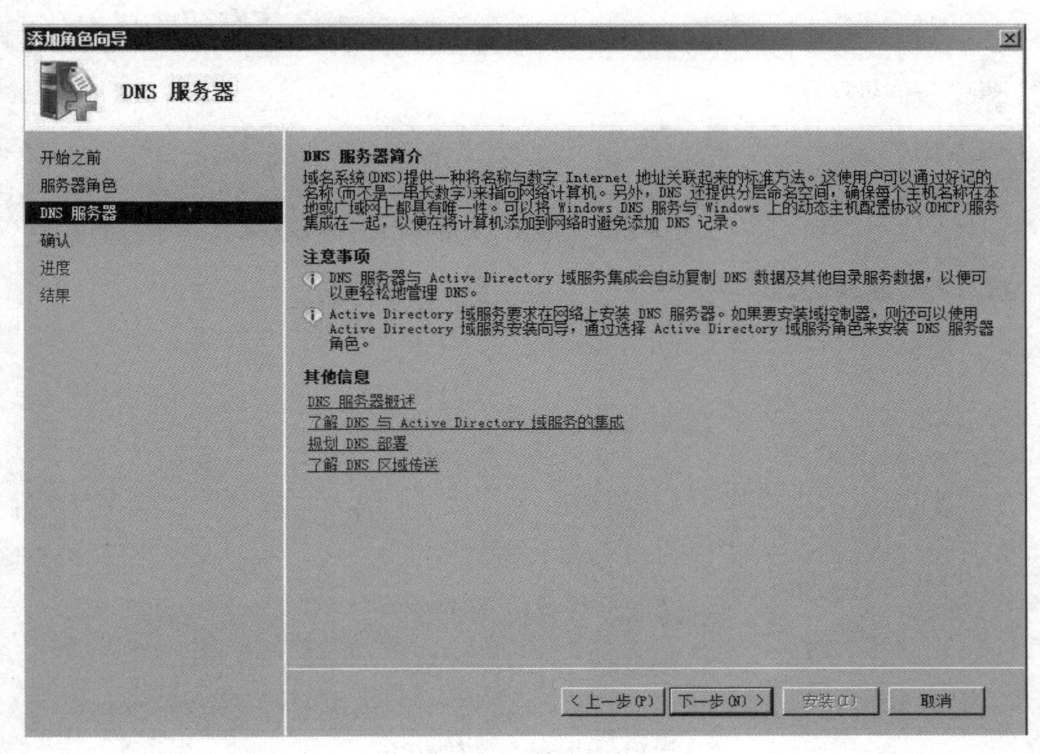

图2-4　“DNS服务器”对话框

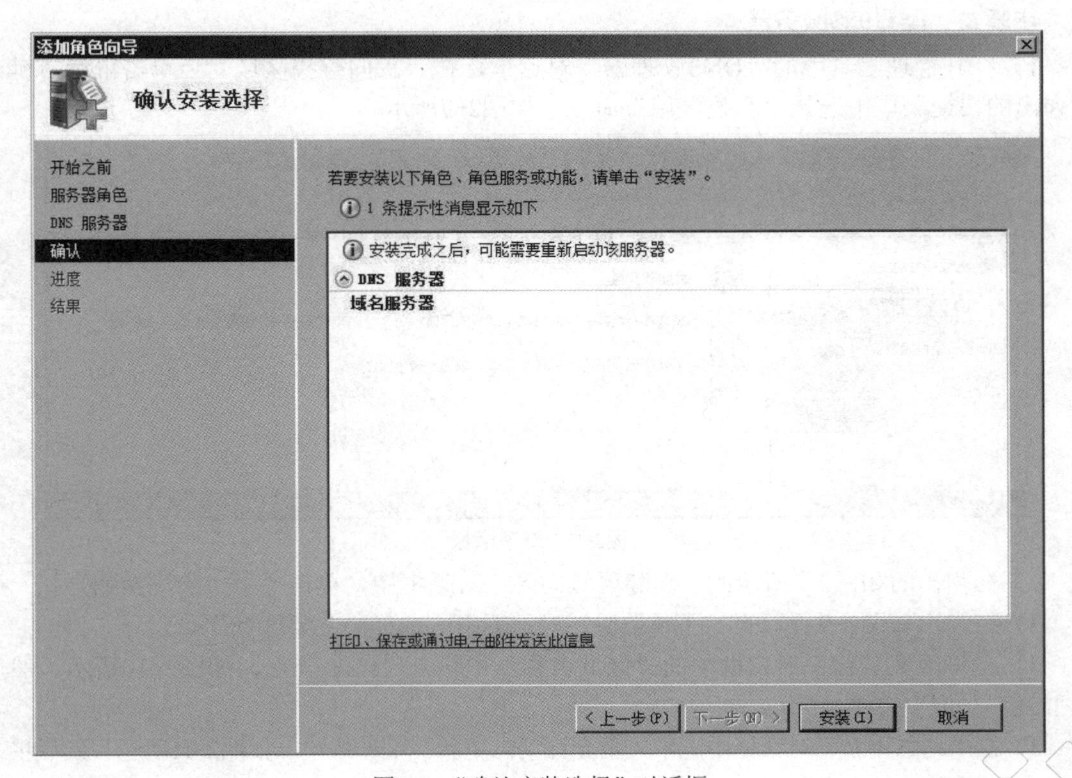

图2-5　“确认安装选择”对话框

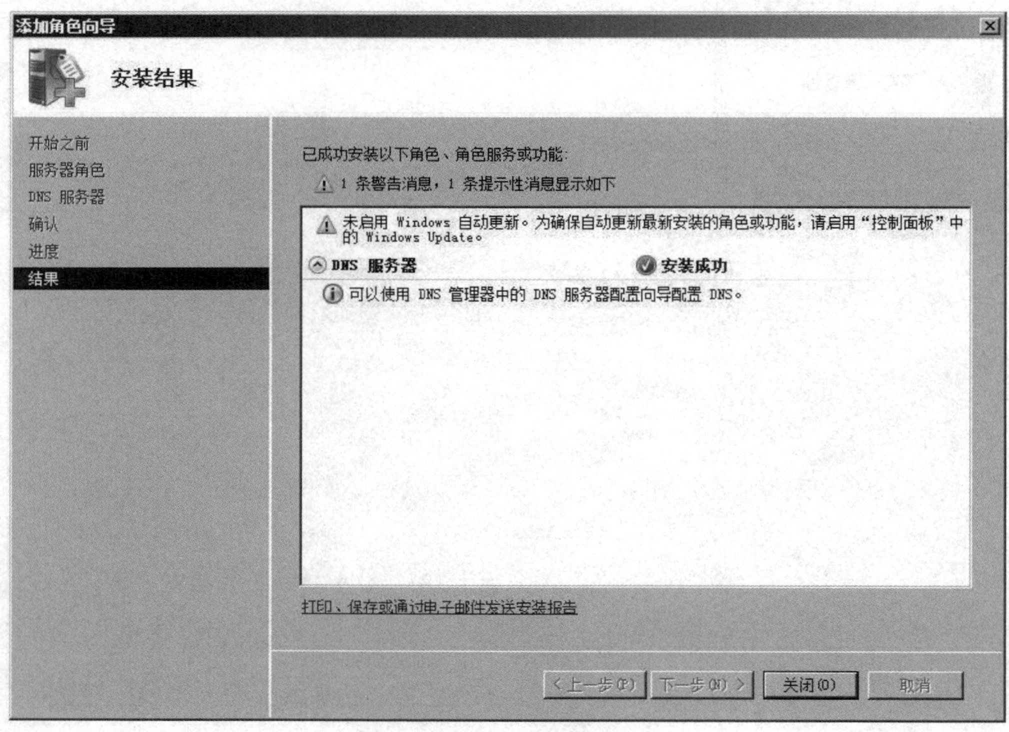

图2-6　DNS服务器安装成功

步骤二：配置DNS服务器

1）打开管理工具中的“DNS管理器”对话框，在“正向查找区域”上单击鼠标右键，在弹出的快捷菜单中选择“新建区域”命令，如图2-7所示。

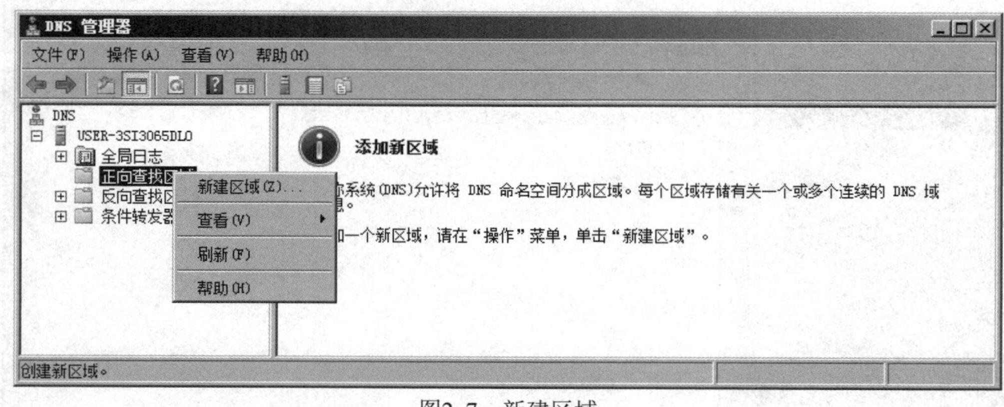

图2-7　新建区域

2）在弹出的如图2-8所示的“新建区域向导”对话框中，单击“下一步”按钮。

3）在弹出如图2-9所示的“区域类型”对话框中，选择“主要区域”。

4）在“区域名称”对话框中的“区域名称”中输入“sjz.com”，如图2-10所示。然后单击“下一步”按钮。

5）在“动态更新”对话框中选中“不允许动态更新”单选按钮，如图2-11所示。然后单击“下一步”按钮。

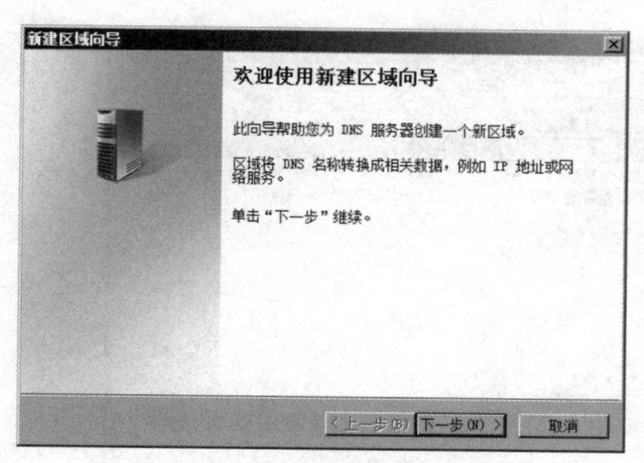

图2-8 “新建区域向导”对话框

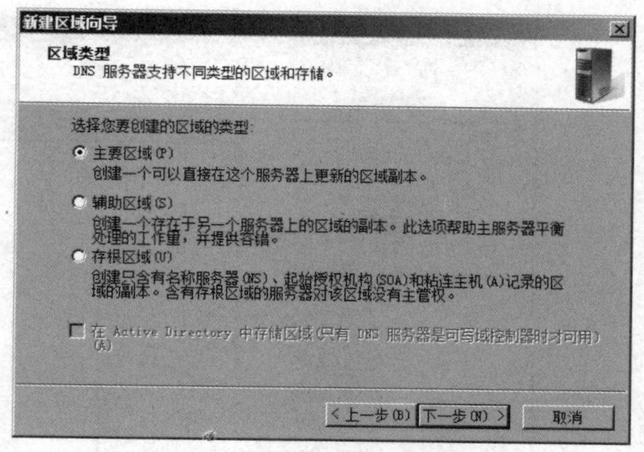

图2-9 “区域类型”对话框

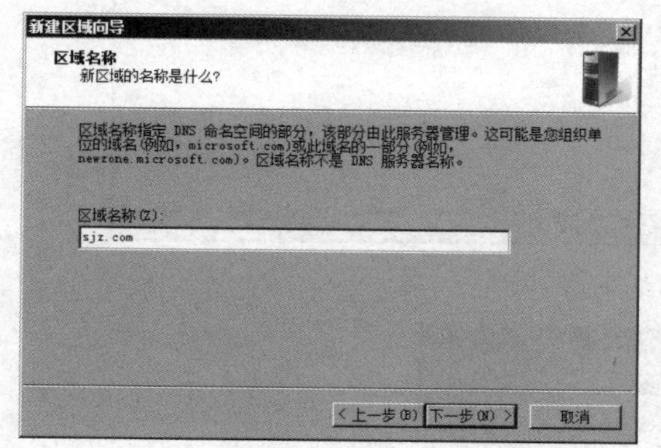

图2-10 “区域名称”对话框

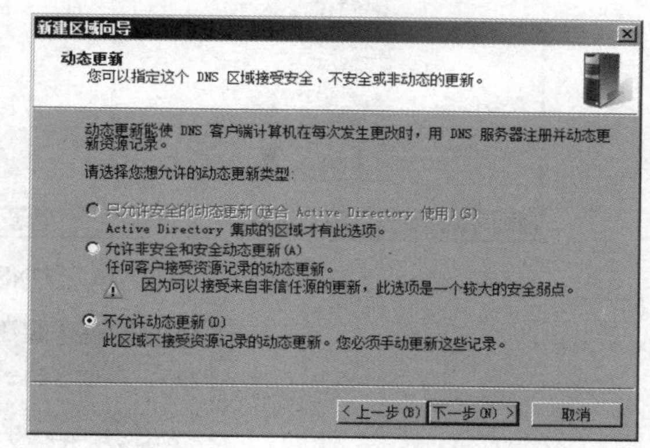

图2-11 “动态更新”对话框

6）在“正在完成新建区域向导”对话框中可以查看区域的信息，如图2-12所示。然后单击“下一步”按钮。

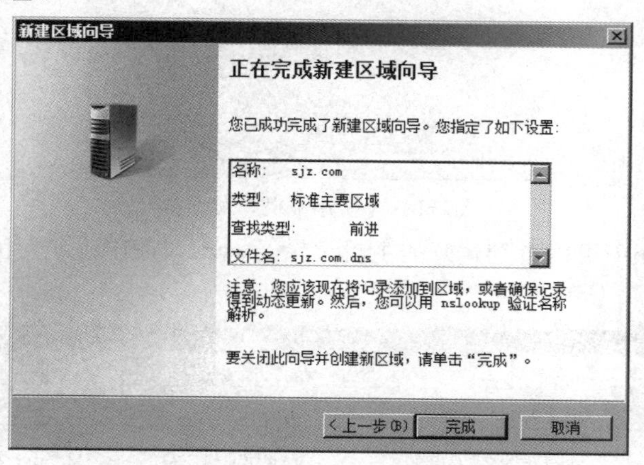

图2-12 “正在完成新建区域向导”按钮

7）在建好的区域“sjz.com”单击鼠标右键，在弹出的快捷菜单中选择“新建主机（A或AAAA）”命令，如图2-13所示。

8）在“新建主机”对话框的“名称”文本框中输入“www”，在“IP地址”文本框中输入“10.11.73.249”，如图2-14所示，然后单击“添加主机”按钮。

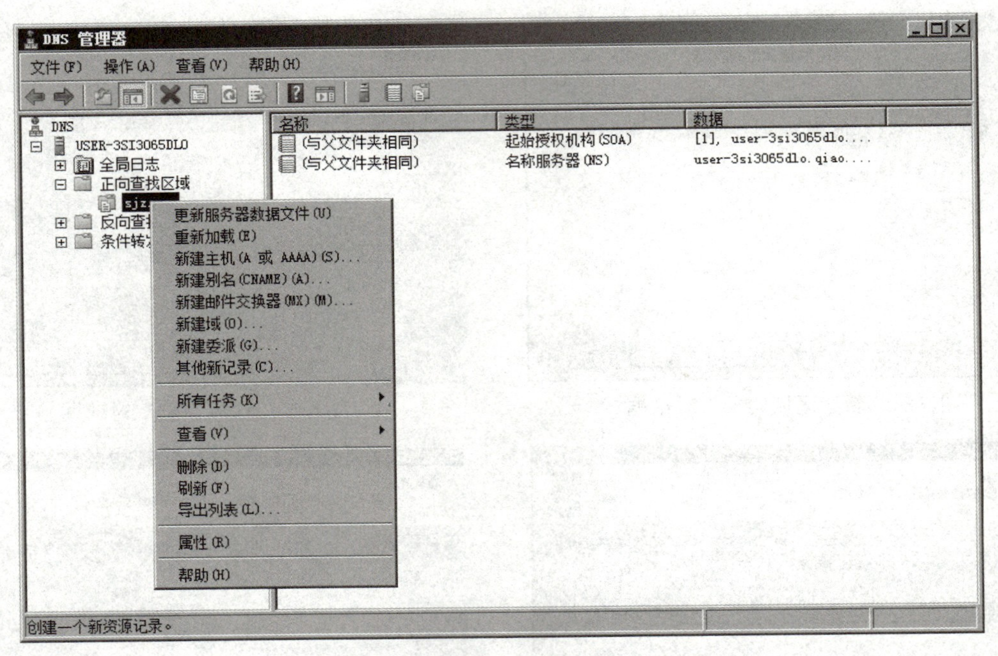

图2-13 “DNS管理器”对话框

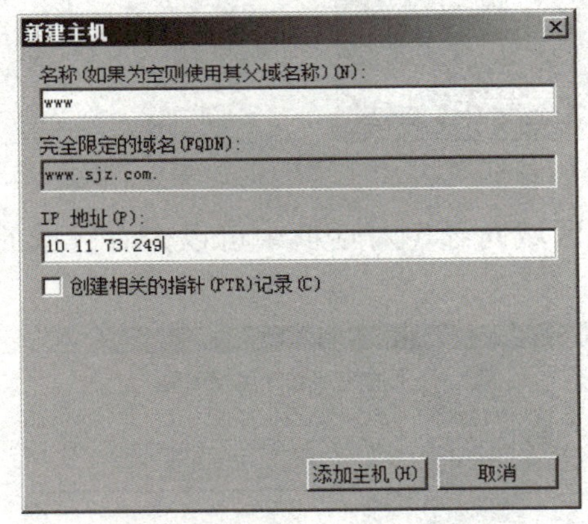

图2-14 “新建主机”对话框

9）在区域sjz.com中可以看到建好的主机记录，www对应IP地址为10.11.73.249，如图2-15所示。

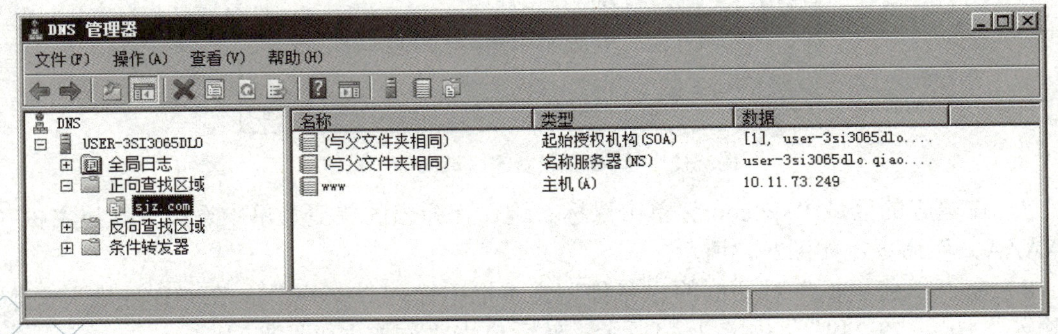

图2-15 显示主机记录

◆ 知识储备

一、DNS服务器简介

DNS是互联网上作为域名和IP地址相互映射的一个分布式数据库，能够使用户更方便地访问互联网，而不用去记住能够被机器直接读取的IP地址。通过主机名最终得到该主机名对应的IP地址的过程叫作域名解析（或主机名解析）。DNS使用的协议运行在UDP之上，使用53端口。

二、DNS域名称

域名系统作为一个层次结构和分布式数据库，包含各种类型的数据，包括主机名和域名。DNS数据库中的名称形成一个分层树状结构，称为域命名空间，如图2-16所示。

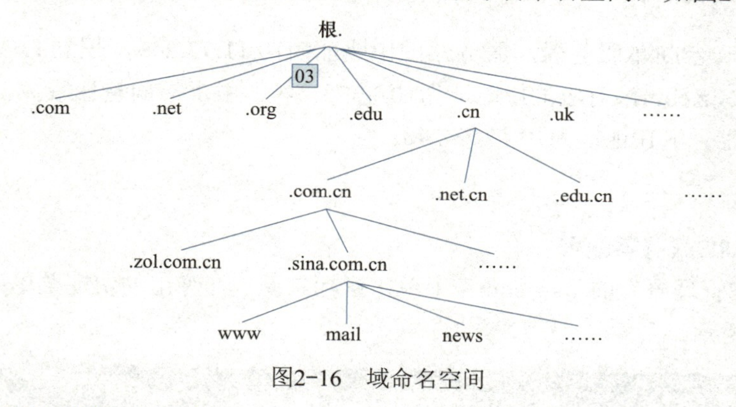

图2-16　域命名空间

1．完全限定的域名（FQDN）

唯一地标识在DNS分层树中的主机的位置，通过指定的路径中点分隔从根引用的主机的名称列表。

2．DNS域名称空间的组织方式

按其功能命名空间中用来描述DNS域名称的5个类别的介绍以及每个名称类型的示例，见表2-1。

表2-1　DNS名称类型

名称类型	说明	示例
根域	DNS域名使用时，规定由尾部句点（.）来指定名称位于根或更高级别的域层次结构	单个句点（.）或句点用于末尾的名称
顶级域	用来指示某个国家、地区或组织使用的名称的类型名称	.cn
第二层域	个人或组织在互联网上使用的注册名称	.com.cn
子域	已注册二级域名的派生域名	sina.com.cn
主机名	通常情况下，DNS域名的最左侧的标签标识网络上特定的主机	www.sina.com.cn

3．资源记录

DNS数据库中包含资源记录（RR），每个RR标识数据库中的特定资源。人们在建立DNS服务器时，经常会用到SOA、NS、A之类的记录，在维护邮件服务器资源记录时，会用到MX、CNAME记录。

4. DNS服务的工作过程

当DNS客户机需要查询程序中使用的名称时，它会查询本地DNS服务器来解析该名称。客户机发送的每条查询消息都包括3条信息，以指定服务器应回答的问题。

1）指定的DNS域名，表示为完全合格的域名（FQDN）。

2）指定的查询类型，可根据类型指定资源记录或作为查询操作的专门类型。

3）DNS域名的指定类别。

任务2　配置辅助DNS服务器

◆ 任务描述

某单位现有一台DNS服务器，服务器的IP地址为10.11.73.249，规划的域名为sjz.com，主机记录为www.sjz.com，对应的IP地址为10.11.73.249。由于访问量比较大，决定再配置一台辅助DNS服务器，其IP地址为10.11.73.248。

◆ 任务实施

步骤一：主DNS服务器配置

1）在“DNS管理器”的“sjz.com”上单击鼠标右键，在弹出的快捷菜单中选择“属性”命令，如图2-17所示。

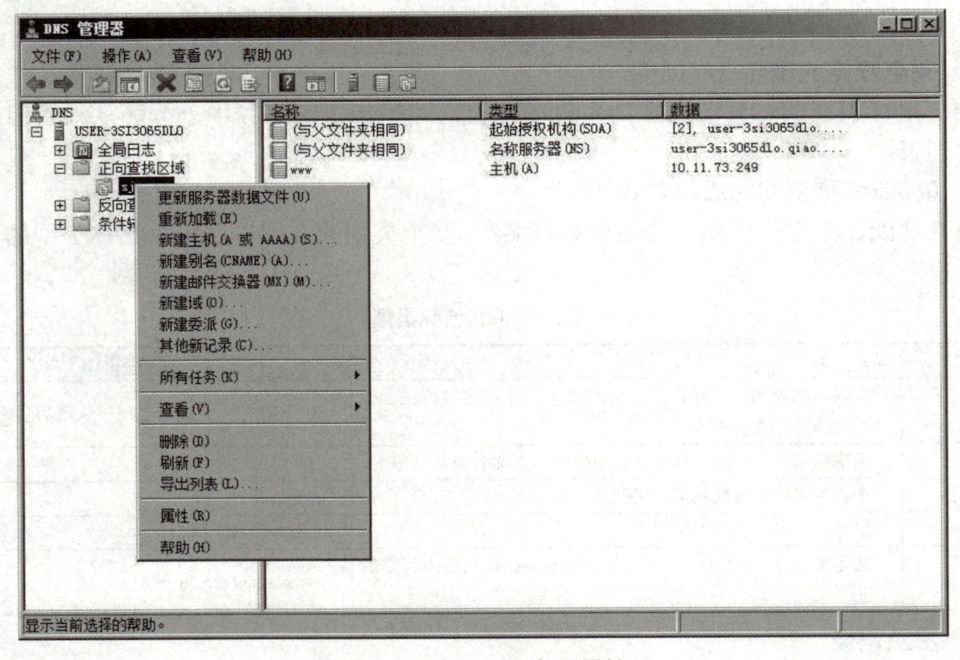

图2-17　主DNS服务器属性

2）在区域属性中选择“区域传送”选项卡，在“允许区域传送”中选中“到所有服务器”单选按钮，然后单击“确定”按钮，如图2-18所示。

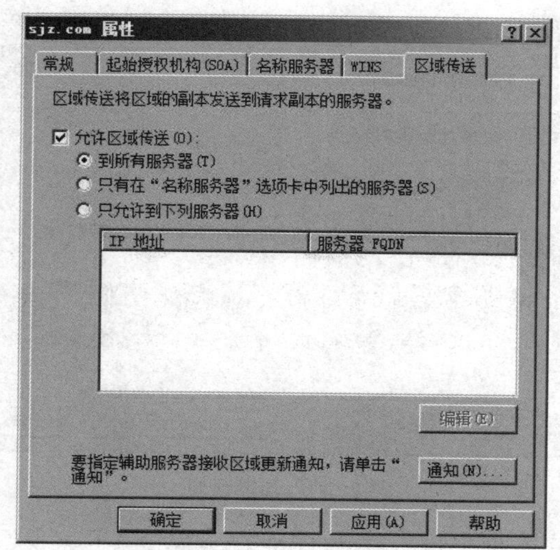

图2-18　“区域传送”选项卡

步骤二：辅助DNS服务器配置

1）在“正向查找区域”上单击鼠标右键，在弹出的快捷菜单中选择“新建区域”命令，如图2-19所示。

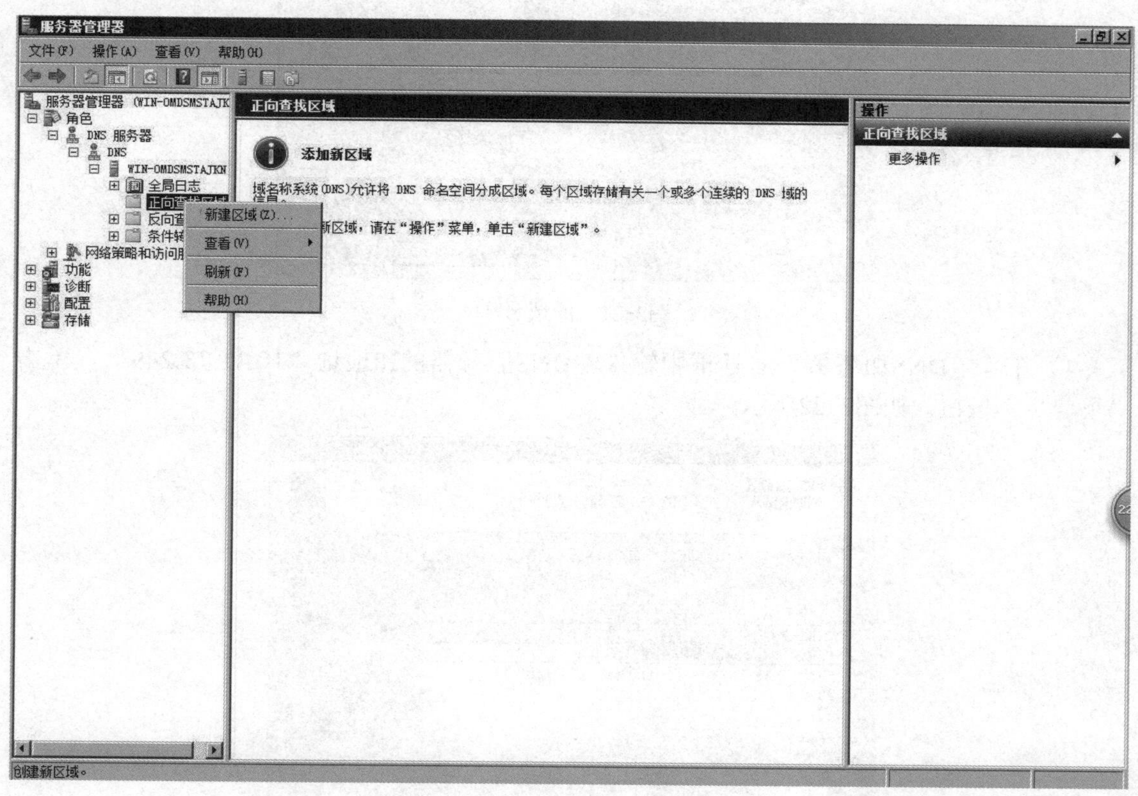

图2-19　新建区域

2）在“新建区域向导”对话框中，选中“辅助区域”单选按钮，然后单击“下一步”按钮，如图2-20所示。

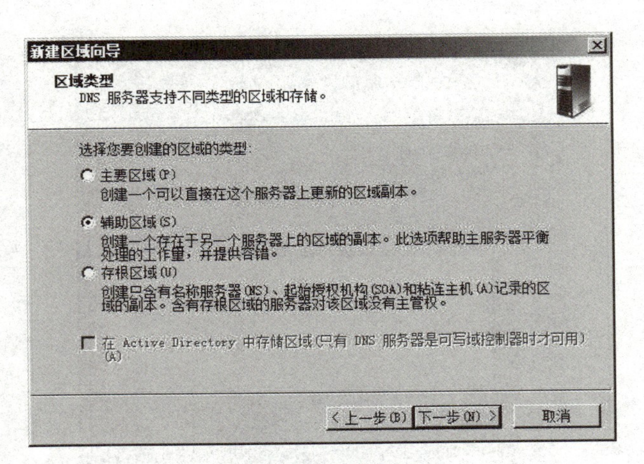

图2-20　辅助区域

3）在“区域名称”文本框中输入“sjz.com”，单击“下一步”按钮，如图2-21所示。

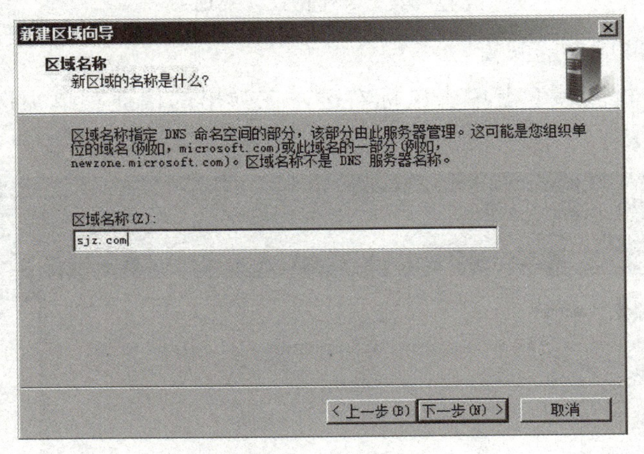

图2-21　区域名称

4）在“主DNS服务器”对话框中输入主DNS服务器的IP地址“10.11.73.249”，单击“下一步”按钮，如图2-22所示。

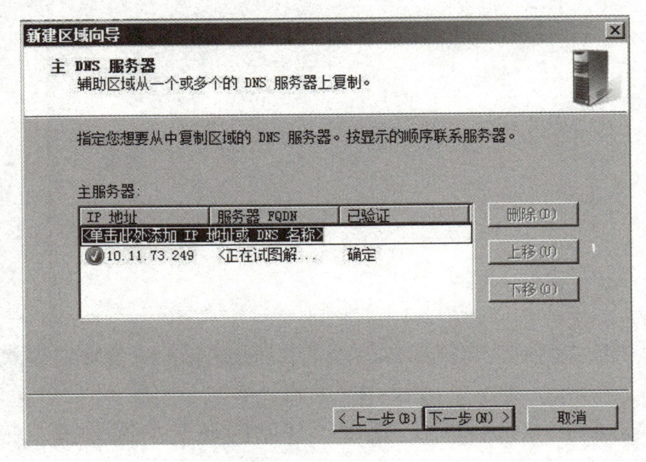

图2-22　主DNS服务器

5）在弹出的如图2-23所示的“正在完成新建区域向导”对话框中，查看完配置信息后单击“完成”按钮。

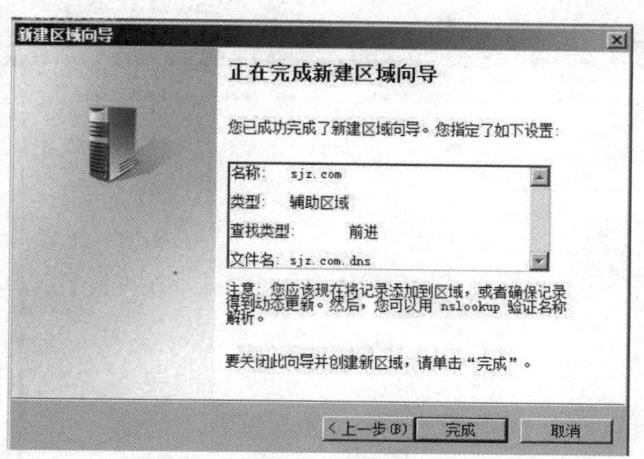

图2-23　正在完成新建区域向导

如果辅助区域没有同步，则会出现如图2-24所示的错误“不是由DNS服务器加载的区域”，可以在辅助区域sjz.com上单击鼠标右键，在弹出的快捷菜单中选择“从主服务器传输”命令。

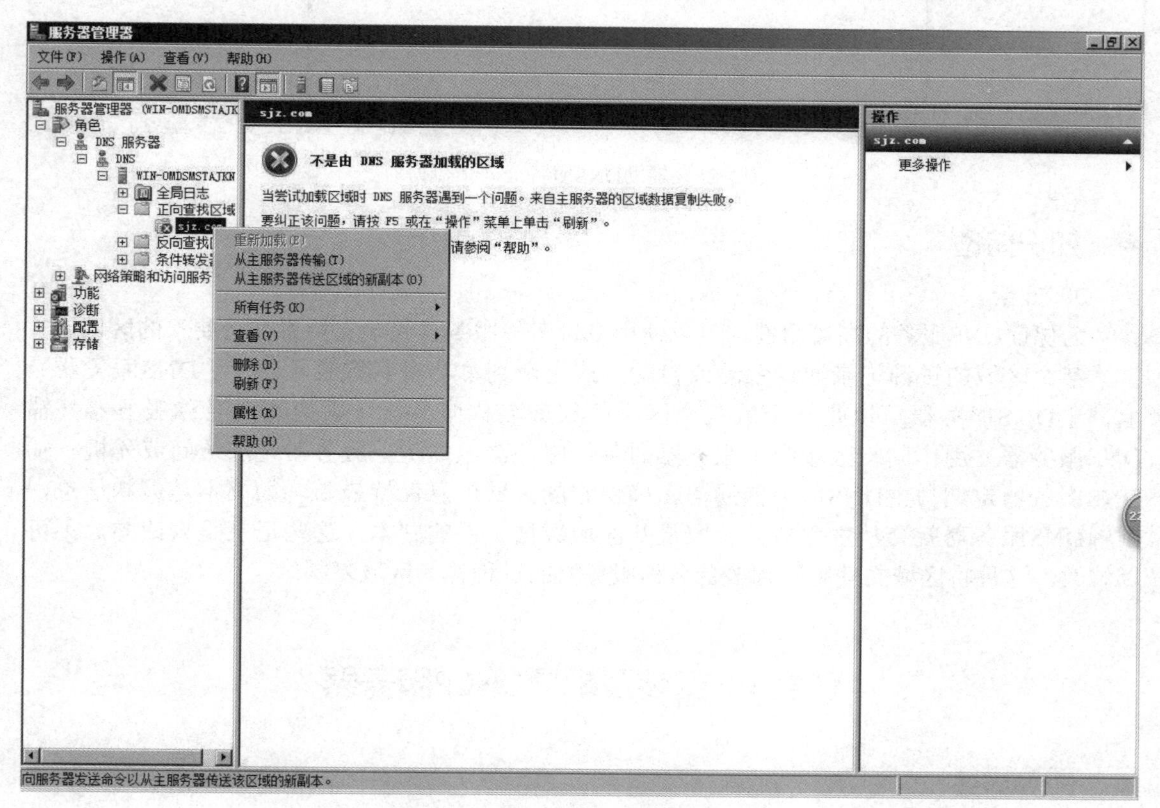

图2-24　辅助DNS服务器同步失败

如果网络连接没有问题，则等待一会儿后，辅助DNS服务器就会从主DNS服务器上同步所有的数据，如图2-25所示。

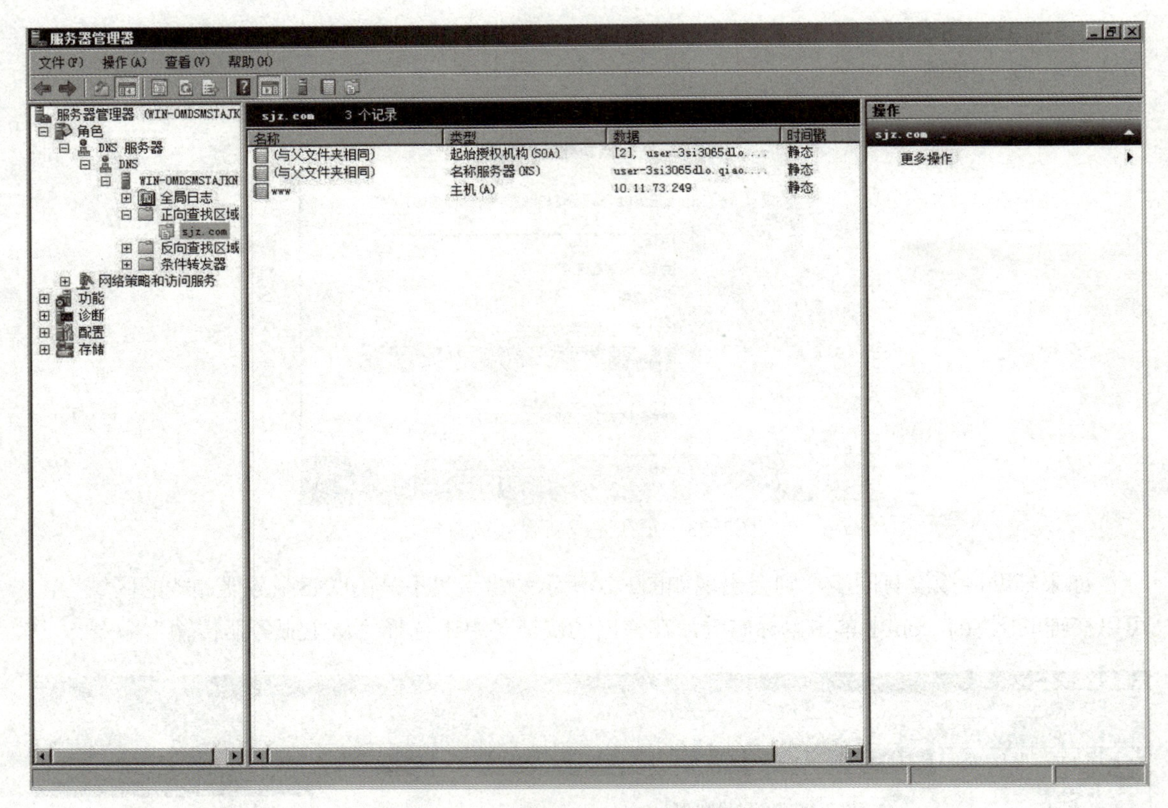

图2-25 辅助DNS服务器同步数据

◆ 知识储备

DNS冗余

为保证DNS服务的高可用性，可以使用多台名称服务器冗余支持有冗余要求的区域。

某个区域的资源记录通过手动或自动方式更新到单个主名称服务器（主DNS服务器）上，主DNS服务器可以是一个或几个区域的权威名称服务器。其他冗余名称服务器（辅DNS服务器）用作同一区域中主服务器的备份服务器，以防主服务器无法访问或死机。辅DNS服务器定期与主DNS服务器通信，确保它的区域信息保持最新。如果不是最新信息，则辅DNS服务器就会从主服务器获取最新区域数据文件的副本，这些记录是只读的，不可以修改。这种将区域文件复制到多台名称服务器的过程称为区域复制。

任务3 安装及配置DHCP服务器

◆ 任务描述

某单位为了把管理员从频繁的静态IP地址配置问题中解脱出来，决定配置一台DHCP（Dynamic Host Configuration Protocol，动态主机配置协议）服务器，创建10.11.73.0的作用域，分配的IP地址范围为10.11.73.11～60，网关地址为10.11.73.1，DNS服务器地址为202.99.160.68。

◆ 任务实施

一、安装DHCP服务器

1）执行“开始”→“管理工具”→“服务器管理器”命令打开“服务器管理器”对话框，如图2-26所示，然后单击“添加角色”按钮。

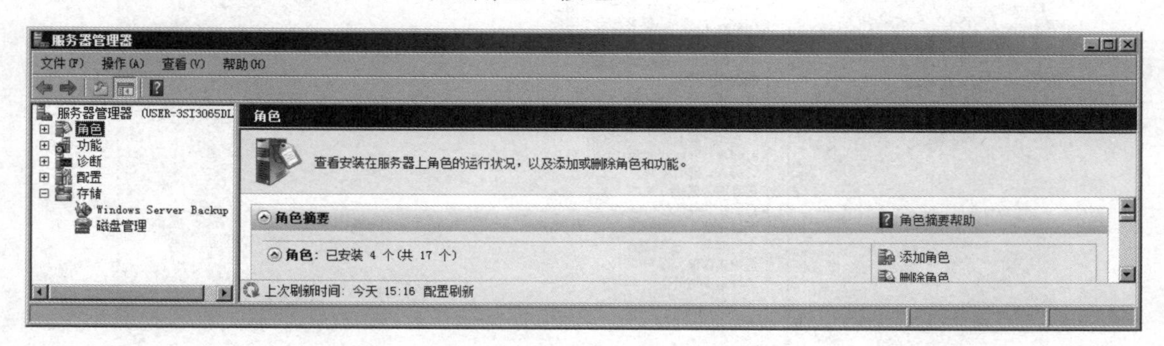

图2-26　“服务器管理器”对话框

2）在弹出的如图2-27所示的“添加角色向导”对话框中，单击“下一步”按钮。

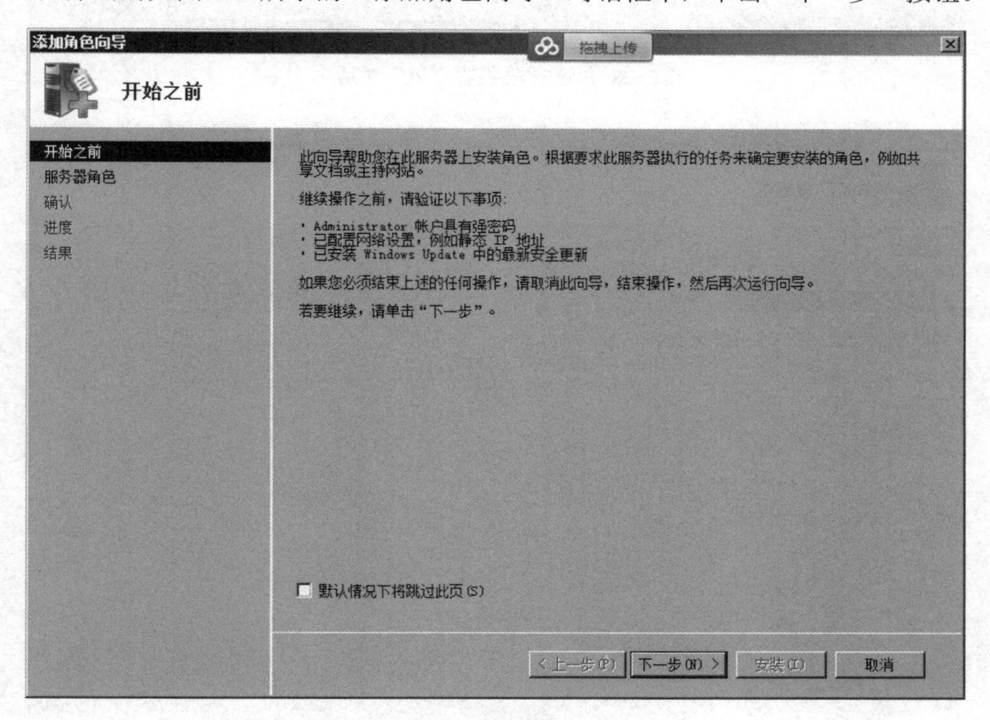

图2-27　“添加角色向导”对话框

3）在“选择服务器角色”对话框中，选择“DHCP服务器”，如图2-28所示，然后单击“下一步”按钮。

4）在如图2-29所示的“DHCP服务器”对话框中，可以查看DHCP服务器的注意事项，然后单击“下一步”按钮。

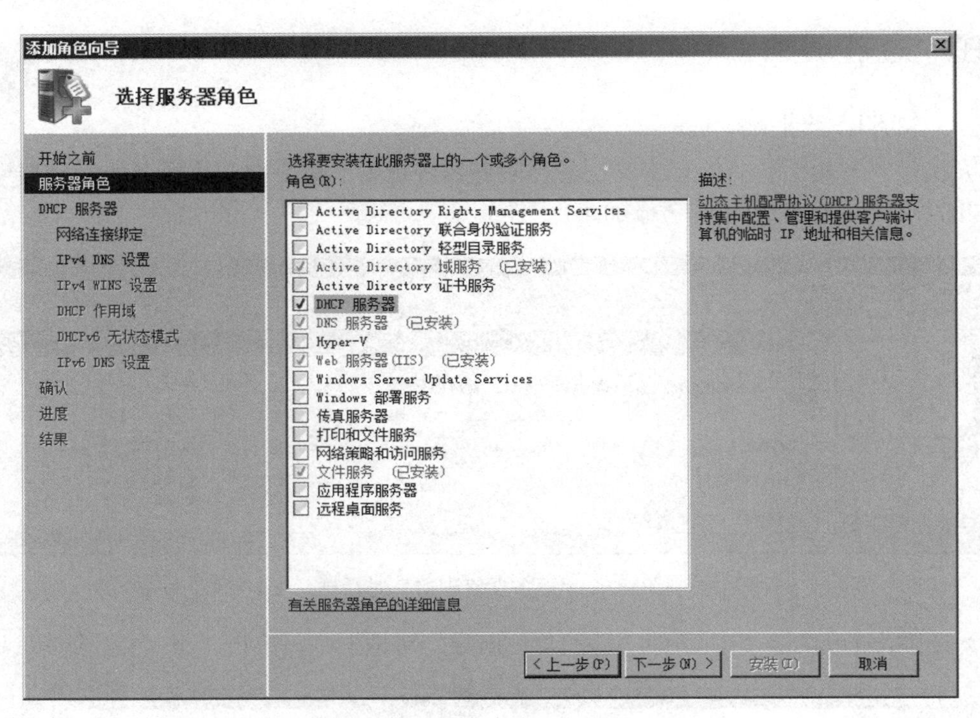

图2-28 “选择服务器角色”对话框

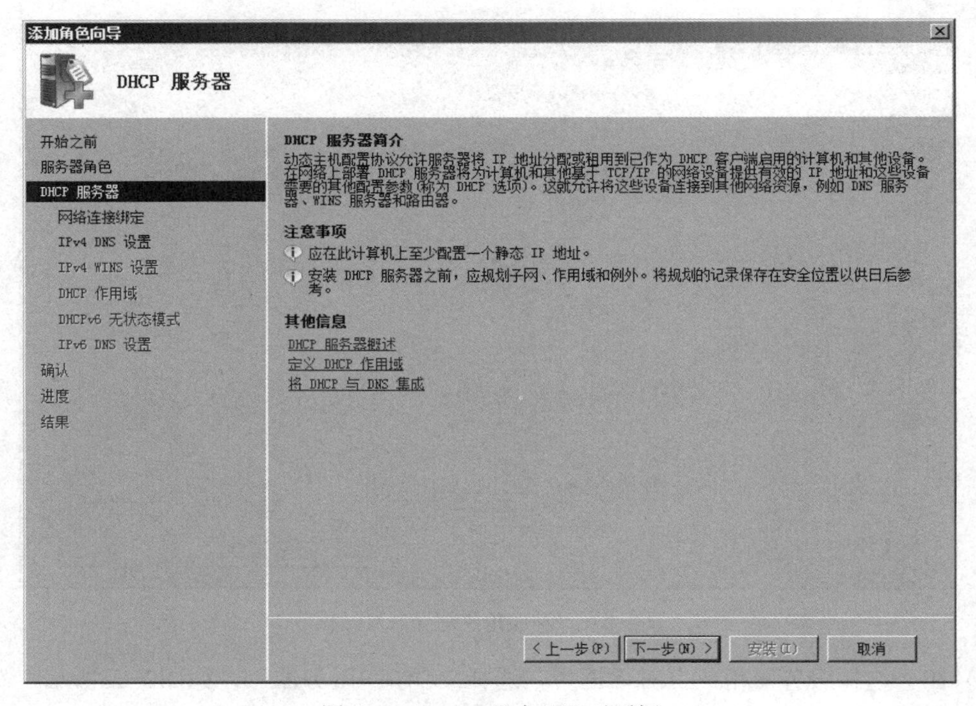

图2-29 “DHCP服务器”对话框

5）在“选择网络连接绑定”对话框中，选择网络连接10.11.73.249，如图2-30所示，然后单击“下一步”按钮。

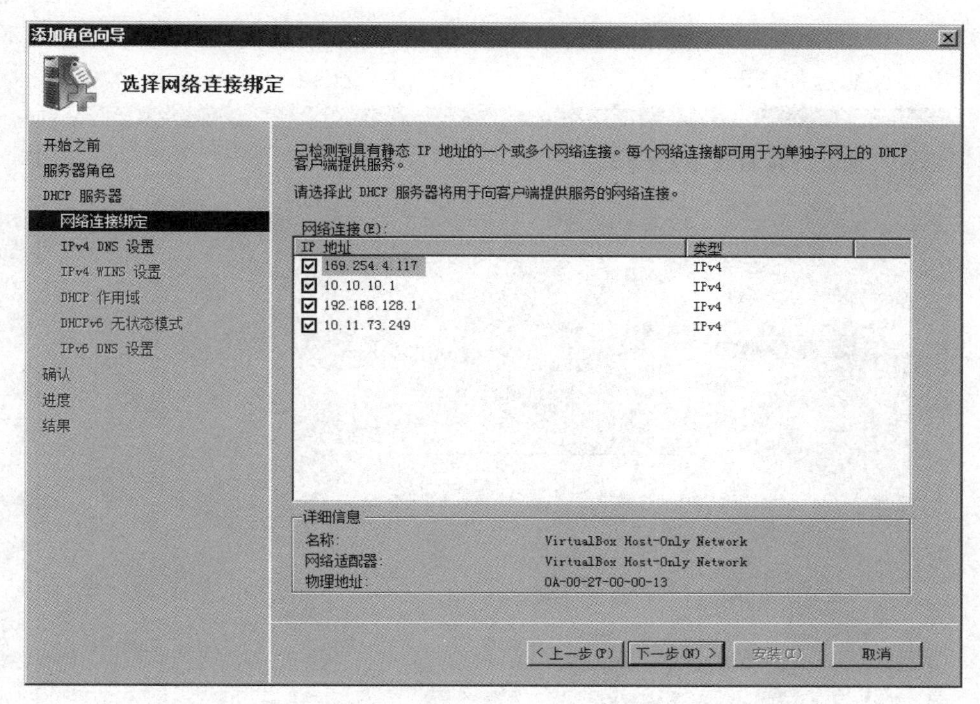

图2-30　“选择网络连接绑定”对话框

6）在“指定IPv4 DNS服务器设置”对话框中，指定“父域”名称“sjz.com”，设置“首选DNS服务器IPv4地址”为“202.99.160.68”，如图2-31所示，然后单击“下一步”按钮。

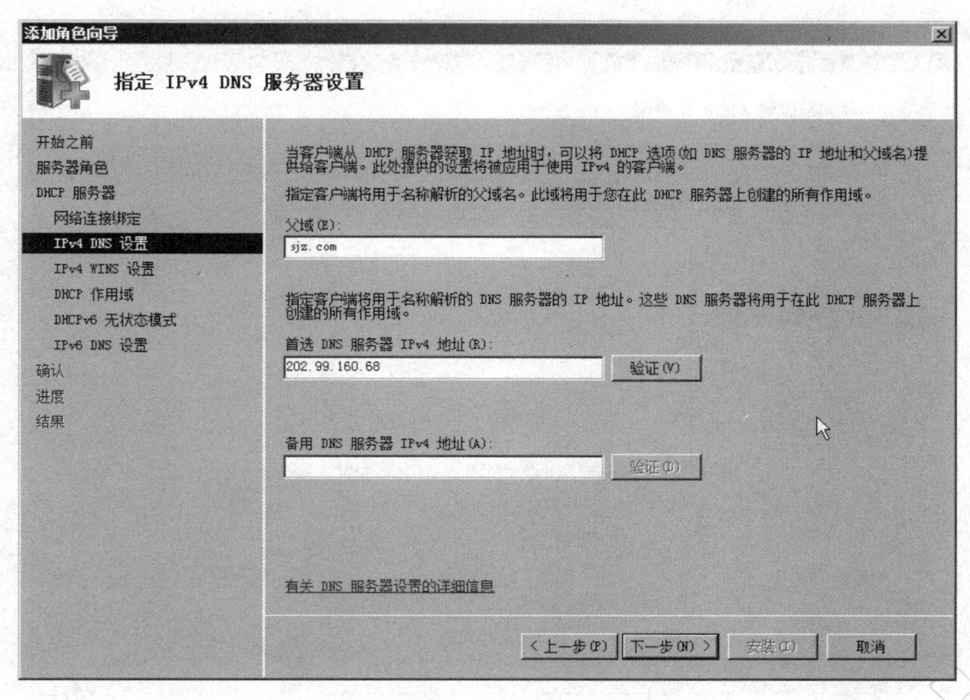

图2-31　“指定IPv4 DNS服务器设置”对话框

7）在“指定IPv4 WINS服务器设置”对话框中选中“此网络上的应用程序不需要WINS”单选按钮，如图2-32所示，然后单击“下一步”按钮。

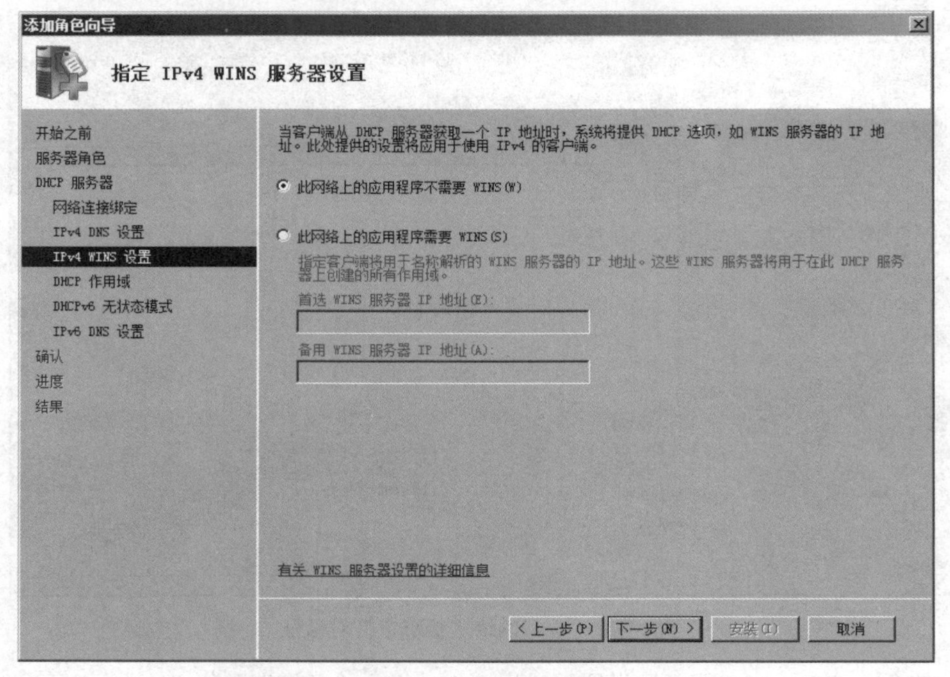

图2-32 “指定IPv4 WINS服务器”设置对话框

8）在“添加或编辑DHCP作用域”对话框中不进行设置，然后单击“下一步”按钮，如图2-33所示。

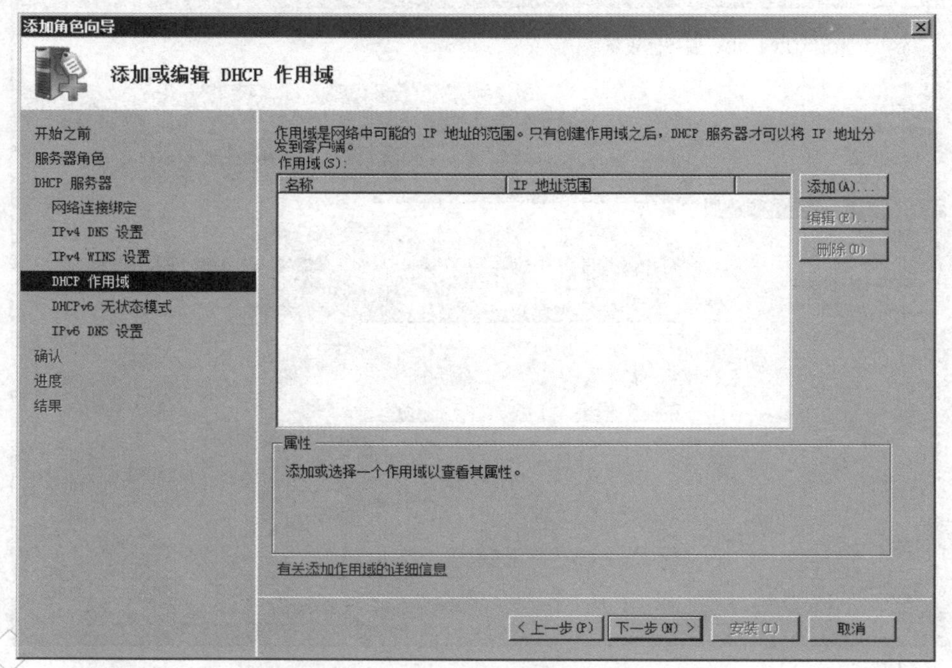

图2-33 “添加或编辑DHCP作用域”对话框

9）在“配置DHCPv6无状态模式”对话框中选中“对此服务器禁用DHCPv6无状态模式”单选按钮，如图2-34所示，然后单击“下一步”按钮。

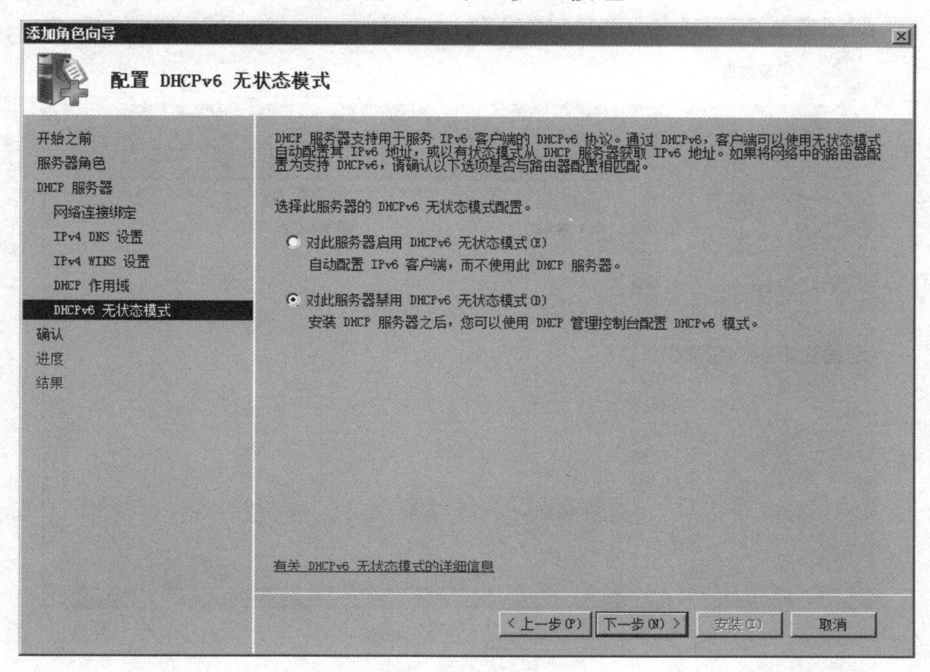

图2-34　“配置DHCPv6无状态模式”对话框

10）在“确认安装选择”对话框中可以查看DHCP服务器安装信息，如图2-35所示，然后单击“安装”按钮。

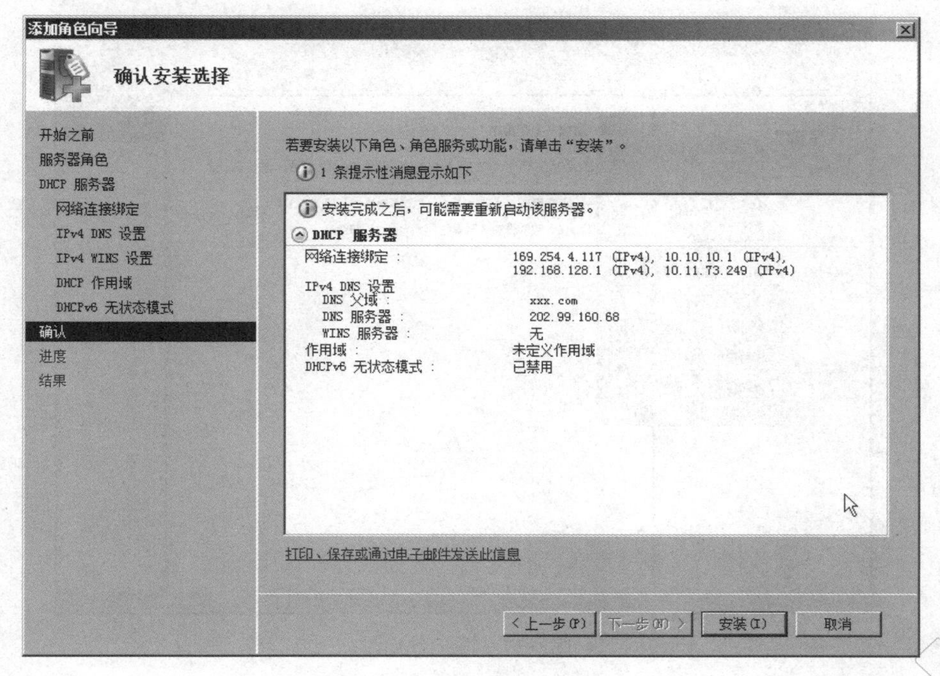

图2-35　“确认安装选择”按钮

11）在“安装结果”对话框中可以看到DHCP服务器安装成功，如图2-36所示，然后单击“关闭”按钮。

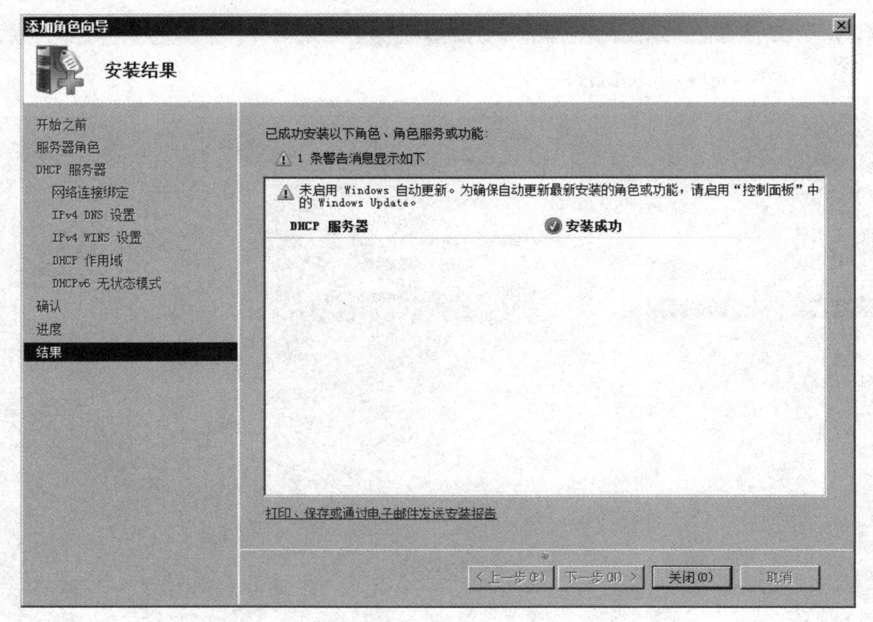

图2-36　安装结果

二、配置DHCP服务器

1）在“管理工具”中打开DHCP服务器，选择“IPv4”，然后单击鼠标右键，在弹出的快捷菜单中选择“新建作用域”命令，如图2-37所示。

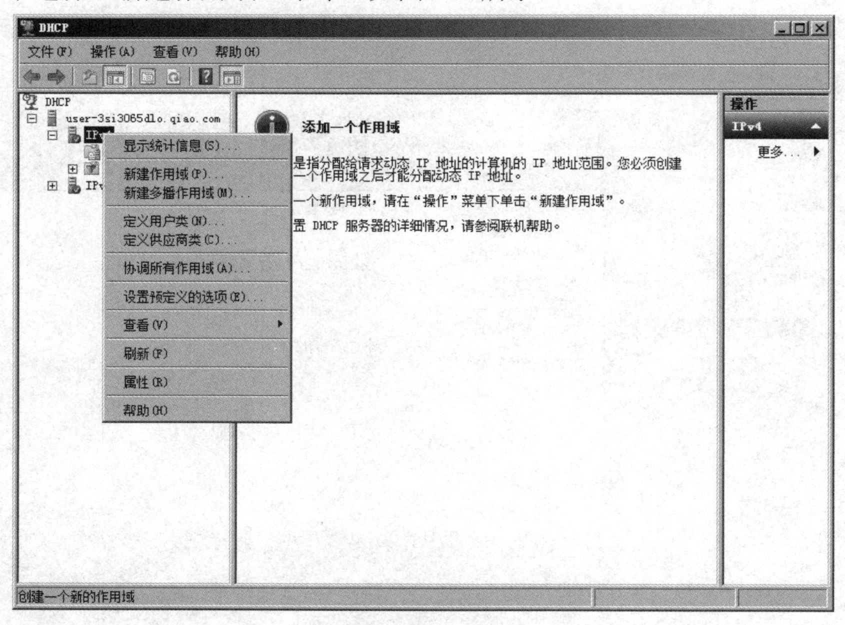

图2-37　添加作用域

2）在如图2-38所示的“欢迎使用新建作用域向导”对话框中，单击“下一步”按钮。

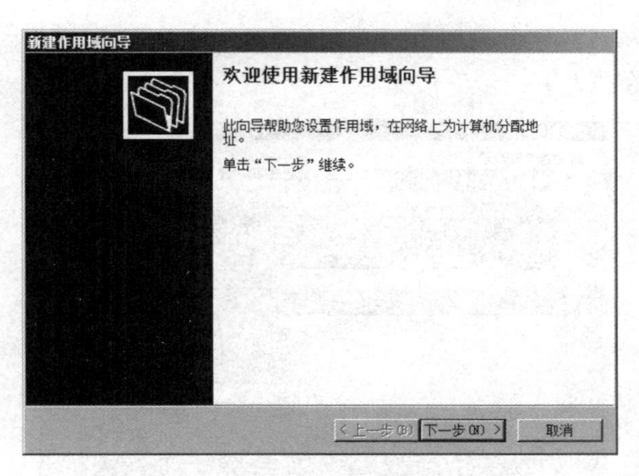

图2-38　新建作用域向导

3）在“作用域名称”对话框中输入名称“school”，如图2-39所示，然后单击“下一步”按钮。

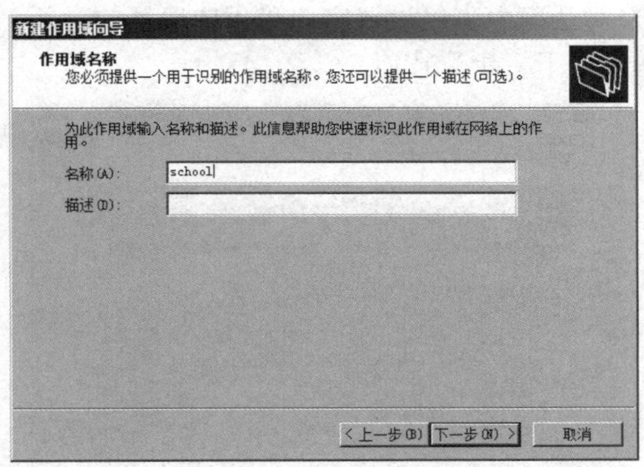

图2-39　作用域名称

4）在“IP地址范围”对话框中，“起始IP地址”设为“10.11.73.11”，“结束IP地址”设为“10.11.73.60”，“长度”为“24”，“子网掩码”为“255.255.255.0”，如图2-40所示，然后单击“下一步”按钮。

图2-40　“IP地址范围”对话框

5）在“添加排除和延迟”对话框中可以输入要排除的IP地址范围，此处不进行设置，如图2-41所示，然后单击“下一步”按钮。

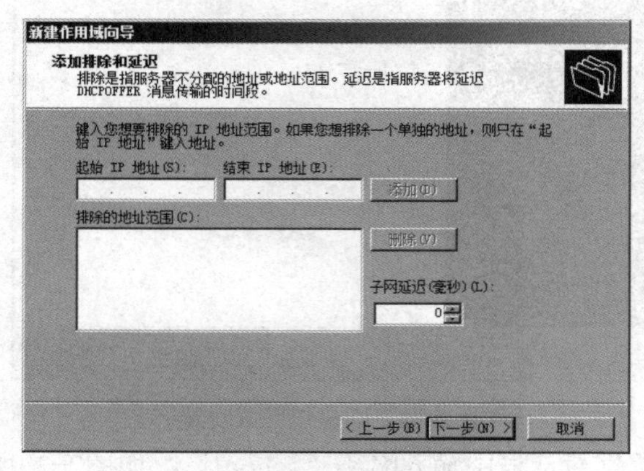

图2-41 “添加排除和延迟”对话框

6）在“租用期限”对话框中可以设置客户租用IP地址的时间，此处使用默认配置，如图2-42所示，然后单击“下一步”按钮。

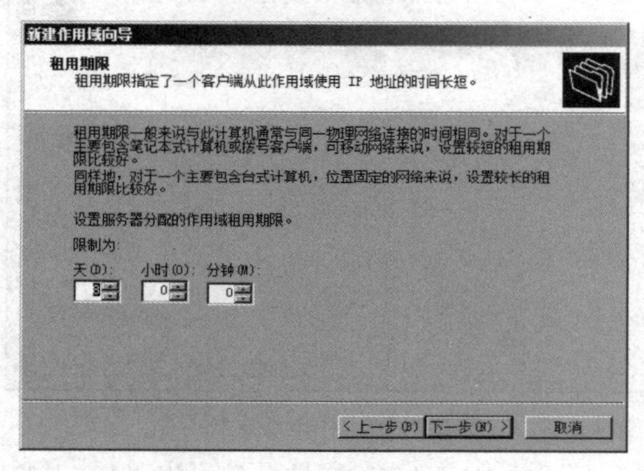

图2-42 “租用期限”对话框

7）在“配置DHCP选项”对话框中，选中“是，我想现在配置这些选项”单选按钮，如图2-43所示，然后单击“下一步”按钮。

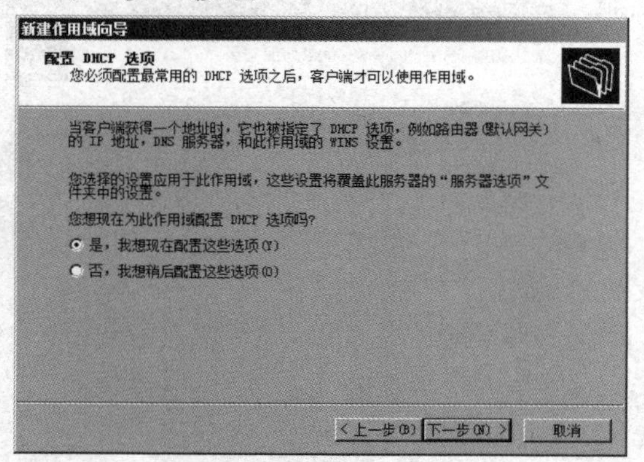

图2-43 “配置DHCP选项”对话框

8）在“路由器（默认网关）”对话框的“IP地址”中输入“10.11.73.1”，单击“添加”按钮，如图2-44所示，然后单击“下一步”按钮。

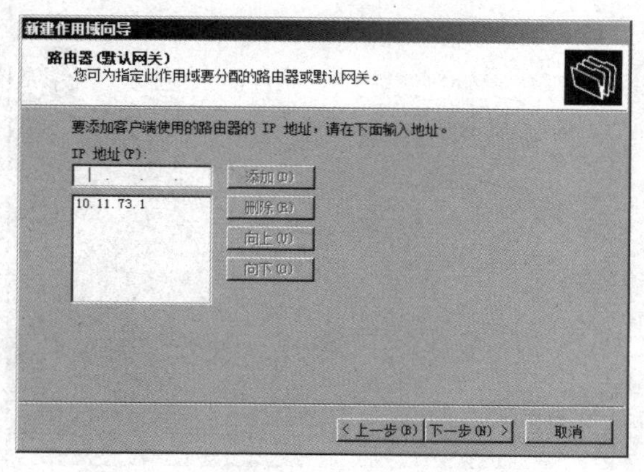

图2-44　“路由器（默认网关）”对话框

9）在“域名称和DNS服务器”对话框的“IP地址”中输入“202.99.160.68”，单击“添加”按钮，如图2-45所示，然后单击“下一步”按钮。

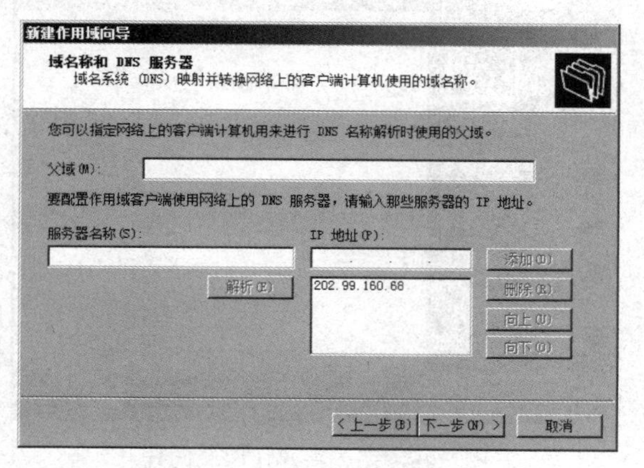

图2-45　“域名称和DNS服务器”对话框

10）在“WINS服务器”对话框中不进行配置，如图2-46所示，然后单击“下一步”按钮。

图2-46　“WINS服务器”对话框

11）在“激活作用域”对话框中选中“是，我想现在激活此作用域”单选按钮，如图2-47所示，然后单击“下一步”按钮。

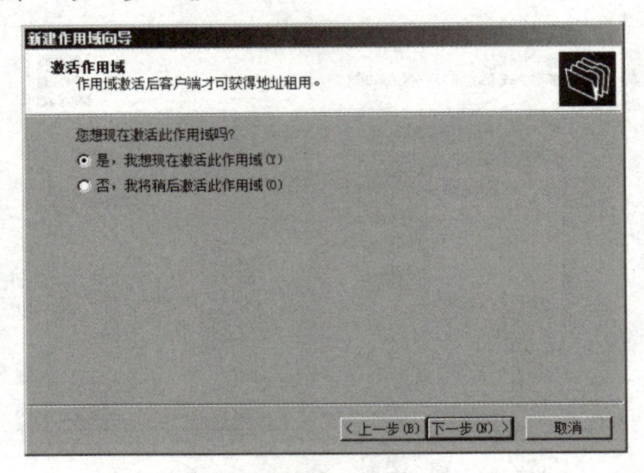

图2-47 “激活作用域”对话框

12）此时完成了新建作用域的过程，如图2-48所示，然后单击“完成”按钮。

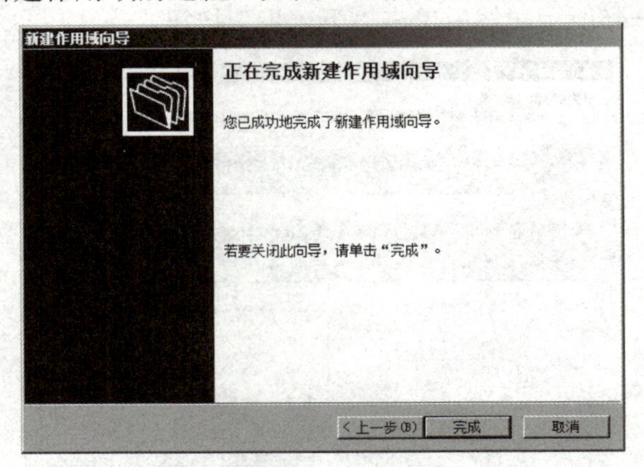

图2-48 完成新建作用域向导

13）选择创建的作用域中的“地址池”，可以查看地址分发范围，如图2-49所示。

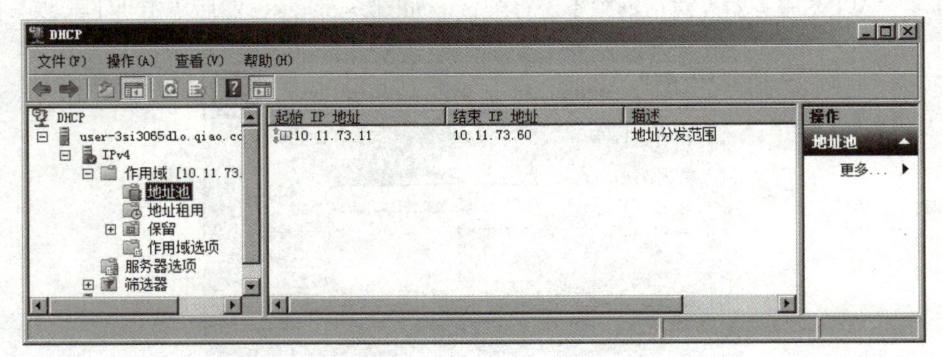

图2-49 查看地址池

14）选择创建的作用域中“作用域选项”，可以查看分配给客户端的各种服务器IP地址，如图2-50所示。

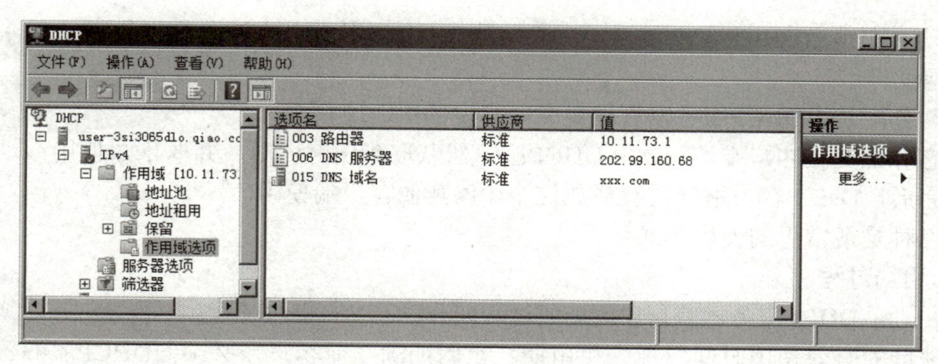

图2-50　查看作用域选项

15）经过一段时间的运行后，可以在“地址租用”中查看已经分配出去的IP地址及对应的主机，如图2-51所示。

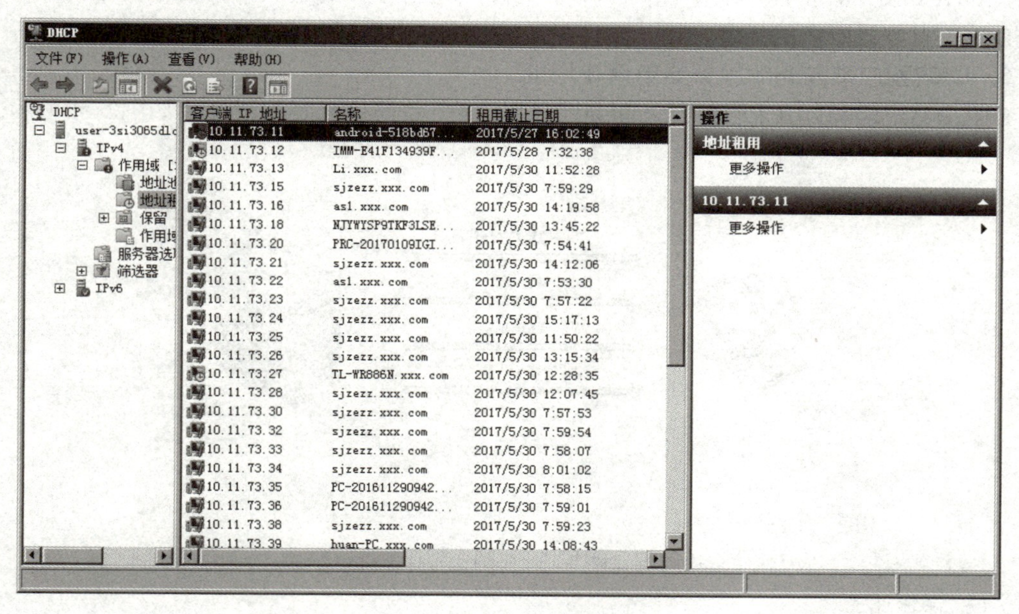

图2-51　查看地址租用情况

◆ 知识储备

一、DHCP

DHCP是动态主机配置协议，DHCP客户机启动后，客户机上的DHCP客户端会向网络发出请求，DHCP服务器为此客户机分配的IP地址和子网掩码。DHCP是一个局域网的网络协议，利用UDP（User Datagram Protocol，用户数据报协议）的68和69端口。

二、DHCP原理

1. DHCP分配方式

在DHCP的工作原理中，DHCP服务器提供了3种IP分配方式：自动分配（Automatic Allocation）、手动分配和动态分配（Dynamic Allocation）。

自动分配是当DHCP客户端第一次成功从DHCP服务器获取一个IP地址后，就永久使用这个IP地址。

手动分配是由DHCP服务器管理员专门指定的IP地址。

动态分配是当客户端第一次从DHCP服务器获取到IP地址后，并非永久使用该地址，每次使用完后，DHCP客户端就需要释放这个IP供其他客户端使用。

第三种是最常见的使用形式。

2. 租约过程

客户端从DHCP服务器获得IP地址的过程叫作DHCP的租约过程。

IP地址的有效使用时间段称为租用期，租用期满之前客户端必须向DHCP服务器请求继续租用。服务器接受请求后才能继续使用，否则无条件放弃。

在默认情况下，路由器隔离广播包，不会将收到的广播包从一个子网发送到另一个子网。当DHCP服务器和客户端不在同一个子网时，充当客户端默认网关的路由器将广播包发送到DHCP服务器所在的子网，这一功能就称为DHCP中继（DHCP Relay）。

3. DHCP客户端向DHCP服务器申请IP地址

DHCP客户端与DHCP服务器之间会通过以下4个数据包来互相通信，如图2-52所示。

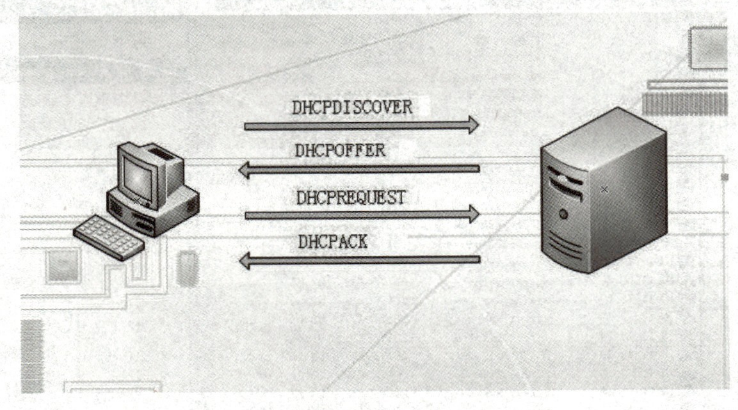

图2-52　DHCP客户端申请IP地址流程

（1）寻找服务

当DHCP客户端第一次登录网络时，会向网络发出一个封包，该包的来源地址为0.0.0.0，目的地址为255.255.255.255，然后再附上DHCP discover的信息在网络上进行广播，网络上所有安装了TCP/IP的主机都会接收到这种广播信息，但只有DHCP服务器才会做出响应。由于客户端在开始的时候还没有IP地址，所以在其DHCP discover封包内会带有其MAC位址信息，并且有一个XID编号来辨别该封包，DHCP服务器回应的DHCP offer封包会根据这些资料传递给要求租约的客户。

（2）提供IP租用地址

当DHCP服务器监听到DHCP客户端发来的DHCP discover广播后，会将地址范围内选择没有租出去的、最前面的空置IP，连同其他TCP/IP设定回应给客户端一个DHCP offer封包，该包包含一个租约期限的信息。

（3）接受IP租约

如果客户端收到网络上多台DHCP服务器的回应，则只会挑选其中一个DHCP offer（通常是最先抵达的那个），并向网络广播一个DHCP request封包，告诉所有的服务器自己接受了哪一台服务器提供的IP，同时还会发送一个ARP封包，查询该IP地址在网络上有没有其他主机在使用。若发现该IP已被使用，则客户端会发出一个DHCP decline封包给服务器，拒绝接受它的DHCP offer，并重新发送DHCP discover信息。

（4）确认阶段

服务器确认所提供的IP地址的阶段。当DHCP服务器收到客户端回答的DHCP request请求信息之后，向DHCP客户端发送一个包含它所提供的IP地址和其他设置的DHCP ack确认信息，告诉客户端可以使用它所提供的IP地址了，然后DHCP客户端便将该IP地址与网卡绑定。另外，除了为客户端提供IP地址的服务器外，其他DHCP服务器都会收回之前提供的IP地址。

4. DHCP客户端重新登录

以后客户端每次重新登录网络时，直接发送前一次所分配IP地址的DHCP request请求。在DHCP服务器收到这一信息之后，会尝试让DHCP客户端继续使用原来的IP地址，并回答一个DHCP ack确认信息。如果此IP地址无法再分配给原来的DHCP客户端使用，则DHCP服务器会给DHCP客户端回答一个DHCP nack否认信息。在客户端收到服务器发来的DHCP nack否认信息之后就必须重新发送DHCP discover发现信息来重新请求新的IP。

5. DHCP客户端更新租约

DHCP服务器向DHCP客户端出租的IP地址一般都有一个租借期限，期满后DHCP服务器便会收回出租的IP地址。如果DHCP客户端要延长其IP租约，则必须更新其IP租约。DHCP客户端启动时和IP租约期限过一半时，DHCP客户端都会自动向DHCP服务器发送更新其IP租约的信息。DHCP客户端除了在开机的时候发出DHCP request请求之外，在租约期限还剩一半的时候也会发出DHCP request，如果此时得不到DHCP服务器的确认，则工作站还可以继续使用该IP，然后如果在经过剩下的租约期限的再一半的时候（即租约期限的75%）还得不到确认，那么工作站就不能拥有这个IP了。

三、DHCP选项设置

DHCP服务器除了可以指派IP地址、子网掩码给客户端以外，还可以指派其他选项设置给DHCP客户端，如默认网关地址、DNS服务器地址、WINS服务器地址、DNS域名称、WINS/NBNS服务器、WINS/NBT节点类型等。Windows Server 2008的DHCP服务器提供了很多选项设置。

1）服务器选项（Server Options）：此项设置中的设置会被所有的作用域继承；一个DHCP服务器可以建立多个作用域，多个作用域中的客户端无论从哪一个作用域租到IP地址，都可能得到这些选项。

2）作用域选项（Scope Options）：此项设置中的设置只作用于该作用域，不影响其他作用域，只有当DHCP客户端从此作用域中租用IP时，才会得到这些选项。

3）保留选项（Reservation Options）：针对保留的IP地址所设置的选项，只有当DHCP客户端租用到保留IP地址时，才会得到这些选项。

4）类别选项（Class Options）：主要是针对客户端将自己设置某些特定类别的设置选项。类别选项就是用来识别客户端标识的类别，然后给出设定好的选项。

当服务器选项、作用域选项、保留选项与类别选项的设置有冲突时，默认最高的优先级别是类别选项，然后是保留选项，接下来是作用域选项，最后是服务器选项。

任务4　配置DHCP中继代理

◆ 任务描述

某单位已经有了一台DHCP服务器为10.11.73.0网段分配IP地址，需要创建超级作用域，然后在超级作用域中新建作用域为10.11.72.0网段，并为其设置网关10.11.72.1，DNS服务器地址为202.99.160.68。在这两个网段之间启动了路由并在远程访问的网关上启动DHCP中继代理程序，其本地连接的IP地址为10.11.72.1，本地连接2的IP地址为10.11.73.1。

◆ 任务实施

步骤一：创建超级作用域

1）在DHCP服务器中的“IPv4”上，单击鼠标右键，在弹出的快捷菜单中选择“新建超级作用域”命令，如图2-53所示，然后单击“下一步”按钮。

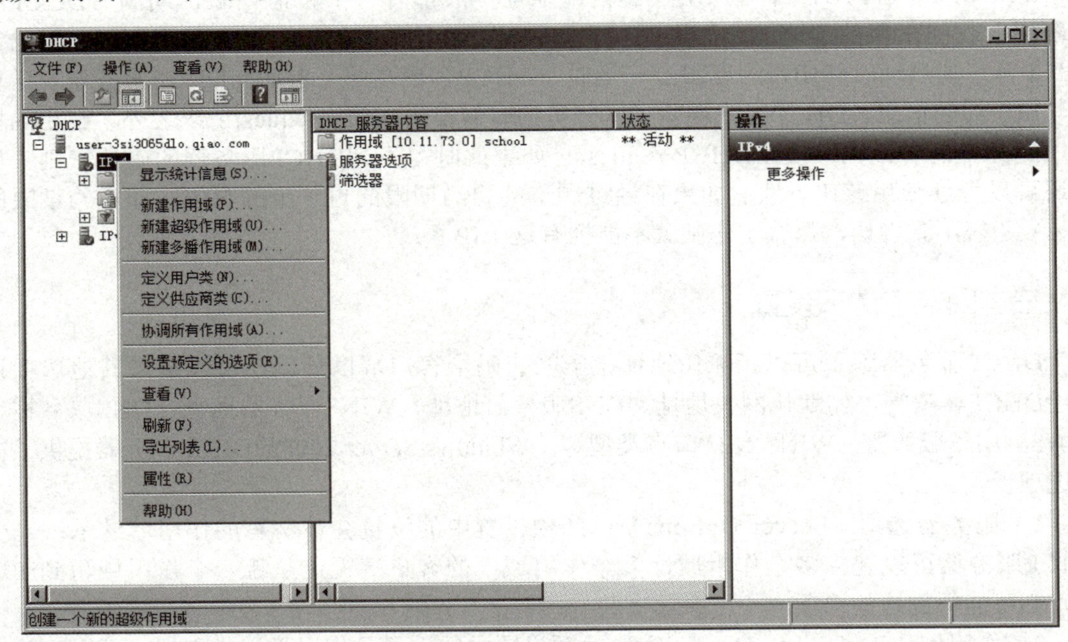

图2-53　新建超级作用域

2）在“超级作用域名”对话框的“名称”文本框中输入“school-all”，如图2-54所示，单击“下一步”按钮。

3）在“选择作用域”对话框中选择可用的作用域，如图2-55所示，单击“下一步”按钮。这就完成了超级作用域的创建，如图2-56所示，单击“完成”按钮。

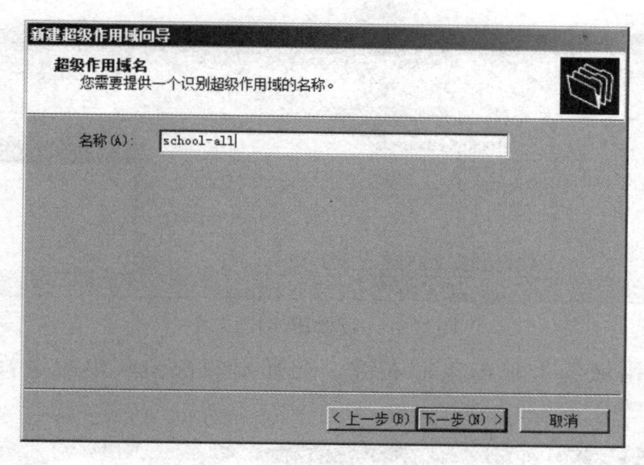

图2-54　“超级作用域名”对话框

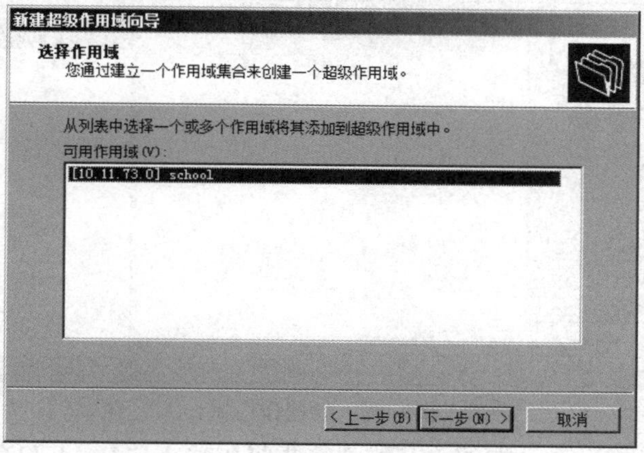

新建超级作用域向导
选择作用域
您通过建立一个作用域集合来创建一个超级作用域。
从列表中选择一个或多个作用域将其添加到超级作用域中。
可用作用域(V):
[10.11.73.0] school
< 上一步(B)　下一步(N) >　取消

图2-55　“选择作用域”对话框

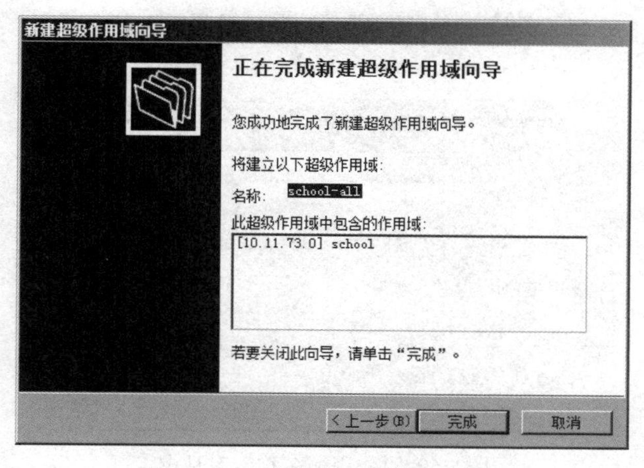

图2-56　完成新建超级作用域向导

4）在DHCP服务器中选择“IPv4”就可以看到新建好的超级作用域school-all，如图2-57所示。

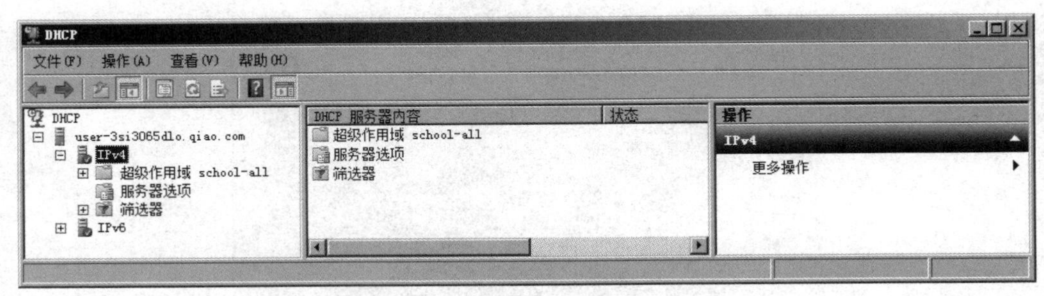

图2-57 查看IPv4作用域

5）在“超级作用域”上单击鼠标右键，在弹出的快捷菜单中选择“新建作用域”命令，如图2-58所示。

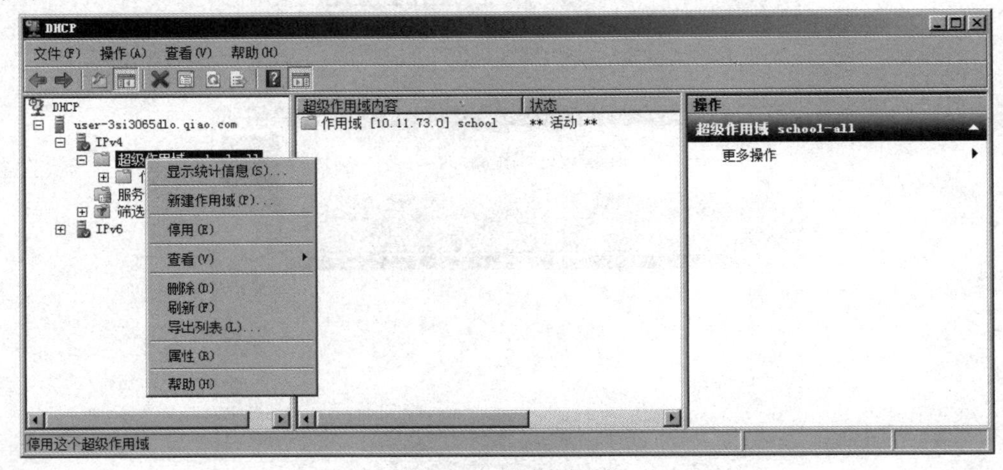

图2-58 新建作用域

6）在“作用域名称”对话框的“名称”文本框中输入“10.11.72.0”，如图2-59所示，单击“下一步”按钮。

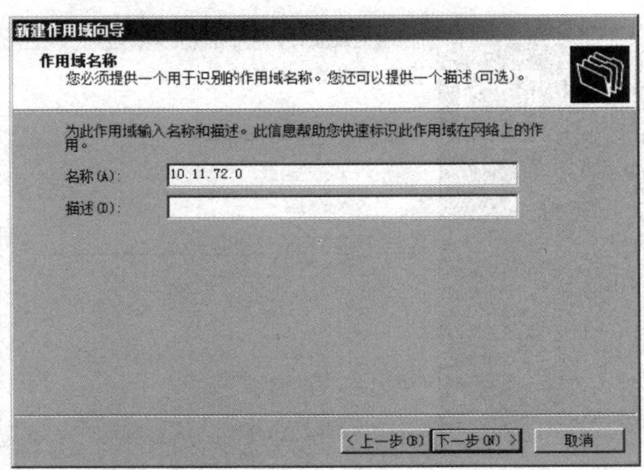

图2-59 “作用域名称”对话框

7）在“IP地址范围”对话框中，“起始IP地址”输入“10.11.72.10”，“结束IP地址”输入“10.11.72.60”，“长度”为“24”，“子网掩码”为“255.255.255.0”，如图2-60所示，然后单击“下一步”按钮。

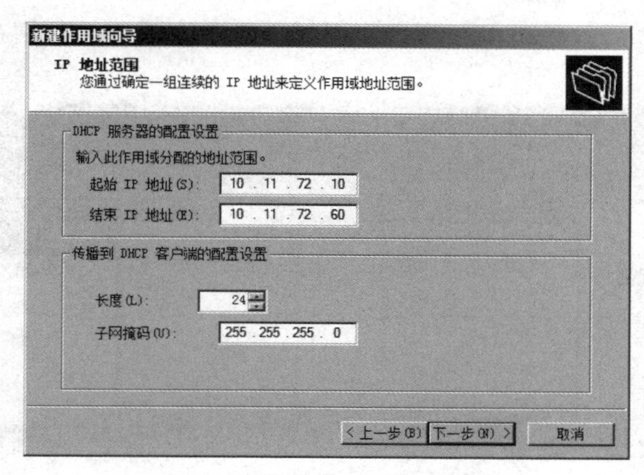

图2-60　“IP地址范围”对话框

8）在“路由器（默认网关）”对话框的“IP地址”文本框中输入网关IP地址“10.11.72.1”，单击“添加”按钮，如图2-61所示，然后单击“下一步”按钮。

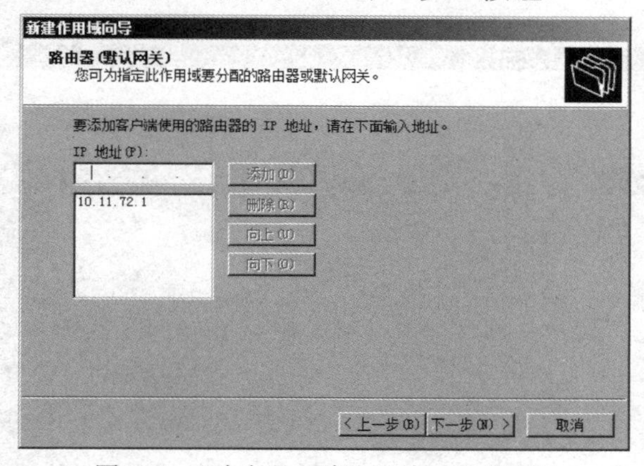

图2-61　“路由器（默认网关）”对话框

9）在“域名称和DNS服务器”对话框中的“IP地址”文本框中输入DNS服务器地址“202.99.160.68”，如图2-62所示，然后单击“下一步”按钮。后续步骤与上一个任务相同，就不再赘述。

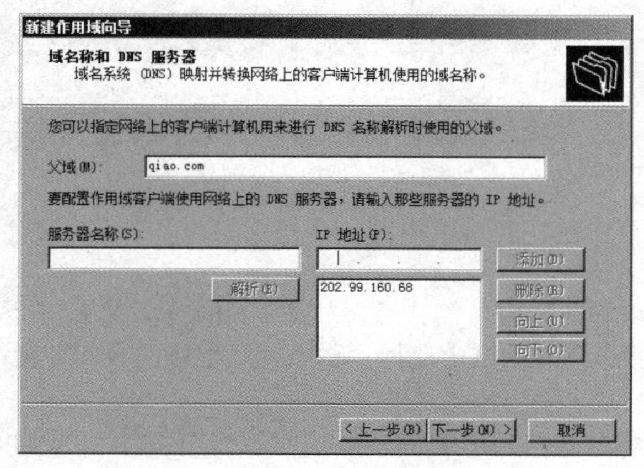

图2-62　“域名称和DNS服务器”对话框

10）作用域建好之后，就可以在超级作用域下查看到新建的作用10.11.72.0，如图2-63所示。

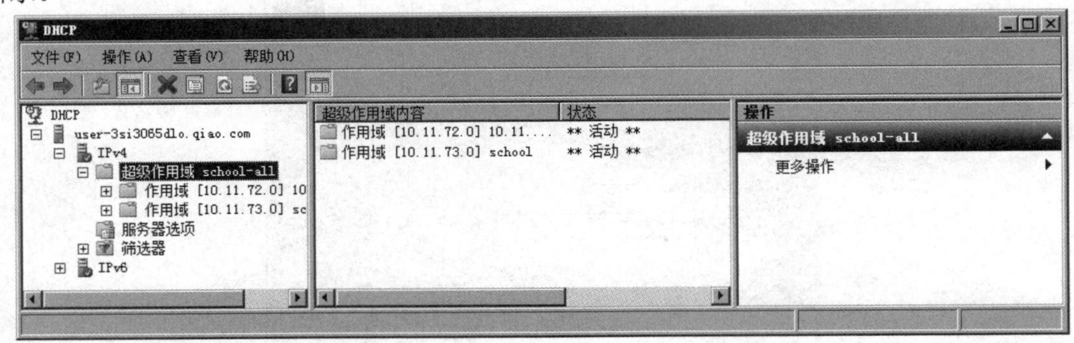

图2-63　显示超级作用域

步骤二：DHCP中继代理服务器的配置

1）在配置为DHCP中继代理服务器上打开添加角色向导，如图2-64所示，单击“下一步”按钮。

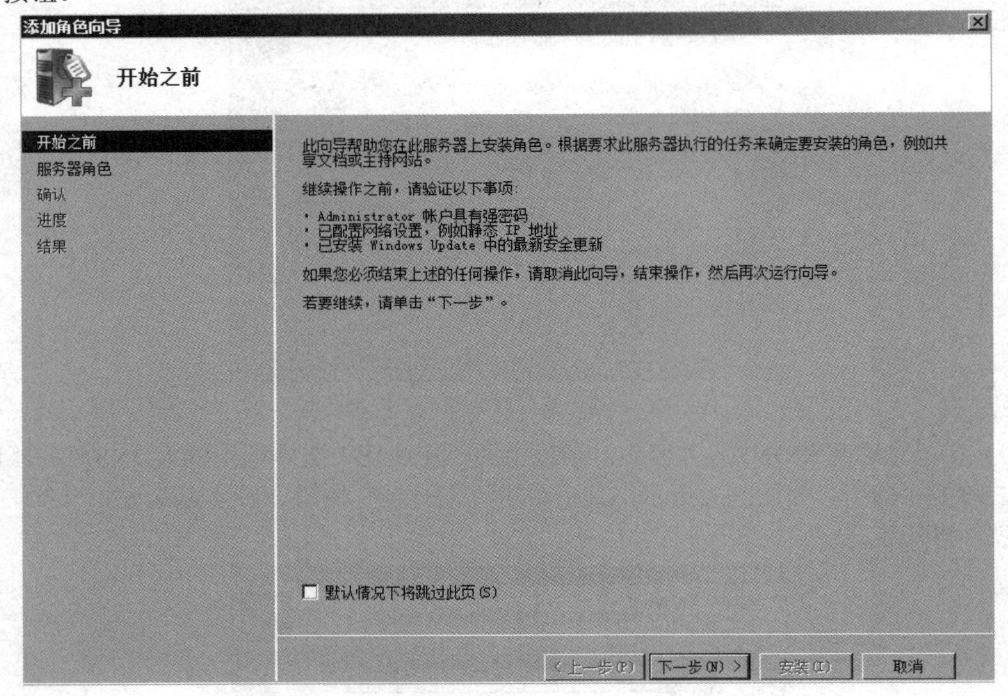

图2-64　添加角色向导

2）在“选择服务器角色”对话框中选择“网络策略和访问服务”，如图2-65所示，单击“下一步”按钮。

3）查看完网络策略和访问服务简介后，如图2-66所示，单击“下一步”按钮。

4）在“选择角色服务”对话框中选择“路由和远程访问服务”复选框，如图2-67所示，单击“下一步”按钮。

5）在“确认安装选择”对话框中确认选择的服务器是预先规划的，如图2-68所示，单击“安装”按钮。

6）在“安装结果”对话框中可以查看已经安装成功的网络策略和访问服务，如图2-69所示，单击“关闭”按钮。

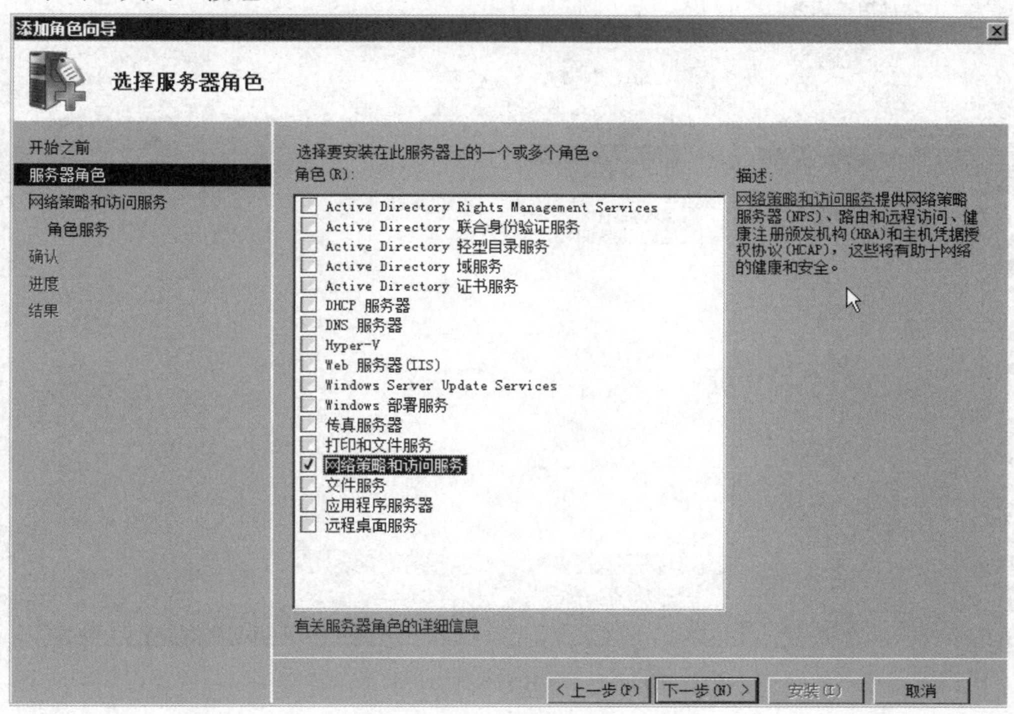

图2-65　添加网络策略和访问服务

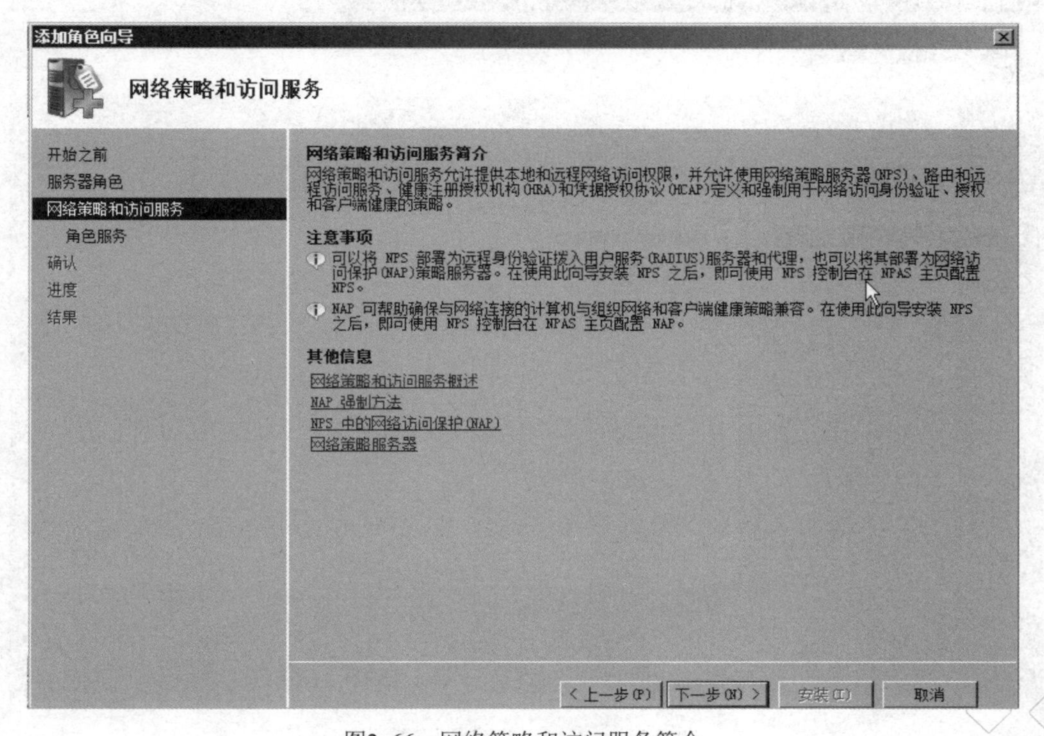

图2-66　网络策略和访问服务简介

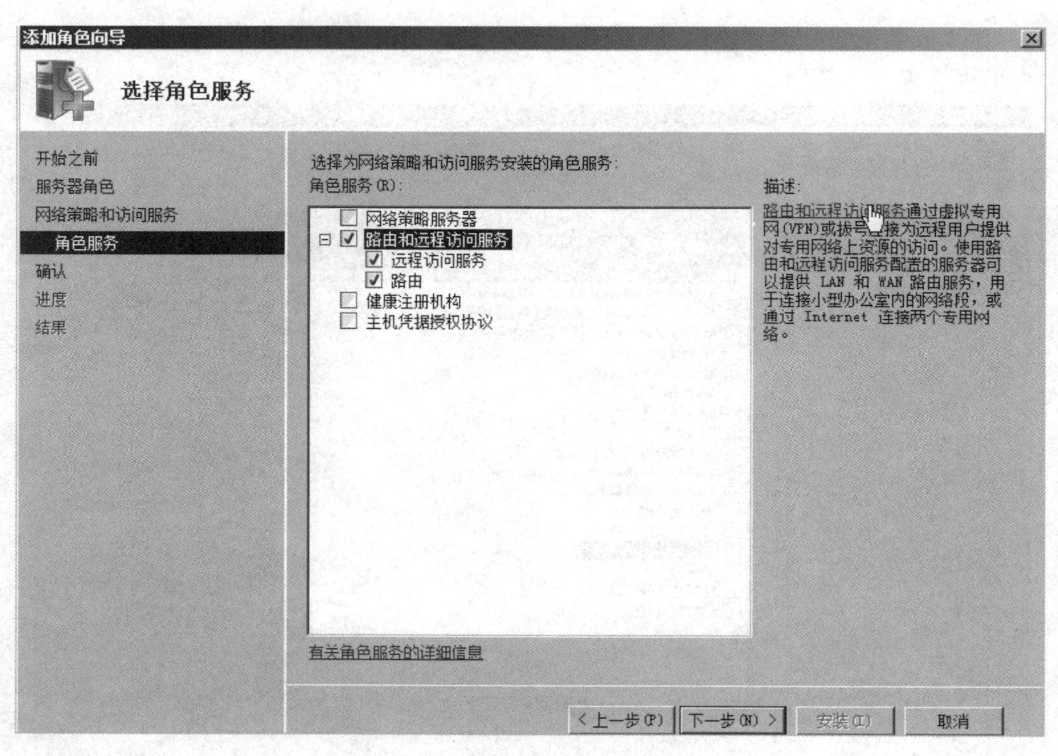

图2-67　路由和远程访问服务

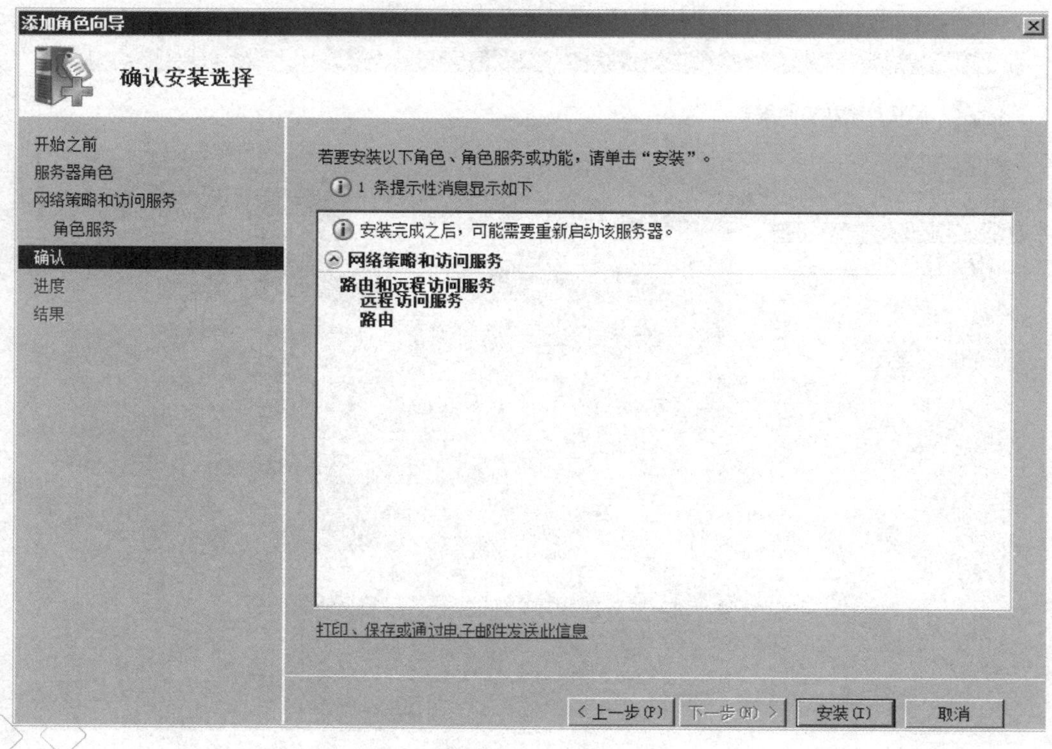

图2-68　“确认安装选择”对话框

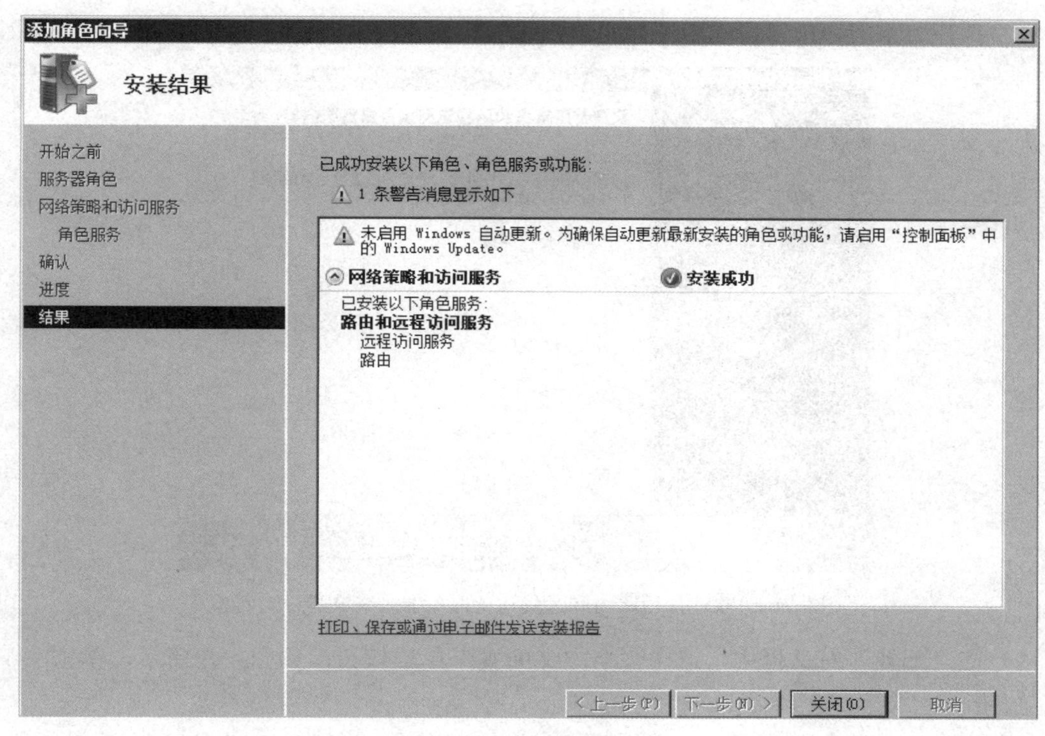

图2-69　查看安装结果

7）在管理工具中选择“网络策略和访问服务”下的“路由和远程访问”，单击鼠标右键，在弹出的快捷菜单中选择“配置并启用路由和远程访问”命令，如图2-70所示。

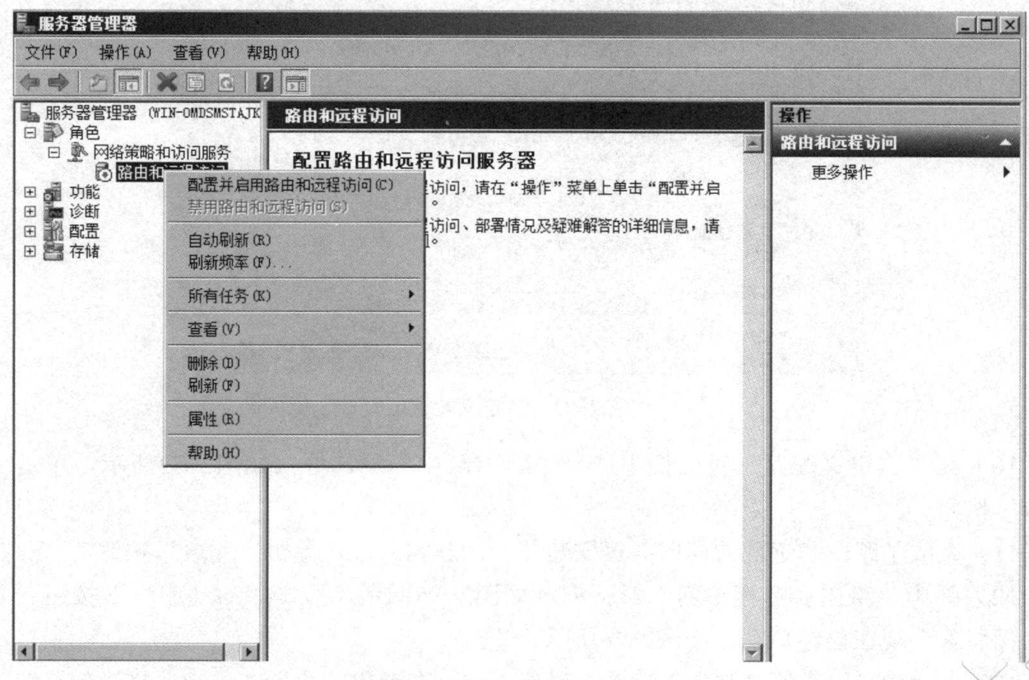

图2-70　配置并启用路由和远程访问

8）打开“路由和远程访问服务器安装向导”，如图2-71所示，单击“下一步”按钮。

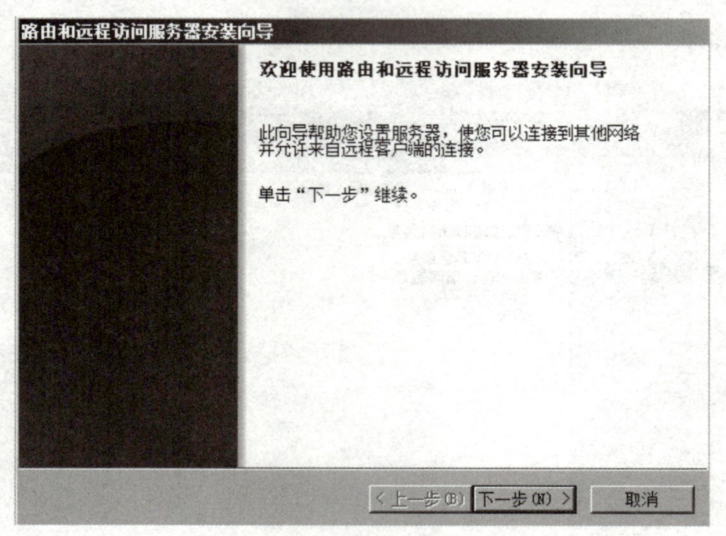

图2-71 “欢迎使用路由和远程访问服务器安装向导”对话框

9）在“配置”对话框中，选中“自定义配置”单选按钮，如图2-72所示，单击“下一步”按钮。

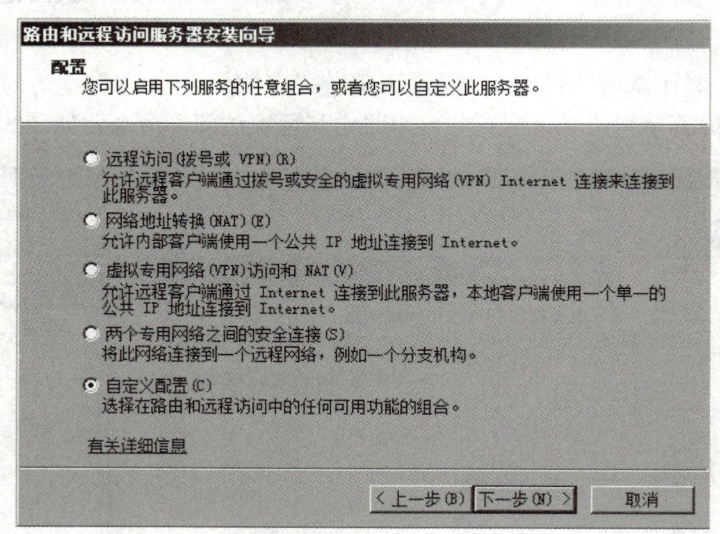

图2-72 自定义配置

10）在“自定义配置”对话框中选择“LAN路由”复选框，如图2-73所示，单击“下一步”按钮。

11）完成了路由和远程访问服务器安装，如图2-74所示，单击“完成”按钮。

12）弹出“路由和远程访问”对话框，如图2-75所示，单击“启动服务”按钮。“路由远程服务”现在已经启动，如图2-76所示。

13）在“IPv4”下的“常规”上单击鼠标右键，在弹出的快捷菜单中选择“新增路由协议”命令，如图2-77所示。

14）在“新路由协议”对话框中，选择“DHCP中继代理程序”，如图2-78所示，单击“确定”按钮。

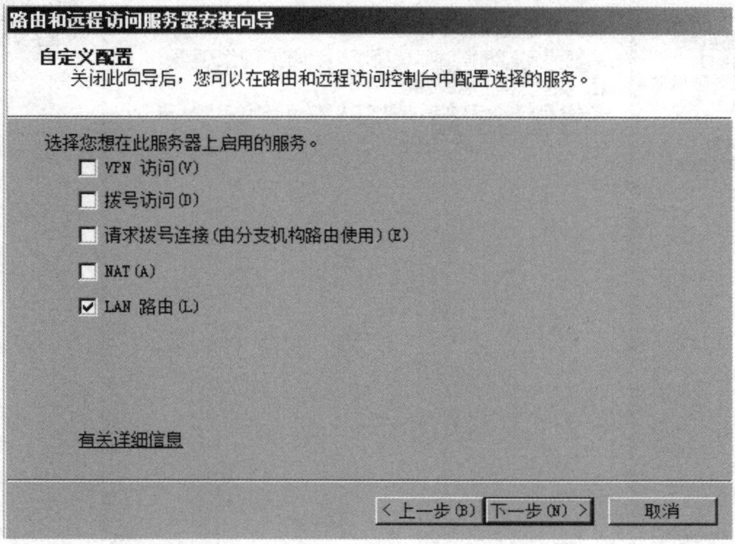
路由和远程访问服务器安装向导
自定义配置
关闭此向导后，您可以在路由和远程访问控制台中配置选择的服务。
选择您想在此服务器上启用的服务。
VPN 访问(V)
拨号访问(D)
请求拨号连接(由分支机构路由使用)(E)
NAT(A)
LAN 路由(L)
有关详细信息
< 上一步(B)
下一步(N) >
取消

图2-73　LAN路由

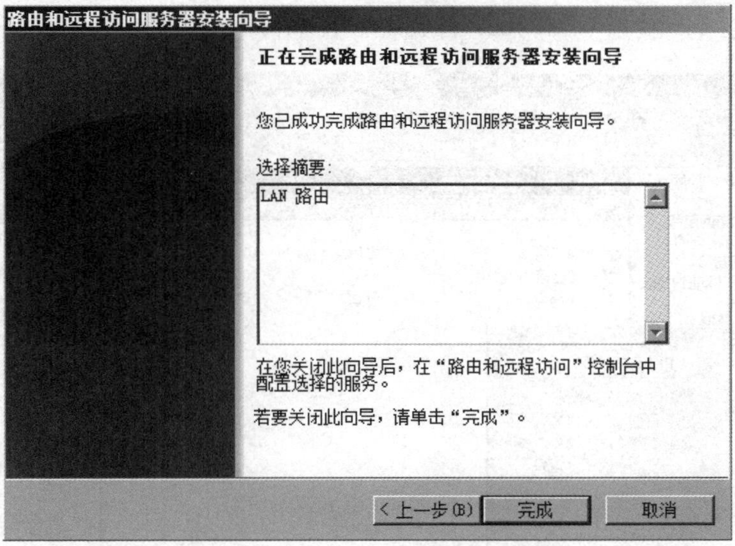
路由和远程访问服务器安装向导
正在完成路由和远程访问服务器安装向导
您已成功完成路由和远程访问服务器安装向导。
选择摘要:
LAN 路由
在您关闭此向导后，在“路由和远程访问”控制台中配置选择的服务。
若要关闭此向导，请单击“完成”。
< 上一步(B)
完成
取消

图2-74　“正在完成路由和远程服务器安装向导”对话框

路由和远程访问
启动服务
路由和远程访问服务已处于可用状态。
启动服务
取消

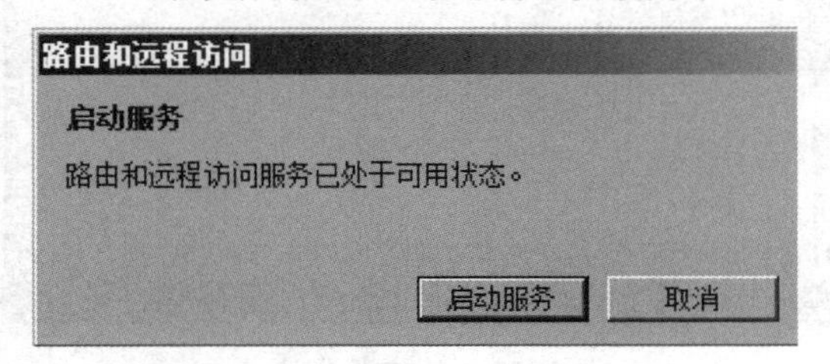

图2-75　“启动服务”对话框

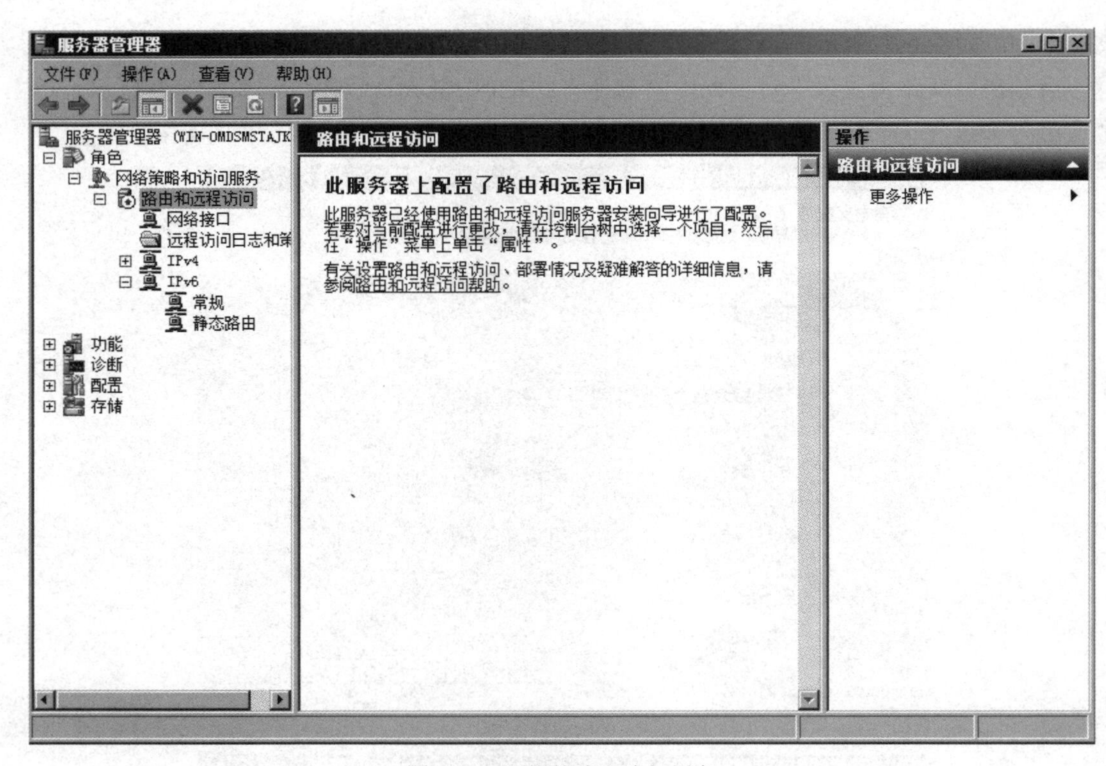

图2-76 网络策略和访问服务

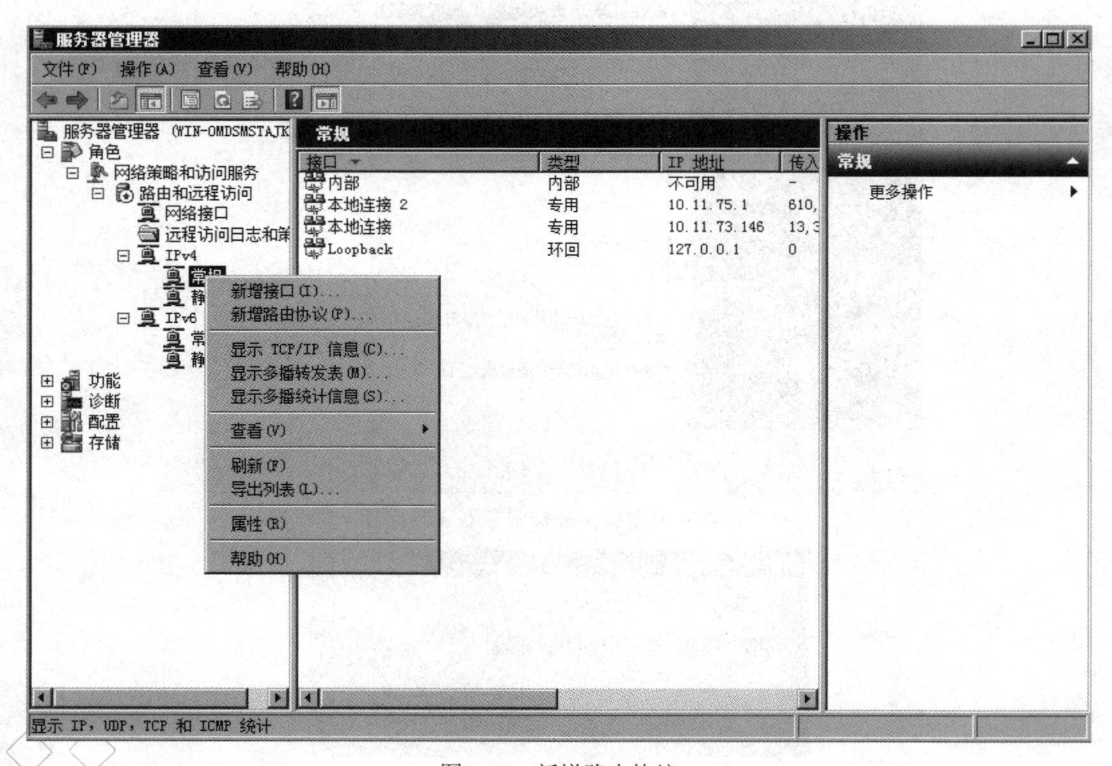

图2-77 新增路由协议

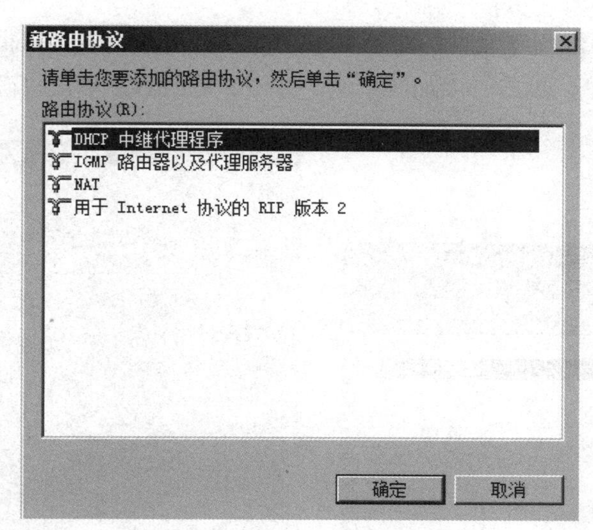

图2-78 DHCP中继代理程序

15）在“IPv4”下的“DHCP中继代理”上单击鼠标右键，在弹出的快捷菜单中选择“新增接口”命令，如图2-79所示。

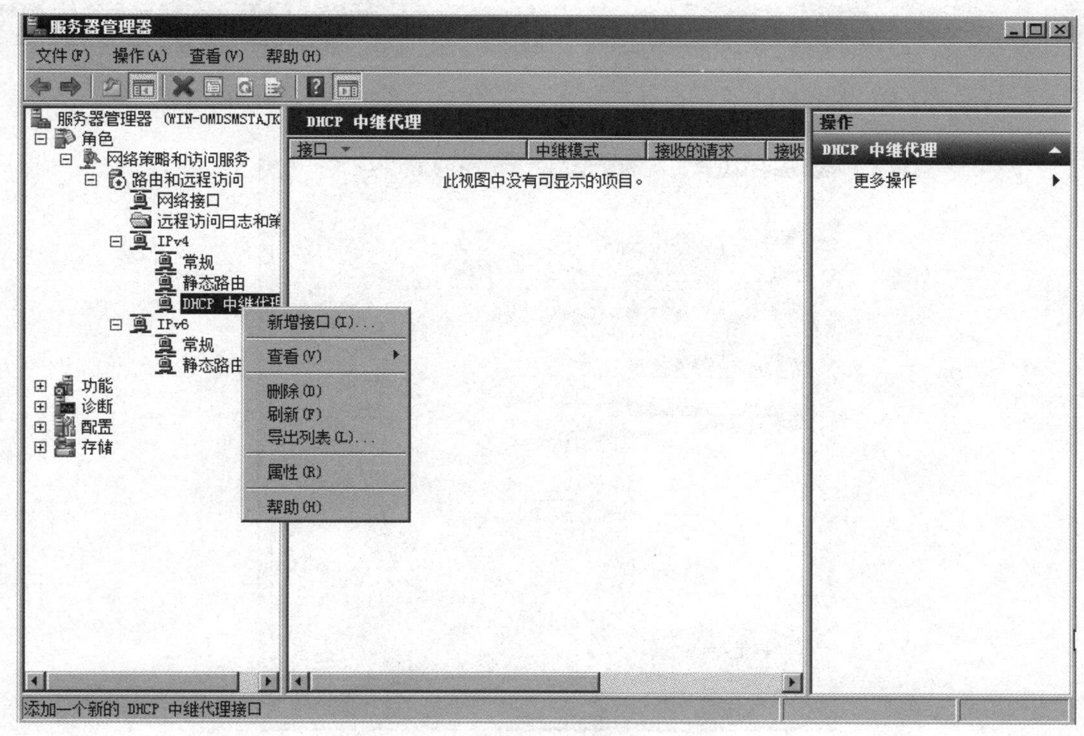

图2-79 新增DHCP中继代理运行端口

16）选择运行DHCP中继代理程序的新接口，此处为“本地连接2”，如图2-80所示，单击“确定”按钮。

17）在“本地连接2属性”对话框中选择“中继DHCP数据包”复选框，如图2-81所示，单击“确定”按钮。

18）在“DHCP中继代理属性”对话框中的“服务器地址”文本框中输入DHCP服务器IP地址“10.11.73.249”，单击“添加”按钮，如图2-82所示，单击“确定”按钮。

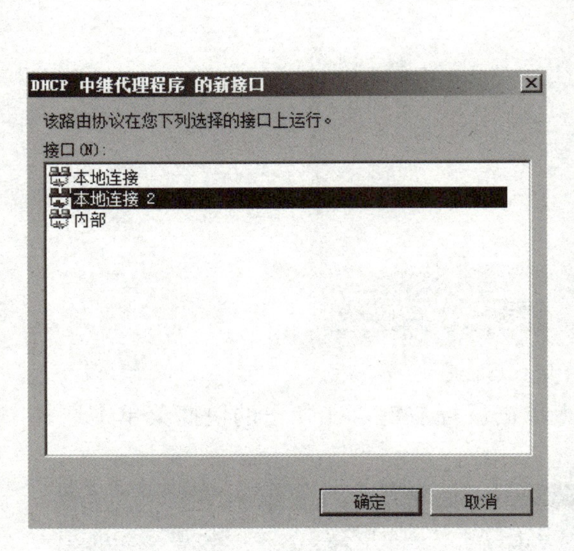

图2-80　选择接口

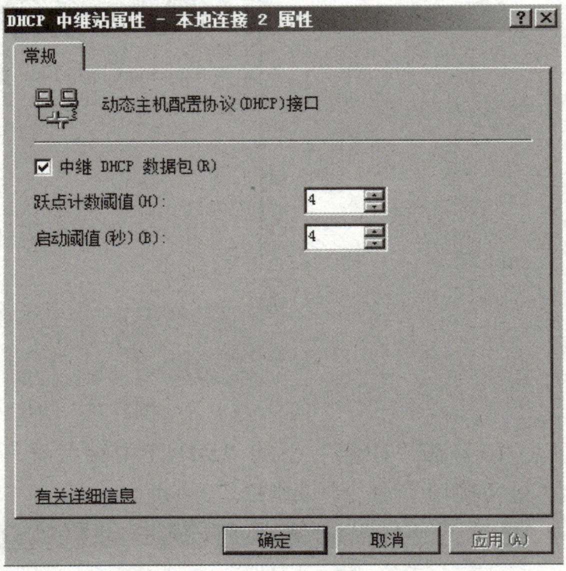

图2-81　中继DHCP数据包

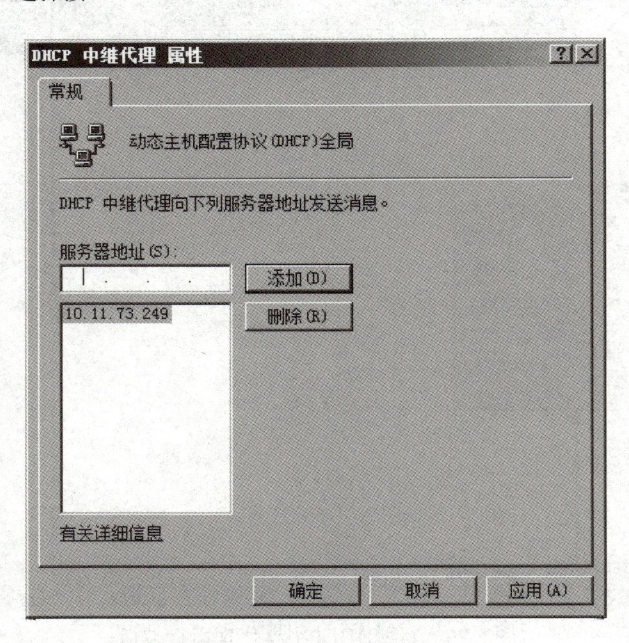

图2-82　添加DHCP服务器

步骤三：Windows 7客户端测试结果

可以看到处于10.11.72.0网段的Windows 7客户端已经获取了IPv4地址10.11.72.26，网关是10.11.72.1，DHCP服务器是10.11.73.249，DNS服务器是202.99.160.68，与前面配置预想的

结果一致，如图2-83所示。

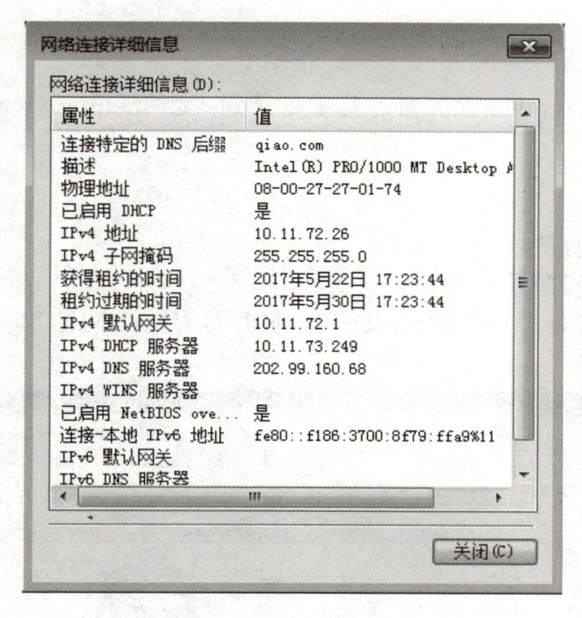

图2-83　客户端测试DHCP中继结果

◆ 知识储备

一、DHCP中继代理

如果DHCP客户机与DHCP服务器在同一个物理网段中，则客户机可以正确地获得动态分配的IP地址。如果DHCP服务器与DHCP客户机不在同一个物理网段，则需要DHCP中继代理服务器把DHCP客户机请求转发到其他网段的DHCP服务器。

二、DHCP中继代理原理

1）当DHCP客户端启动并进行DHCP初始化时，它会在本地网络广播配置请求报文。

2）如果本地网络存在DHCP服务器，则可以直接进行DHCP配置，不需要DHCP中继。

3）如果本地网络没有DHCP服务器，则与本地网络相连的具有DHCP中继功能的网络设备收到该广播报文后，将进行适当处理并转发给指定的其他网络上的DHCP服务器。

4）DHCP服务器根据DHCP客户端提供的信息进行相应的配置，并通过DHCP中继将配置信息发送给DHCP客户机，完成对DHCP客户机的动态配置。

三、DHCP中继代理的实现方式

DHCP中继代理的实现方式主要有两种：在Windows Server 2008的路由和远程访问中设置DHCP中继代理程序；在网关IP地址所在的硬件路由器启动DHCP中继代理。

任务5 安装及配置Web服务器

◆ 任务描述

某单位需要部署一台Web服务器，其主目录为“C:\inetput\wwwroot”，默认文档为“default.htm”。

◆ 任务实施

步骤一：安装IIS服务器

步骤二：配置IIS服务器

1）打开“管理工具”→“Internet信息服务器”→“网站”，选择“Default Web Site”，如图2-84所示。

图2-84 默认Web站点主页

2）单击页面右侧的“绑定”按钮，可以打开“网站绑定”对话框，如图2-85所示，选择“http”，然后单击“编辑”按钮。

3）在“编辑网站绑定”对话框中，在“IP地址”中选择“10.11.73.249”，如图2-86所示，然后单击“确定”按钮。

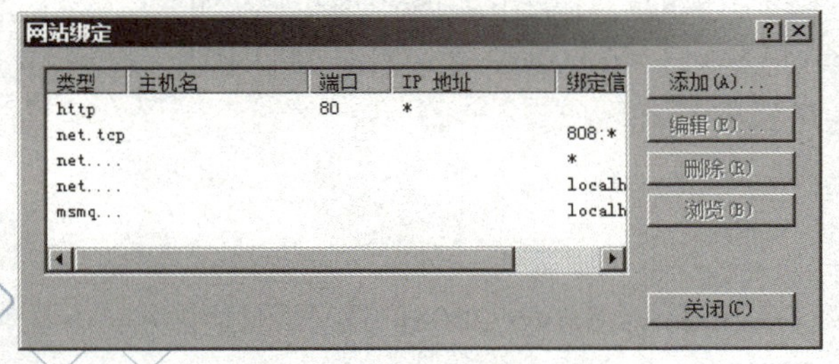

图2-85 “网站绑定”对话框

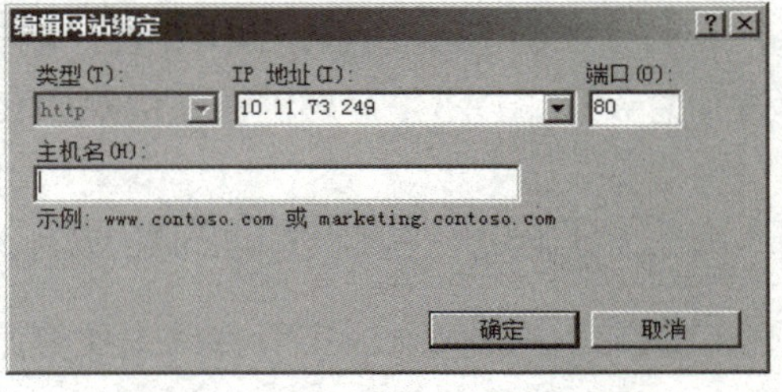

图2-86 “编辑网站绑定”对话框

4）选择“Default Web Site”右侧的“基本设置”，可以编辑Web服务器的主目录，如图2-87所示，单击“确定”按钮。

5）选择“Default Web Site”中的“默认文档”，可以查看、调整、添加、删除默认文档，如图2-88所示。

6）在IE的地址栏中输入Web服务器地址10.11.73.249，就可以打开Web服务器的测试页面，如图2-89所示。

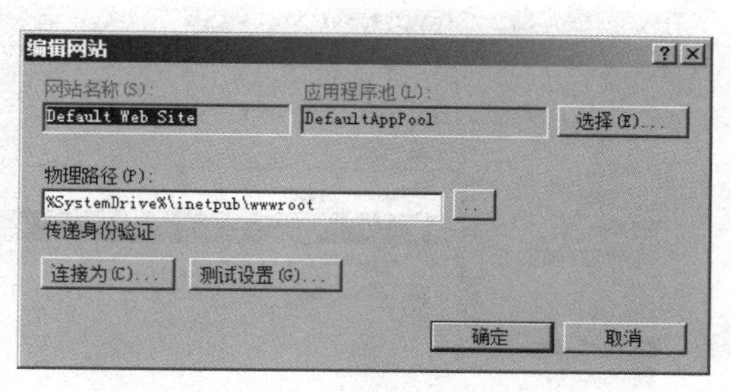

图2-87　“编辑网站”对话框

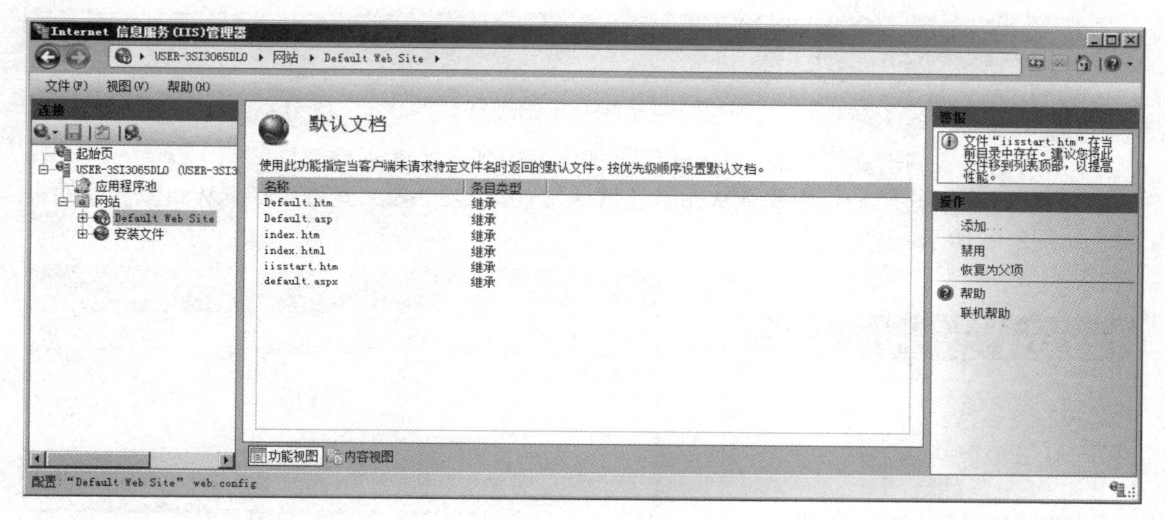

图2-88　默认文档

图2-89　测试主页

7）打开Web服务器的主目录“c:\inetput\wwwroot”，新建文件“default.htm”，如图2-90所示。

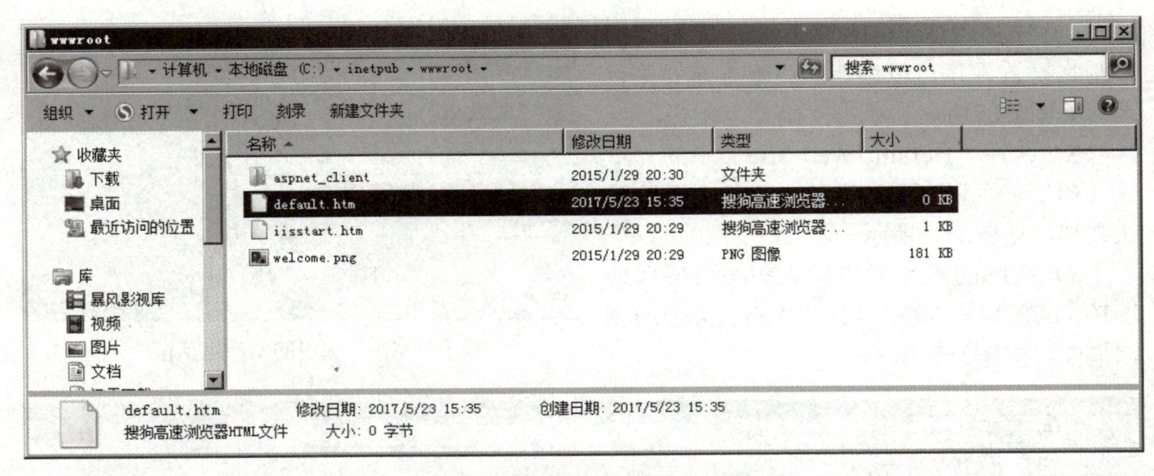

图2-90　创建网站文件

8）用记事本编辑文件“default.htm”，如图2-91所示，然后保存。

9）此时在IE的地址栏中输入Web服务器地址10.11.73.249，就可以打开Web服务器的页面，如图2-92所示。

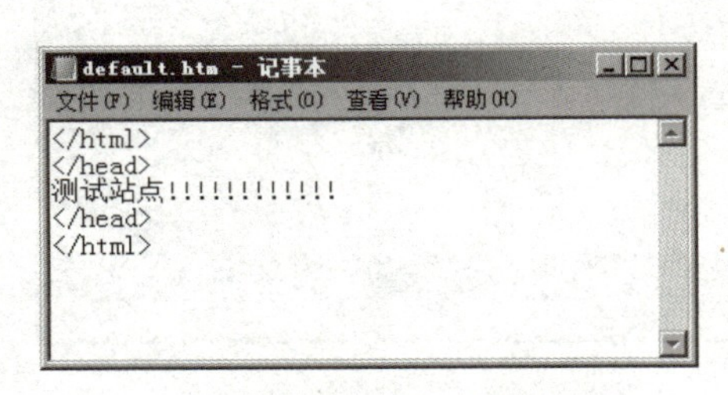

图2-91　编辑网站文件

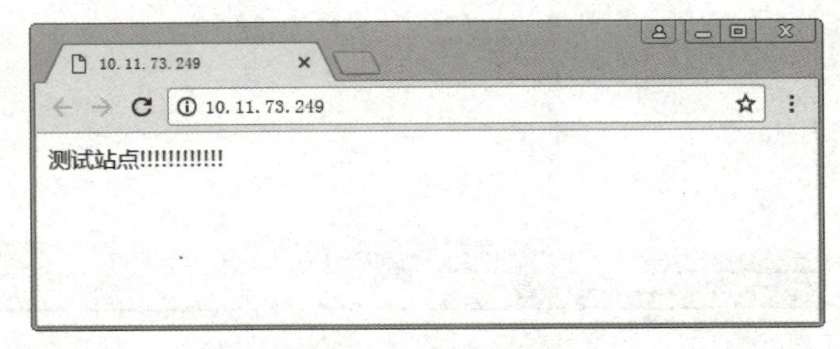

图2-92　测试网站主页

◆ 知识储备

Web服务器

Web服务器：一般指网站服务器，是指驻留于互联网上某种类型计算机的程序，可以向浏览器等Web客户端提供文档，也可以放置网站文件，让用户浏览，还可以放置数据文件，让用户下载。

Web服务器可以解析HTTP（Hyper Text Transfer Protocol，超文本传输协议）。当Web服务器接收到一个HTTP请求时，会返回一个HTTP响应，例如，送回一个HTML页面。为了处理一个请求，Web服务器可以响应一个静态页面或图片进行页面跳转，或者把动态响应的产生委托给一些其他的程序，例如，CGI（Common Gateway Interface，通用网关接口）脚本、JSP（Java Server Pages，Java服务器页面）脚本、ASP（Active Server Pages，活动服务器页面）脚本、服务器端JavaScript或者一些其他的服务器端技术。无论它们的目的如何，这些服务器端的程序通常产生一个HTML的响应来让浏览器可以浏览。

目前最主流的3个Web服务器是Apache、Nginx和IIS。

1）IIS（Internet Information Services，互联网信息服务）：它是Windows服务器版本自带的一款软件，是允许在内联网（Intranet）或互联网上发布信息的Web服务器。IIS是目前最流行的Web服务器产品之一，很多著名的网站都是建立在IIS平台上。IIS提供了一个图形界面的管理工具，称为互联网服务管理器，可用于监视配置和控制互联网服务。IIS是一种Web服务组件，其中包括Web服务器、FTP服务器、NNTP服务器和SMTP服务器，分别用于网页浏览、文件传输、新闻服务和邮件发送等。

2）Apache：Apache仍然是世界上用得最多的Web服务器，它的成功之处主要在于它的源代码开放、有一支开放的开发队伍、支持跨平台的应用（可以运行在几乎所有的UNIX、Windows、Linux操作系统平台上）以及它的可移植性等。

3）Nginx是一款轻量级的Web服务器/反向代理服务器及电子邮件代理服务器，由俄罗斯的程序设计师Igor Sysoev所开发。其特点是占有内存少，并发能力强，中国使用Nginx网站的用户有：百度、京东、新浪、网易、腾讯、淘宝等。

任务6　配置FTP服务器

◆ 任务描述

某单位需要部署一台文件服务器，在服务器上安装FTP服务，设置其主目录为“d:\iso资料”，并允许所有用户访问。

◆ 任务实施

步骤一：安装FTP服务器

步骤二：配置FTP服务器

1）在“Internet信息服务（IIS）管理器”对话框中的“网站”上单击鼠标右键，在弹出的快捷菜单中选择“添加FTP站点”命令，如图2-93所示。

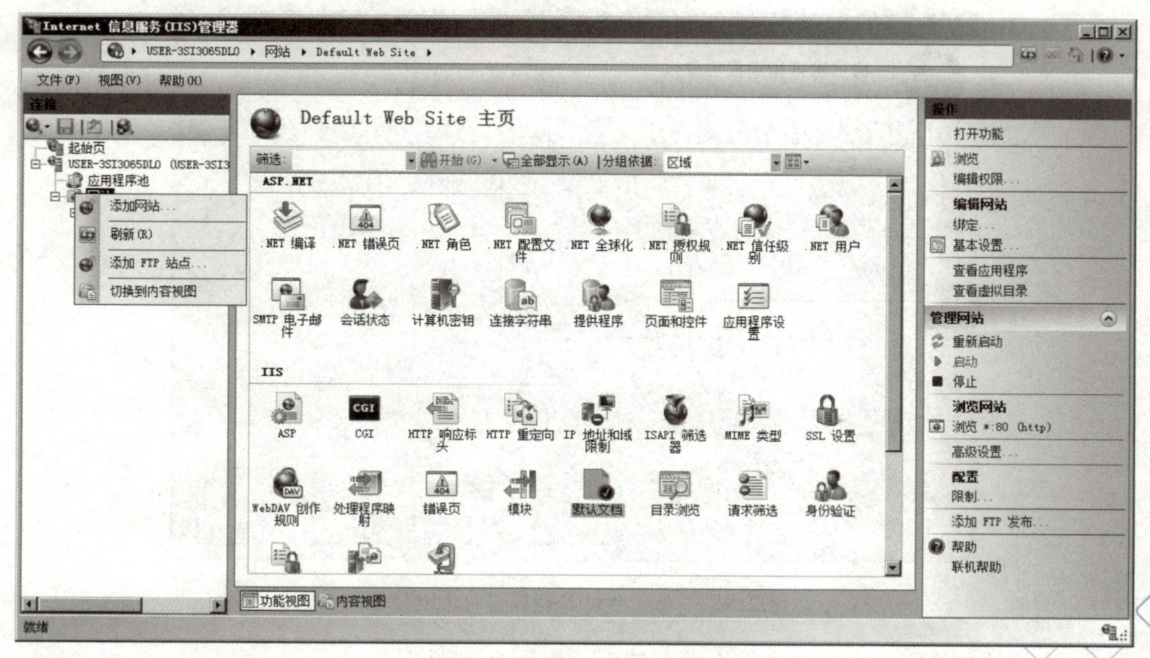

图2-93　添加FTP站点

2）在“FTP站点名称”文本框中设置站点名称为“安装文件”，在“物理路径”中填入预设的FTP主目录“D:\iso资料”，如图2-94所示，然后单击“下一步”按钮。

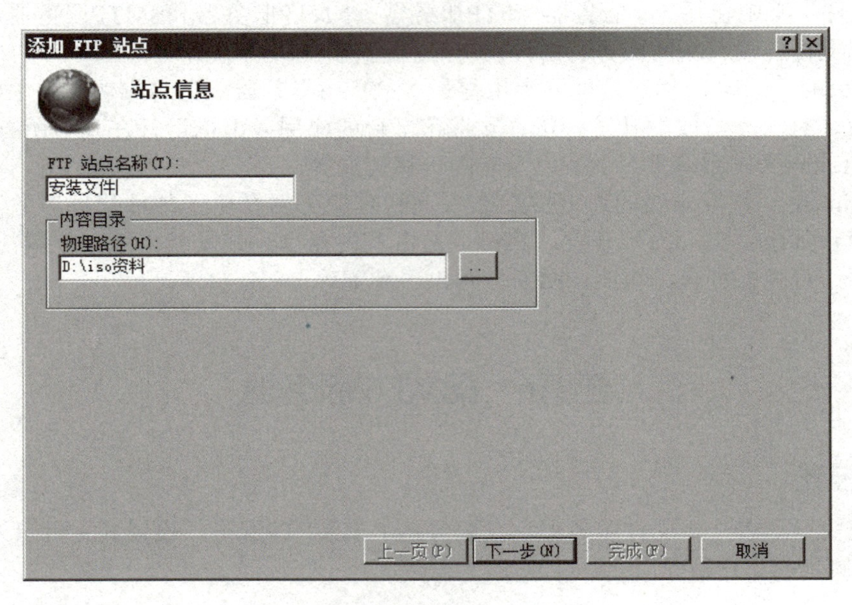

图2-94　添加FTP站点信息

3）在“身份验证和授权信息”对话框中选择“匿名”和“基本”的身份验证方式，并在“授权”中选择“所有用户”允许访问，“权限”选择“读取”，如图2-95所示，然后单击“完成”按钮。

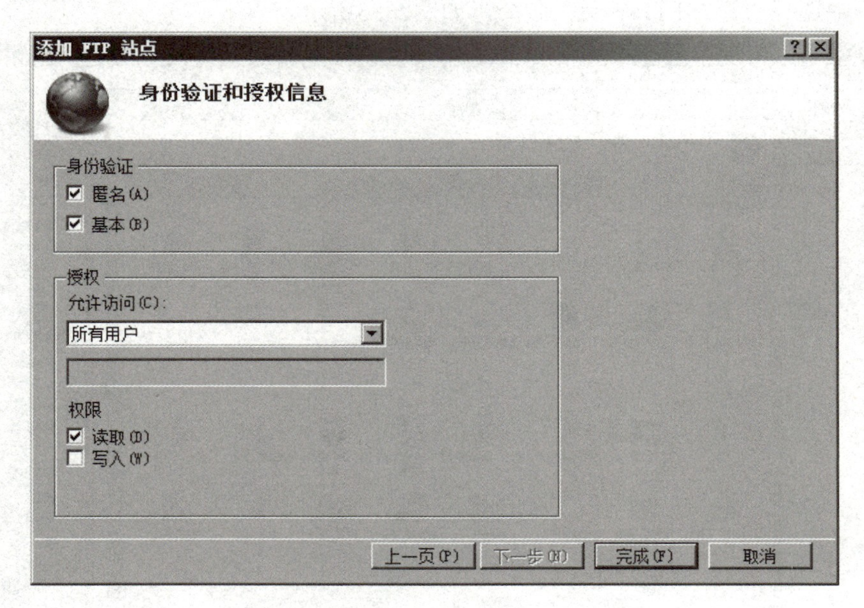

图2-95　“身份验证和授权信息”对话框

4）完成FTP站点“安装文件”的配置后，如图2-96所示。

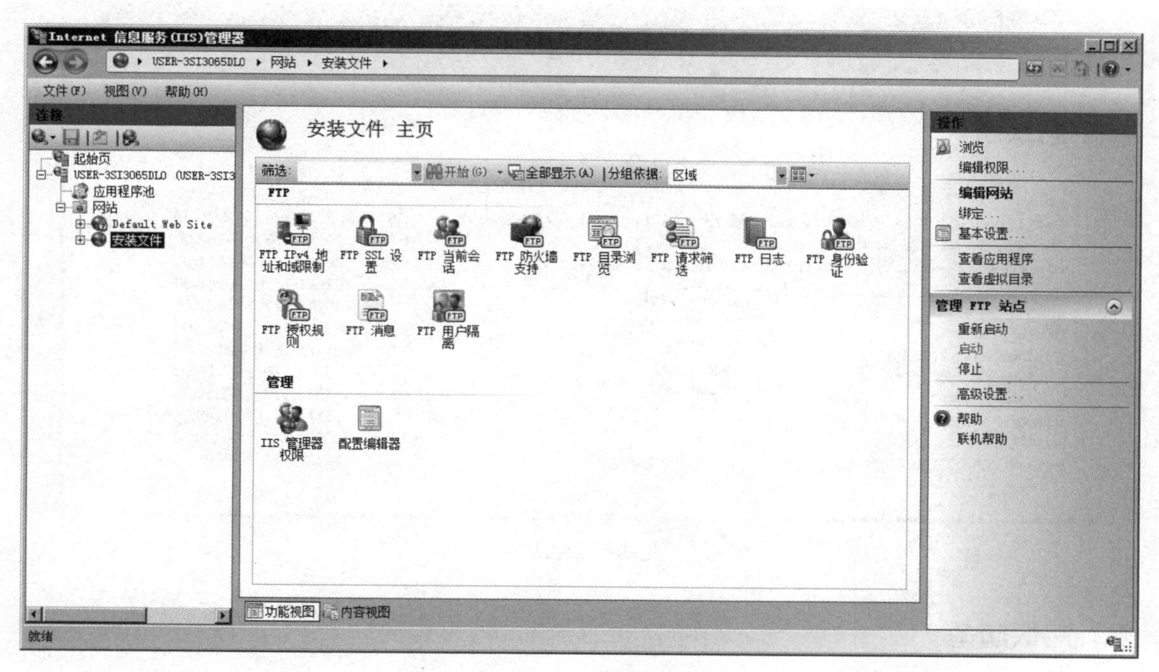

图2-96　FTP站点信息

步骤三：在客户端访问FTP站点

1）在客户端打开，IE在地址栏中输入ftp://10.11.73.249就可以访问FTP站点共享的内容，如图2-97所示。

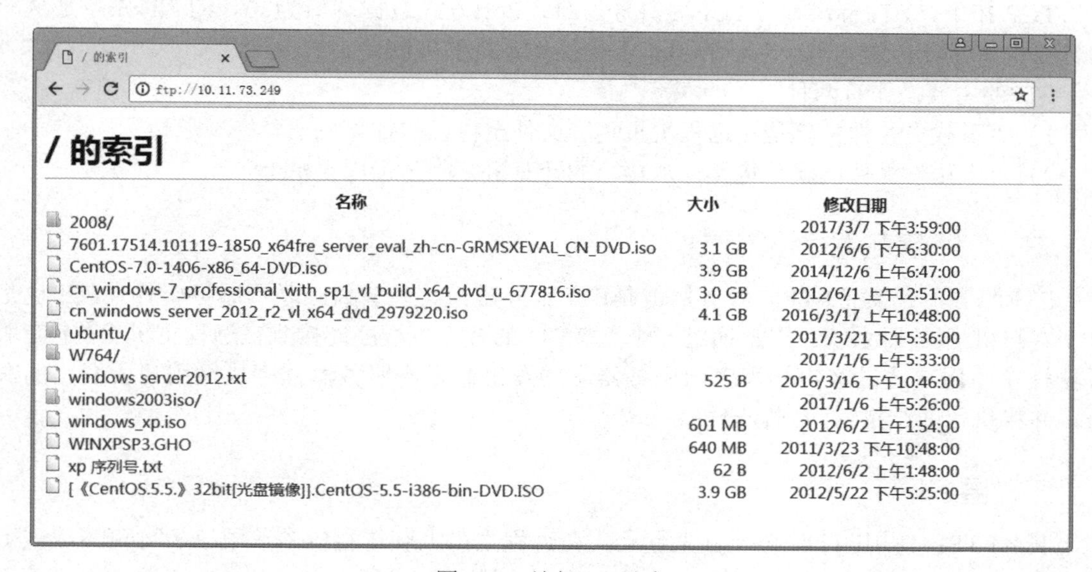

/ 的索引

名称	大小	修改日期
2008/		2017/3/7 下午3:59:00
7601.17514.101119-1850_x64fre_server_eval_zh-cn-GRMSXEVAL_CN_DVD.iso	3.1 GB	2012/6/6 下午6:30:00
CentOS-7.0-1406-x86_64-DVD.iso	3.9 GB	2014/12/6 上午6:47:00
cn_windows_7_professional_with_sp1_vl_build_x64_dvd_u_677816.iso	3.0 GB	2012/6/1 上午12:51:00
cn_windows_server_2012_r2_vl_x64_dvd_2979220.iso	4.1 GB	2016/3/17 上午10:48:00
ubuntu/		2017/3/21 下午5:36:00
W764/		2017/1/6 上午5:33:00
windows server2012.txt	525 B	2016/3/16 下午10:46:00
windows2003iso/		2017/1/6 上午5:26:00
windows_xp.iso	601 MB	2012/6/2 上午1:54:00
WINXPSP3.GHO	640 MB	2011/3/23 下午10:48:00
xp 序列号.txt	62 B	2012/6/2 上午1:48:00
[《CentOS.5.5.》32bit[光盘镜像]].CentOS-5.5-i386-bin-DVD.ISO	3.9 GB	2012/5/22 下午5:25:00

图2-97　访问FTP站点

2）在文件“cn_windows_server_2012r2_vl_x64_dvd_2979220.iso”上单击鼠标右键就可以下载此文件，如图2-98所示。

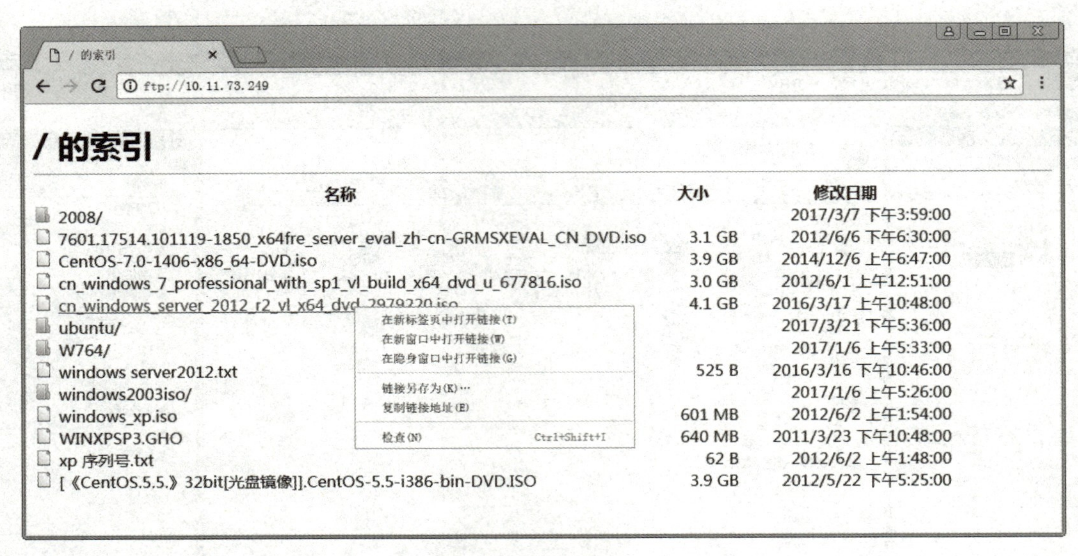

图2-98 下载文件

◆ 知识储备

一、FTP

FTP（File Transfer Protocol，文件传输协议）用于互联网上的控制文件的双向传输的协议。基于不同的操作系统有不同的FTP应用程序，而所有这些应用程序都遵守同一种协议以传输文件。

TCP/IP中，FTP标准命令TCP端口号为21，Port方式数据端口为20。FTP的任务是从一台计算机将文件传送到另一台计算机，不受操作系统的限制。

FTP的主要操作有两种：

1）“下载”文件：就是从远程主机复制文件至自己的计算机上。

2）“上传”文件：就是将文件从自己的计算机复制至远程主机上。

二、FTP服务器

FTP服务器：支持FTP的服务器就是FTP服务器。与大多数互联网服务一样，FTP也是一个客户机/服务器系统。用户通过一个支持FTP的客户机程序连接到在远程主机上的FTP服务器程序。用户通过客户机程序向服务器程序发出命令，服务器程序执行用户所发出的命令，并将执行的结果返回到客户机。

三、匿名FTP

匿名FTP：使用FTP时必须首先登录，在远程主机上获得相应的权限以后方可下载或上传文件。匿名FTP是这样一种机制，用户可通过它连接到远程主机，并从其下载文件，而无须成为其注册用户。系统管理员建立了一个特殊的用户ID，名为anonymous，互联网上的任何人在任何地方都可使用该用户ID。通过FTP程序连接匿名FTP主机的方式同连接普通FTP主机的方式差不多，只是在要求提供用户标识ID时必须输入anonymous，该用户ID的密码可以是任意的字符串。习惯上，用自己的E-mail地址作为密码，使系统维护程序能够记录下来谁在存取这些文件。值得注意的是，匿名FTP不适用于所有互联网中的主机，它只适用于那些提供了这项服务的主机。

四、FTP运行模式

FTP支持两种运行模式：Standard（PORT方式，主动方式）和Passive（PASV，被动方式）。

Standard模式：FTP客户端首先和服务器的TCP 21端口建立连接，用来发送命令，客户端需要接收数据的时候在这个通道上发送PORT命令。PORT命令包含了客户端用什么端口接收数据。在传送数据的时候，服务器端通过自己的TCP 20端口连接至客户端的指定端口发送数据。FTP server必须和客户端建立一个新的连接用来传送数据。

Passive模式：建立控制通道时和Standard模式类似，但建立连接后发送PASV命令。服务器收到PASV命令后，打开一个临时端口（端口号大于1 023小于65 535）并且通知客户端在这个端口上传送数据的请求，客户端连接FTP服务器的此端口，然后FTP服务器将通过这个端口传送数据。

很多防火墙在设置的时候都是不允许接受外部网络发起的连接请求的，之所以许多位于防火墙后或内网的FTP服务器不支持Passive模式，是因为客户端无法穿过防火墙打开FTP服务器的高端端口；而许多内网的客户端不能用Standard模式登录FTP服务器，因为从服务器的TCP 20端口无法和内部网络的客户端建立一个新的连接，造成无法工作。

五、常用的FTP服务器软件

1．Serv-U

Serv-U是一种被广泛运用的FTP服务器端软件。它可以设定多个FTP服务器、限定登录用户的权限、登录主目录及空间大小等，功能非常完备。它具有非常完备的安全特性，支持SSL FTP传输，支持在多个Serv-U和FTP客户端通过SSL加密连接保护用户的数据安全等。

通过使用Serv-U，用户能够将任何一台PC设置成一个FTP服务器，这样，用户或其他使用者就能够使用FTP，通过在同一网络上的任何一台PC与FTP服务器连接，进行文件或目录的复制、移动、创建和删除等。

2．VSFTP

VSFTP是一个基于GPL发布的在类UNIX系统上使用的FTP服务器软件，它的全称是Very Secure FTP，从此名称可以看出来，高安全性是编写VSFTP的初衷。除了这与生俱来的安全特性以外，高速与高稳定性也是VSFTP的两个重要特点。

3．IIS-FTP

它是Windows Server自带的配置FTP服务器。

项目3 配置及管理路由器和交换机

任务1 配置路由器和交换机

◆ 任务描述

本任务通过Console配置线连接计算机串口和锐捷交换机S2026的配置接口，以学习交换机的操作系统、交换机的各种配置模式、基本的配置命令和配置规则。

◆ 任务实施

步骤一：通过配置线缆连接计算机串口和交换机配置口

通过Console线缆连接计算机串口和交换机配置口，示意图如图3-1所示。

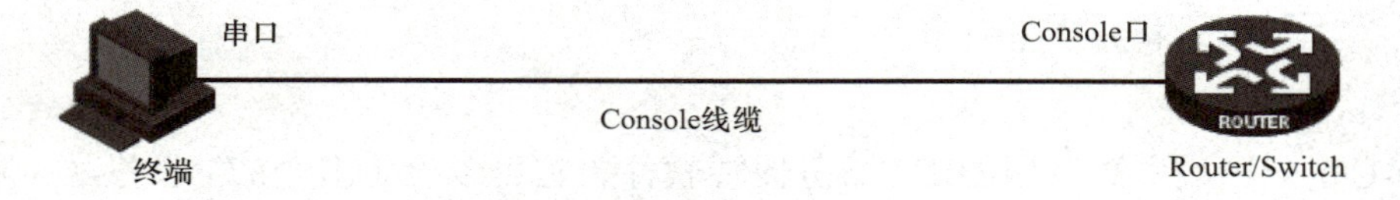

图3-1 连接配置线

步骤二：配置SecureCRT进入交换机配置界面

1）打开SecureCRT软件，如图3-2所示。

2）选择快速连接，如图3-3所示。

3）在“协议”中选择“Serial”，“端口”设置为“COM1”，“波特率”更改为“9600”，“数据位”为“8”，“奇偶校验”为“None”，“停止位”为“1”，取消流量控制，如图3-4所示。然后单击“连接”按钮，就可以配置交换机了。

温馨提示

实际应用中应以实际连接的COM端口号为准。现在有很多PC和笔记本计算机已经取消了COM口，这时可以使用USB转COM口线缆作为转化器，把此线路一头插入计算机USB口，安装好相应的驱动程序后，就可以连接配置线到交换机进行配置。

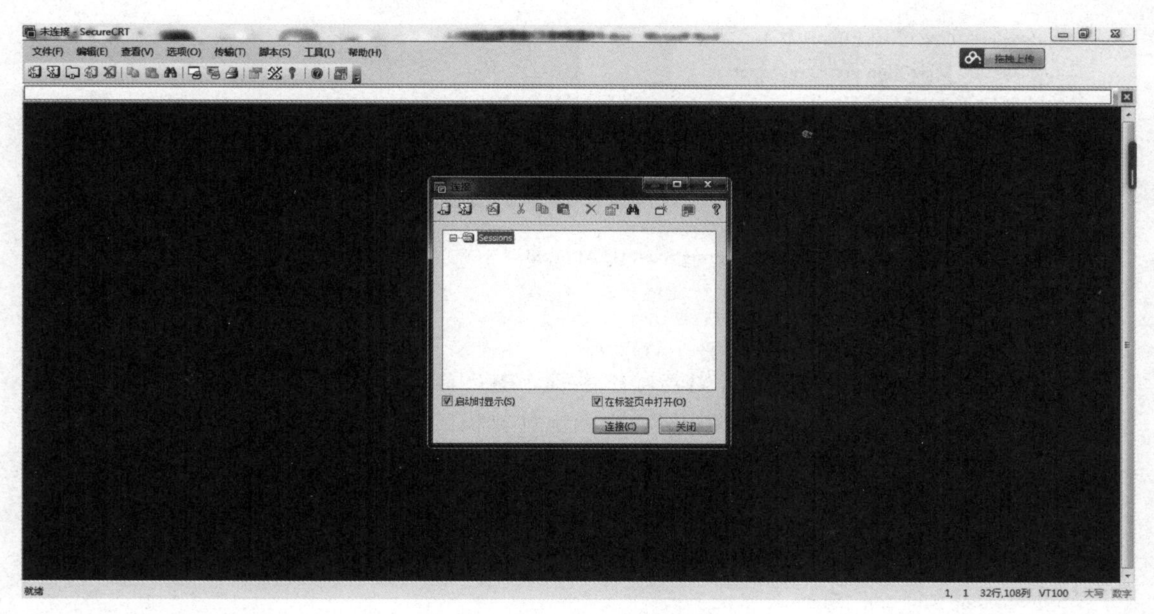

图3-2　打开SecureCRT软件

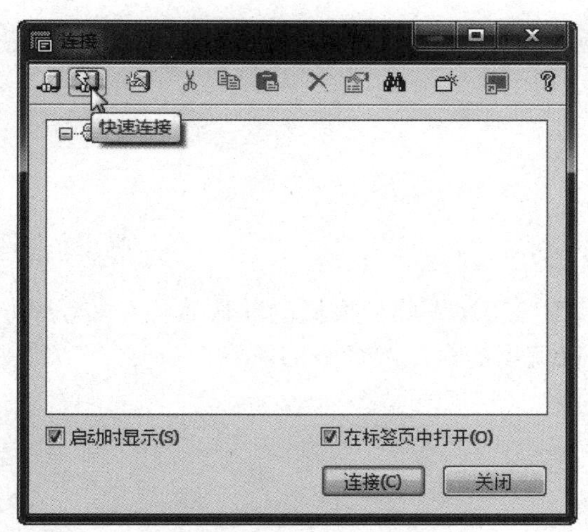

图3-3　快速连接

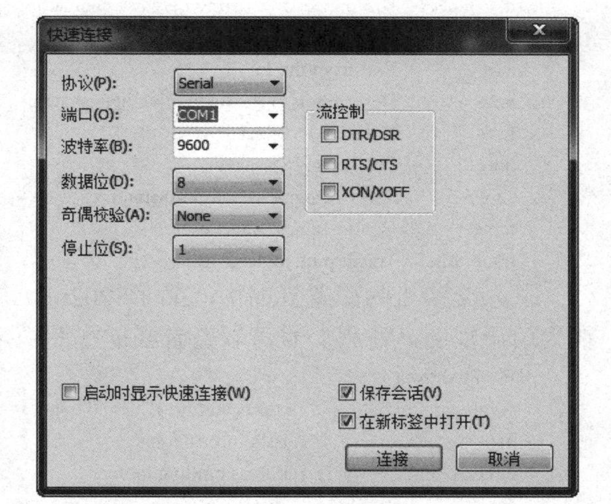

图3-4　配置串口属性

步骤三：配置交换机

1. 启动锐捷交换机S2026

System bootstrap ...

Boot Version: RGNOS 10.1.00(4), Release(18335)

Nor Flash ID: 0x00010049, SIZE: 2097152Byte

Using 100.000 MHz high precision timer.

Press Ctrl+B to enter Boot Menu ....

Load Ctrl Program ...

Using 100.000 MHz high precision timer.

Self decompressing the image :

[OK]

```
Ctrl Version: RGNOS 10.1.00(4), Release(18398)
Using 100.000 MHz high precision timer.
Press Ctrl+C to enter Ctrl Menu
Ruijie Network Operating System Software
Release Software (tm), RGNOS 10.1.00(4), Release(18440), Compiled Tue Jul 17 19:26:39 CST 2007 by nprdcs-2
Copyright (c) 1998-2007 by Ruijie Networks.
All Rights Reserved.
Neither Decompiling Nor Reverse Engineering Shall Be Allowed.
Using 100.000 MHz high precision timer.
00:00:00:19 S2026F %7:Device: M2026F (1) is UP.
00:00:00:42 S2026F %5:%COLDSTART: System coldstart.
```

从交换机的启动过程中可以看出其操作系统为RGNOS，版本号为10.1.00。启动过程中可以按<Ctrl+B>组合键进入BOOTROM（相当于计算机的BIOS），正常启动后开始自解压系统程序，并进入交换机配置界面。

2. ？号的用法

```
S2026F>?
Exec commands:
<1-99> Session number to resume
  disable       Turn off privileged commands
  disconnect    Disconnect an existing network connection
  enable        Turn on privileged commands
  exit          Exit from the EXEC
  help          Description of the interactive help system
  lock          Lock the terminal
  ping          Send echo messages
  show          Show running system information
  telnet        Open a telnet connection
  traceroute    Trace route to destination
```

进入交换机的配置界面中，显示S2026F>，其中S2026为此交换机的默认名称，>代表现在为用户视图。使用？号可以查看当前视图中可以使用的命令及命令的解释。

```
S2026F>show ?
  AggregatePort         AggregatePort IEEE 802.3ad
  aaa                   AAA Information
  address-bind          address binding table
  arp                   ARP table
  class-map             Show QoS Class Map
  clock                 Display the system clock
  cpu                   CPU using rate
  …
```

在命令后面输入“？”号，可以查看该命令的后续参数。

3. 进入特权视图

```
S2026F>enable                   ；进入特权模式
S2026F#                         ；#为特权模式
```

4. show命令的一些参数的用法

```
S2026F#dir                      ；显示目录
      Mode Link    Size           MTime Name
-------- ---- --------- ------------------- ------------------
<DIR>     1          0 1970-01-01 08:00:00 dev/
```

```
<DIR>     1          0 1970-01-01 08:00:04 ram/
<DIR>     2          0 1970-01-01 08:00:19 tmp/
<DIR>     0          0 1970-01-01 08:00:00 proc/
               1  6294080 1970-01-01 08:01:47 rgnos.bin
-------------------------------------------------------------
1 Files (Total size 6294080 Bytes), 4 Directories.
Total 31457280 bytes (30MB) in this device, 23994368 bytes (22MB) available.
```

可以从dir的命令显示中看出交换机的目录，其中rgnos.bin为交换机的主程序。同时可以看出此交换机的flash存储器大小为30MB，还剩22MB可用。

```
S2026F#show version                                          ；显示版本信息
System description         : Ruijie Broadband Managed Switch(S2026F) By Ruijie Network
System start time          : 1970-1-1 8:0:0
System hardware version    : 2.12
System software version    : RGNOS 10.1.00(4), Release(18440)
System boot version        : 10.1.18335
System CTRL version        : 10.1.18398
System serial number       : 1234942570710
Device information:
   Device-1
      Hardware version     : 2.1
      Software version     : RGNOS 10.1.00(4), Release(18440)
      BOOT version         : 10.1.18335
      CTRL version         : 10.1.18398
Serial Number              : 1234942570710
```

可以看出系统硬件版本为2.12，软件版本为RGNOS 10.1.00(4), Release(18440)，boot版本为10.1.18335，系统的序列号为1234942570710。显示系统版本信息的作用是，不一样的版本中命令会稍有不同，通过查看系统版本信息，可以明确此版本的功能特性。

```
S2026F#show cpu                                              ；显示cpu
CPU utilization in five seconds: 3%
CPU utilization in one minute  : 3%
CPU utilization in five minutes: 3%
```

此命令可以分别查看在过去的5s、1min和5min的CPU使用率。

```
S2026F#show users                                            ；显示用户
    Line       User       Host(s)           Idle      Location
*  0 con 0                idle              00:00:00
```

此命令可以显示当前登录的用户登录方式为Console口登录。

```
S2026F#show running-config                                   ；显示运行的配置文件
Building configuration...
Current configuration : 933 bytes
!
version RGNOS 10.1.00(4), Release(18440)(Tue Jul 17 19:26:39 CST 2007 -nprdcs-2)
!
vlan 1
!
interface FastEthernet 0/1
!
interface FastEthernet 0/2
!
interface FastEthernet 0/3
```

```
!
interface FastEthernet 0/4
!
interface FastEthernet 0/5
!
interface FastEthernet 0/6
!
interface FastEthernet 0/7
!
interface FastEthernet 0/8
!
interface FastEthernet 0/9
!
interface FastEthernet 0/10
!
interface FastEthernet 0/11
!
interface FastEthernet 0/12
!
interface FastEthernet 0/13
!
interface FastEthernet 0/14
!
interface FastEthernet 0/15
!
interface FastEthernet 0/16
!
interface FastEthernet 0/17
!
interface FastEthernet 0/18
!
interface FastEthernet 0/19
!
interface FastEthernet 0/20
!
interface FastEthernet 0/21
!
interface FastEthernet 0/22
!
interface FastEthernet 0/23
!
interface FastEthernet 0/24
!
line con 0
line vty 0 4
 login
!
End
```

从显示当前配置文件命令中，可以看到系统当前的配置信息，有24个以太网接口。例如，接口信息为interface FastEthernet 0/1，其中，interface代表接口，FastEthernet代表快速以太网接口，0/1中的0代表第一个模块，1代表该模块的第一个接口。

```
S2026F#show startup-config                        ；显示启动配置文件
```

```
S2026F#write                                  ；把运行的配置文件写入启动配置文件
Building configuration...
[OK]
S2026F#show startup-config                    ；显示启动的配置文件
```

以上命令显示启动的配置文件命令中的内容与前面的运行配置文件一样，此处略过不再显示。

温馨提示

以后的实验中，所做的任何配置都会直接更改运行的配置文件，不会改动启动的配置文件，如果此刻断电或交换机重启则刚才所做的配置就会丢失。只有利用write命令保存后，交换机运行的配置文件才会与启动的配置文件一致。

5. 进入配置模式

```
S2026F#configure                              ；进入配置模式
Enter configuration commands, one per line.  End with CNTL/Z.
```

进入配置模式后就可以对交换机进行配置。

6. 进入接口模式

```
S2026F(config)#interface ?                    ；查看接口种类
  Aggregateport      Aggregate port interface
  Dialer             Dialer interface
  FastEthernet       Fast IEEE 802.3
  Loopback           Loopback interface
  Multilink          Multilink-group  interface
  Null               Null interface
  Tunnel             Tunnel interface
  Virtual-ppp        Virtual PPP interface
  Virtual-template   Virtual Template interface
  Vlan               Vlan interface
  range              interface range command
```

此命令可以查看此交换机的物理接口和逻辑接口类型，FastEthernet为物理接口，其他接口为逻辑接口。

```
S2026F(config)#interface fastEthernet 0/1     ；进入快速以太网接口模式
S2026F(config-if)#exit                        ；退出
```

7. 进入vlan模式

```
S2026F(config)#vlan 1                         ；进入vlan模式
S2026F(config-vlan)#exit                      ；退出
S2026F(config)#exit                           ；退出到配置模式
S2026F#00:00:27:39 S2026F %5:Configured from console by console
```

8. 查看并删除配置文件

```
S2026F#dir                                    ；显示目录
    Mode Link    Size          MTime Name
-------- ---- --------- ------------------- ------------------
<DIR>      1        0 1970-01-01 08:00:00 dev/
<DIR>      1        0 1970-01-01 08:00:04 ram/
```

```
<DIR>    2         0 1970-01-01 08:00:19 tmp/
<DIR>    0         0 1970-01-01 08:00:00 proc/
              1  6294080 1970-01-01 08:01:47 rgnos.bin
              1      933 1970-01-01 08:19:10 config.text
------------------------------------------------------------
2 Files (Total size 6295013 Bytes), 4 Directories.
Total 31457280 bytes (30MB) in this device, 23998464 bytes (22MB) available.
```

可以看出保存配置文件后多出了config.text，其为保存的配置文件信息。

```
S2026F#del config.text                                   ；删除保存的配置文件
```

9．设置交换机主机名

```
S2026F (config)#hostname RG-S2026                        ；设置主机名
RG-S2026(config)# exit
RG-S2026#reload                                          ；重启交换机
System configuration has been modified. Save? [yes/no]:yes   ；保存更改
Proceed with reload? [confirm]                           ；确认重启
```

◆ 必备知识

一、交换机管理方式

带内管理：带内管理是指网络的管理控制信息与用户网络的承载业务信息通过同一个逻辑信道传输，也就是占用业务带宽。Telnet和SSH是常用的带内管理方式。

带外管理：网络的管理控制信息与用户承载业务信息在不同的逻辑信道，是交换机提供专门用于管理的带宽。现在的交换机都带有带外网管接口，使网络管理带宽与业务完全隔离互不影响，构成单独的网管网络。用Console口是最常用的带外管理方式。

二、常用的交换机配置软件

SecureCRT：SecureCRT支持SSH1、SSH2、Telnet、Rlogin、Serial和TAPI协议。其特点包括：对不同主机保持不同的特性、打印功能、颜色设置、可变屏幕尺寸、用户定义的键位图和优良的VT100、VT102、VT220和ANSI竞争。能从命令行中运行或从浏览器中运行。SecureCRT是网络管理员最常用的配置工具。

超级终端：超级终端是Windows 自带的一个串口调试工具，其使用较为简单，被广泛使用在串口设备的初级调试上，但Windows XP以后的操作系统不再集成。

PuTTY：PuTTY是一个Telnet、SSH（Secure Shell，安全外壳）、rlogin、纯TCP以及串行接口连线软件。

三、交换机配置模式的术语

锐捷的网络设备划分了多种配置模式，交换机进行用户权限管理的实现方法为，通过对用户在不同模式下进行授权，可以配置或查看相应的命令。通过Console线缆配置交换机，初始化时对控制台登录的用户没有限制。其中交换机的配置模式主要有：

1）用户模式（User Mode）：这是一种“只能查看”的模式，用户只能查看一些交换机的信息，不能更改。在超级终端软件中Ruijie>为用户模式。

2）特权模式（Privilege Mode）：这种模式支持调试和测试命令，支持对交换机的详细检查，支持对配置文件的操作，并且可以由此进入全局模式。在超级终端软件中Ruijie#为特权模式。

3）全局配置模式（Global Configuration Mode）：这种模式提供了强大的单行命令，可以完成简单的配置任务。同时可以在此模式中通过命令进入其他各种配置模式，例如，vlan配置模式、接口配置模式和路由模式等。在超级终端软件中Ruijie（config）#为全局配制模式。

4）VLAN配置模式：用户可以配置本VLAN成员以及各种属性。

5）接口配置模式：在全局配置模式，使用命令interface可以进入相应的接口配置模式。在此模式中可以配置接口属性参数。

四、交换机操作帮助特点

1）支持命令简写（按<TAB>键将命令补充完整）。

2）在每种操作模式下直接输入“?”显示该模式下的所有命令。

3）命令空格 “?”显示命令参数并对其解释说明。

4）字符“?”显示以该字符开头的命令。

5）命令历史缓存：按<Ctrl+P>组合键显示上一条命令，<Ctrl+N>组合键显示下一条命令。

6）错误提示信息。

五、交换机中的常用命令（见表3-1）

表3-1　交换机中的常用命令

命令	命令含义
Ruijie>**enable**	进入特权模式
Ruijie#**config**	进入配置模式
Ruijie（config）#**interface** interface-number	进入接口模式
Ruijie（config）#**vlan** vlan-id	进入vlan模式
Ruijie（config）#?	帮助信息
Ruijie（config）#**show version**	显示系统版本信息
Ruijie（config）#**show running-configuration**	显示运行的配置文件
Ruijie（config）#**show saved-configuration**	显示保存的配置文件
Ruijie#write	保存运行的配置文件到启动配置文件
Ruijie#del config.text	删除配置文件
Ruijie# reload	重启交换机

任务2　Telnet远程管理交换机

◆ 任务描述

在了解了交换机的带外管理后，本任务通过对交换机进行带内配置，设置vlan1的IP地址为192.168.0.1，启用Telnet服务器并设置远程登录用户；PC1通过网线连接交换机E0/1接口，就可以通过IP地址以远程的方式访问交换机，输入用户名和密码后，就可以对交换机进行远程管理。实验拓扑图如图3-5所示。

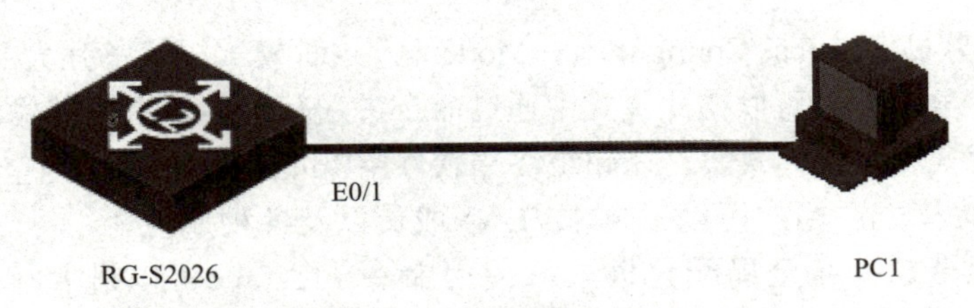

图3-5　Telnet实验拓扑图

◆ 任务实施

步骤一：配置终端

```
Ruijie# configure terminal
Enter configuration commands, one per line. End with CNTL/Z.
Ruijie(config)# interface vlan 1                          ；进入vlan接口模式
Ruijie(config-if)# ip address 192.168.01 255.255.255.0   ；设置IP地址
Ruijie(config-if)# end                                    ；退出
Ruijie(config)# enable password ruijie                    ；设置登录特权模式密码
Ruijie(config)# username telnet password ruijie           ；设置用户名和密码
Ruijie(config)# username telnet  privilege 15             ；设置用户权限级别为最高
Ruijie(config)# no aaa new-model                          ；停用AAA安全模式
Ruijie(config)# line vty 0 4                              ；进入虚拟终端视图
Ruijie(config-line)#login local                           ；设置线路登录进行本地认证
Ruijie(config)# enable password ruijie
```

步骤二：建立Telnet会话

在PC1的命令行中建立Telnet会话并管理远程交换机，远程交换机的IP地址是192.168.0.1。

```
C: >telnet 192.168.0.1                 ；建立到远程设备的 Telnet 会话
Trying 192.168.0.1 ... Open
User Access Verification               ；进入远程设备的登录界面
Password:
```

◆ 知识储备

一、用户管理级别

在默认情况下，系统只有两个受密码保护的授权级别：普通用户级别（1级）和特权用户级别（15级）。但是用户可以为每个模式的命令划分16个授权级别。通过给不同的级别设置密码，就可以通过不同的授权级别使用不同的命令集合。在特权用户级别密码没有设置的情况下，进入特权级别亦不需要密码校验。

二、AAA模式

AAA（Authentication Authorization and Accounting，认证、授权和计费）：它提供了对认证、授权和计费功能进行配置的一致性框架，锐捷网络设备产品支持使用AAA。

AAA以模块方式提供以下服务：

1）认证：验证用户是否可获得访问权，可选择使用RADIUS协议或Local。身份认证是在允许用户访问网络和网络服务之前对其身份进行识别的一种方法。通过定义一个身份认证方法的命名列表并将其应用于各个接口来配置AAA。方法列表定义了身份认证类型和执行顺序。在执行任何一个已定义的身份认证之前，必须将方法列表应用于一个特定的接口。默认方法列表是一个例外。如果没有其他方法列表被定义，则默认方法列表自动应用于所有接口。已定义的方法列表将覆盖默认方法列表。 除了本地的、线路密码和允许身份认证之外的所有身份认证方法必须通过AAA来定义。

2）授权：授权用户可使用哪些服务。AAA授权通过定义一系列的属性对来实现，这些属性对描述了用户被授权执行的操作。这些属性对可以存放在网络设备上， 也可以远程存放在RADIUS安全服务器上。所有授权方法都必须通过AAA定义。当AAA授权启用时，自动应用于网络设备上的所有接口。

3）记账：记录用户使用网络资源的情况。当AAA记账被启用时，网络设备便开始以统计记录的方式向RADIUS安全服务器发送用户使用网络资源的情况。每个记账记录都是以属性对的方式组成，并存放在安全服务器上，这些记录可以通过专门软件进行读取分析，从而实现对用户使用网络资源的情况进行记账、统计、跟踪。所有的记账方法必须通过AAA来定义。当AAA记账启用时，自动应用于网络设备的所有接口。

三、交换机常用命令（见表3-2）

表3-2 交换机常用命令

命令	命令含义
Ruijie(config)# **enable password [level** level] {password | encryption-type encrypted-password}	设置静态密码
Ruijie# **enable** [level] 和Ruijie# **disable** [level]	切换用户管理级别，从权限较低的级别切换到权限较高的级别需要输入相应级别的密码
Ruijie(config)# no aaa new-model	停用AAA安全模式
Ruijie(config)#**line** [aux | console | tty | vty]	进入指定的LINE模式。vty为虚拟终端，aux为备份终端，console为配置口
Ruijie(config-line)# **password** password	指定line线路密码
Ruijie(config-line)#login authentication {default | list-name}	AAA模式下应用方法列表
Ruijie(config-line)#transport input {all | ssh | telnet | none}	配置Line模式的访问协议
Ruijie(config-line)# **login** local	非AAA模式下，设置线路登录进行本地认证
Ruijie(config)# **interface vlan** vlan-id	进入vlan接口配置模式
Ruijie(config-vlan1)#ip address **ip-address** ip-subnetmask	设置vlan接口的IP地址
Ruijie(config)#**username** name [**password** password]	使用密码建立用户名身份认证
Ruijie(config)#**username** name [**privilege** level]	用户设置权限级别

任务3 配置交换机VLAN

◆ 任务描述

在了解了交换机的各种配置模式后，本任务配置多交换机的VLAN，并把接口加入预先规划的VLAN，达到不同部门的数据不在一个网络中传输，减小广播域同时增强了安全性。在此任务中，需要在交换机上设置连接的VLAN和接口对应关系，如图3-6所示。

PC1和PC3属于VLAN1，其IP地址分别为192.168.1.1和192.168.1.3；PC2和PC4属于VLAN2，其IP地址分别为192.168.1.2和192.168.1.4。

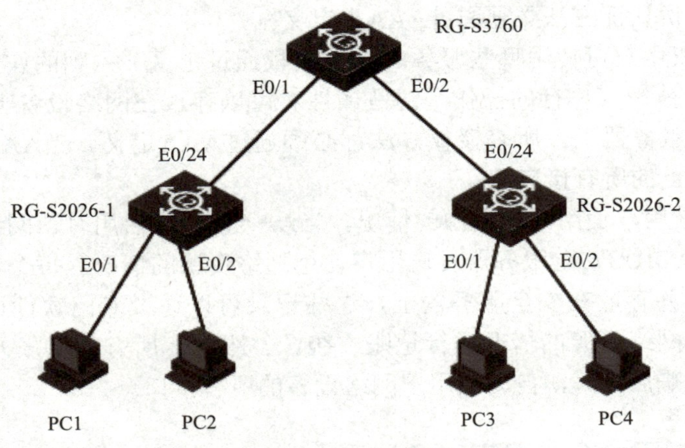

图3-6　VLAN技术与配置拓扑图

◆ 任务实施

步骤一：配置交换机RG-S2026-1

1. 创建vlan

```
RG-S2026-1(config)#vlan 1                        ；创建vlan1
RG-S2026-1 (config-vlan)#exit                    ；退出vlan模式
RG-S2026-1 (config)#vlan 2                       ；创建vlan2
RG-S2026-1 (config-vlan)#exit                    ；退出vlan模式
```

2. 把各接口加入vlan

```
RG-S2026-1 (config)#interface fastEthernet 0/1           ；进入接口
RG-S2026-1 (config-if)#switchport access vlan 1          ；配置接口属于vlan1
RG-S2026-1 (config)#interface fastEthernet 0/2           ；进入接口
RG-S2026-1 (config-if#switchport access vlan 2           ；配置接口属于vlan2
RG-S2026-1 (config-if)#exit                              ；退出
RG-S2026-1(config)# interface fastEthernet 0/24          ；进入接口
RG-S2026-1(config-if)#switchport mode trunk              ；配置接口为trunk端口
RG-S2026-1(config-if)#switchport trunk allowed vlan all  ；允许所有vlan通过
```

3. 显示交换机vlan信息

```
RG-S2026#show vlan                                       ；显示vlan信息
VLAN Name                              Status    Ports
---- ------------------------------ -            --------- ----------------------------------
   1 VLAN0001                   STATIC    Fa0/1, Fa0/3, Fa0/4, Fa0/5

                                          Fa0/6, Fa0/7, Fa0/8, Fa0/9

                                          Fa0/10, Fa0/11, Fa0/12, Fa0/13
```

```
                                                Fa0/14, Fa0/15, Fa0/16, Fa0/17

                                                Fa0/18, Fa0/19, Fa0/20, Fa0/21

                                                Fa0/22, Fa0/23, Fa0/24

    2 VLAN0002                        STATIC    Fa0/2, Fa0/24
```

4. 显示交换机配置文件

```
RG-S2026#show running-config                          ；显示交换机配置文件
    Building configuration...
    Current configuration : 992 bytes
    !
    version RGNOS 10.1.00(4), Release(18440)(Tue Jul 17 19:26:39 CST 2007 -nprdcs-2)
    hostname RG-S2026-1
    !
    vlan 1
    !
    vlan 2
    !
    interface FastEthernet 0/1
    !
    interface FastEthernet 0/2
    switchport access vlan 2
    !
    interface FastEthernet 0/3
    ……
```

从上面的配置文件中可以看出，此交换机已经创建了vlan1～5，接口3～8加入了vlan2，接口9～12加入了vlan3，接口13～16加入了vlan4，接口17、18加入了vlan5，其余端口属于默认vlan，也就是vlan1。

步骤二：配置交换机RG-S2026-2

1. 创建vlan

```
RG-S2026-2(config)#vlan 1                             ；创建vlan1
RG-S2026-2 (config-vlan)#exit                         ；退出vlan模式
RG-S2026-2 (config)#vlan 2                            ；创建vlan2
RG-S2026-2 (config-vlan)#exit                         ；退出vlan模式
```

2. 把各接口加入vlan

```
RG-S2026-2 (config)#interface fastEthernet 0/1        ；进入接口
RG-S2026-2 (config-if)#switchport access vlan 1       ；配置接口属于vlan1
RG-S2026-2 (config)#interface fastEthernet 0/2        ；进入接口
RG-S2026-2 (config-if#switchport access vlan 2        ；配置接口属于vlan2
RG-S2026-2(config-if)#exit                            ；退出
RG-S2026-2(config)# interface fastEthernet 0/24       ；进入接口
RG-S2026-2(config-if)#switchport mode trunk           ；配置接口为trunk端口
RG-S2026-2(config-if)#switchport trunk allowed vlan all   ；允许所有vlan通过
```

步骤三：配置交换机RG-S3760

1. 创建vlan

```
RG-S3760(config)#vlan 1
```

```
RG-S3760(config-vlan)#exit
RG-S3760(config)#vlan 2
RG-S3760(config-vlan)#exit
```

2. 把各接口加入vlan

```
RG-S3760(config)#interface range fastEthernet 0/1-2
RG-S3760(config-if-range)#switchport mode trunk
RG-S3760(config-if-range)#switchport trunk allowed vlan all
```

步骤四：测试PC之间的连通性

在配置正确的前提下PC1和PC3之间、PC2和PC4之间能通信，其他PC之间不能通信。

◆ 必备知识

VLAN是一种将局域网设备从逻辑上划分成多个网段从而实现虚拟工作组的数据交换技术。VLAN是为解决以太网的广播问题和安全性而提出的一种协议，协议名为IEEE 802.1Q，一个VLAN内部的广播和单播流量都不会转发到其他VLAN中，从而有助于控制流量、减少设备投资、简化网络管理、提高网络的安全性。

一、VLAN的工作原理

802.1Q协议规定交换机在以太网帧的基础上增加了标签（tag），其中包含VLAN ID，用VLAN ID把用户划分为不同的工作组，每个工作组就是一个虚拟局域网，也就从逻辑上限制不同工作组间的用户互访。网络中同时存在着Untag报文和Tag报文。

Untag报文就是普通的Ethernet报文，普通PC的网卡可以识别这样的报文进行通信。

Tag报文结构的变化是在源MAC地址和目的MAC地址之后，加上了4Bytes的VLAN信息，也就是VLAN Tag头，其中VLAN ID为区分VLAN的标志，VLAN ID的范围为1～4096，这样的报文普通PC的网卡是不能识别的，交换机能识别并进行处理，如图3-7所示。

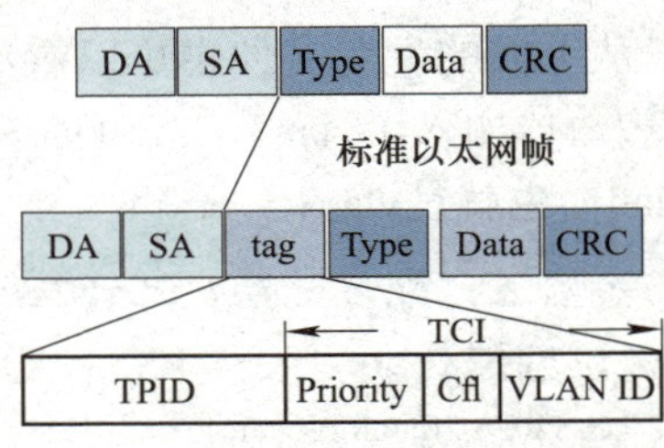

图3-7　带有IEEE802.1Q标记的以太网帧

二、交换机端口的链路类型

锐捷交换机的以太网端口有两种链路类型：Access和Trunk。

Access类型的端口只能属于1个VLAN，一般用于连接计算机的端口。

Trunk类型的端口可以允许多个VLAN通过，可以接收和发送多个VLAN的报文，一般用于交换机之间连接的端口。

默认VLAN：Access端口只属于1个VLAN，所以它的默认VLAN就是它所在的VLAN，不用设置；Trunk端口属于多个VLAN，所以需要设置默认VLAN ID。默认情况下，Trunk端口的默认VLAN为VLAN1。如果设置了端口的默认VLAN ID，当端口接收到不带VLAN Tag的报文后，则将报文转发到属于默认VLAN的端口；当端口发送带有VLAN Tag的报文时，如果该报文的VLAN ID与端口默认的VLAN ID相同，系统将去掉报文的VLAN Tag，然后再发送该报文，如图3-8所示。

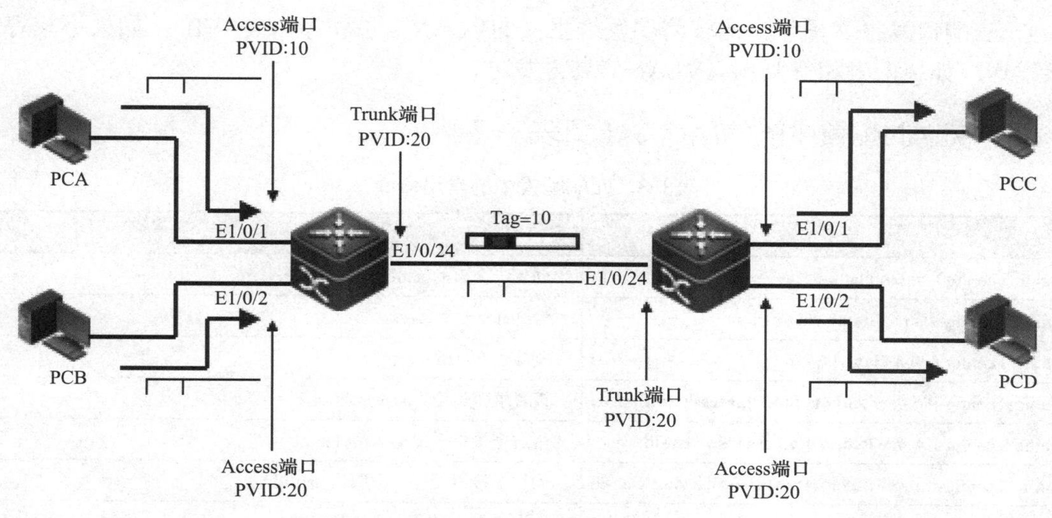

图3-8　PVID示意图

三、Access和Trunk端口处理报文的流程

锐捷交换机Access和Trunk端口处理报文的过程不同，造成应用的范围也不一样。一般情况下交换机和PC之间的链路为Access端口，两台交换机之间的链路为Trunk端口，如图3-9所示。

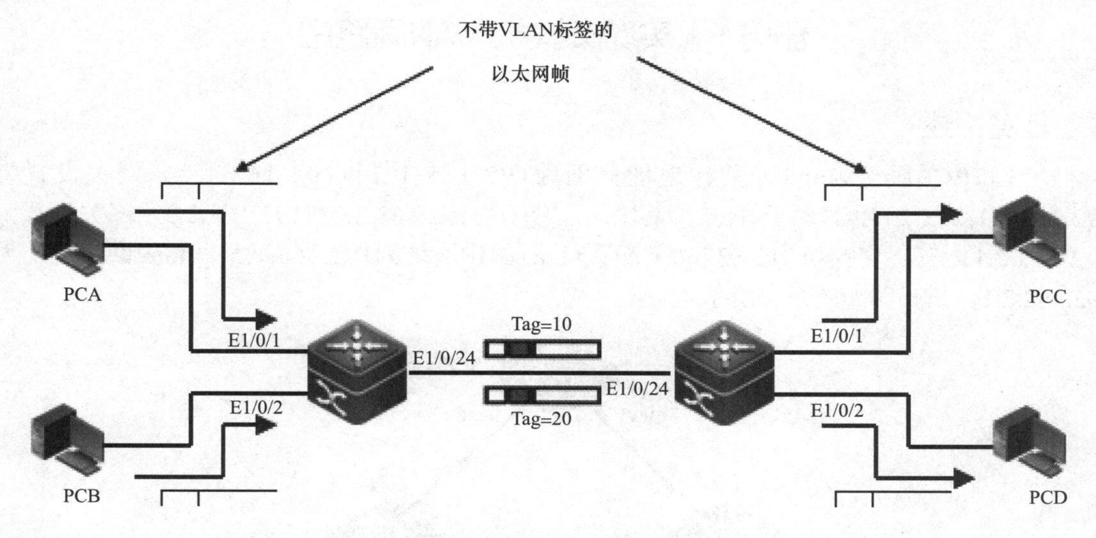

图3-9　VLAN标签规则

Access端口接收报文操作：收到一个报文，判断是否有VLAN信息：如果没有，则打上端口的PVID，并进行交换转发，如果有则直接丢弃。

Access端口发送报文操作：将报文的VLAN信息剥离，直接发送出去。

Trunk端口收报文操作：收到一个报文，判断是否有VLAN信息：如果有，则判断该Trunk端口是否允许该VLAN的数据进入：如果可以则转发，否则丢弃；如果没有VLAN信息则打上端口的PVID并进行交换转发。

Trunk端口发报文操作：比较将要发送报文的VLAN信息和端口的PVID，如果不相等则直接发送。如果两者相等则剥离VLAN信息再发送。

四、VLAN配置中的常用命令（见表3-3）

表3-3　VLAN配置中的常用命令

命令	命令含义
Ruijie（config）#**vlan** vlan-id	创建一个新的vlan或修改相应的vlan
Ruijie（config-vlan）#**name** vlan-name	为vlan取一个名字
Ruijie（config）#**no vlan** vlan-id	删除一个vlan
Ruijie（config-if）#**switchport mode{access|trunk}**	设置端口类型为access或trunk
Ruijie（config-if）#**switchport access vlan** vlan-id	将这个接口分配给一个vlan
Ruijie（config-if）#**switchport trunk native vlan** vlan-id	为这个接口设置一个默认vlan-id
Ruijie（config-if）#**switchport trunk allowed vlan** {all |[add|remove、except]} vlan-list	这个trunk口许可的vlan列表。vlan-list可以是一个vlan，也可以是系列vlan，以小的vlan-id开头，以大的vlan-id结尾，如10-20 all的含义是许可vlan列表中所有的vlan remove表示将指定的vlan从允许的vlan列表中删除 except表示将除列出的vlan列表外的所有vlan加入许可vlan列表
Ruijie#**show vlan** [id vlan-id]	显示所有或指定vlan的参数

任务4　实现交换机VLAN间路由

◆ 任务描述

PC1和PC3属于vlan1，其IP地址分别为192.168.1.2和192.168.1.3，网关设置为192.168.1.1；PC2和PC4属于vlan2，其IP地址分别为192.168.2.2和192.168.2.3，网关设置为192.168.2.1。三层交换机RG-S3760上配置vlan1的IP地址为192.168.1.1，vlan2的IP地址为192.168.2.1。拓扑图如图3-10所示。

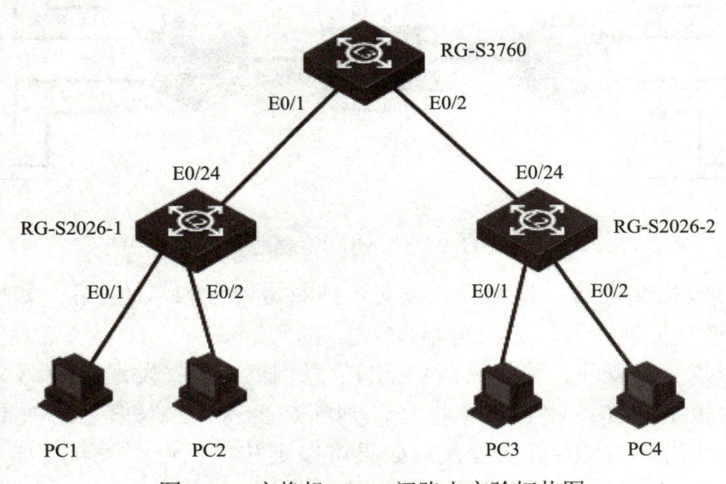

图3-10　交换机VLAN间路由实验拓扑图

◆ 任务实施

本任务关于VLAN配置部分参考上一个任务，此处不再赘述。

步骤一：配置交换机RG-S3760

1. 配置vlan接口及其IP地址

```
RG-S3760(config)#interface vlan 1                          ；进入虚拟接口vlan1
RG-S3760(config-if)#May 26 13:17:19 %LINEPROTO-5-UPDOWN: Line protocol on Interface VLAN 1, changed state to up
                                                           ；虚拟接口启动
RG-S3760(config-if)#ip address 192.168.1.1 255.255.255.0  ；设置IP地址
RG-S3760(config-if)#exit
RG-S3760(config)#interface vlan 2                          ；进入虚拟接口vlan2
RG-S3760(config-if)#May 26 13:17:40 %LINEPROTO-5-UPDOWN: Line protocol on Interface VLAN 2, changed state to up
RG-S3760(config-if)#ip address 192.168.2.1 255.255.255.0  ；设置IP地址
RG-S3760(config-if)#exit
```

2. 显示路由表

```
RG-S3760(config)#show ip route                             ；显示路由表项
Codes: C - connected, S - static, R - RIP B - BGP
       O - OSPF, IA - OSPF inter area
       N1 - OSPF NSSA external type 1, N2 - OSPF NSSA external type 2
       E1 - OSPF external type 1, E2 - OSPF external type 2
       i - IS-IS, su - IS-IS summary, L1 - IS-IS level-1, L2 - IS-IS level-2
       ia - IS-IS inter area, * - candidate default
Gateway of last resort is no set
C    192.168.1.0/24 is directly connected, VLAN 1
C    192.168.1.1/32 is local host.
C    192.168.2.0/24 is directly connected, VLAN 2
C    192.168.2.1/32 is local host.
```

通过显示路由表项命令，可以查看到此三层交换机已经有了192.168.1.0/24和192.168.2.0/24这两个网段的路由表项，如果客户端本地连接中设置了正确的网关地址，则可以在这两个网段之间路由。

步骤二：测试PC之间的连通性

在配置正确的前提下PC1和PC3之间、PC2和PC4之间能通信，其他PC之间不能通信。

◆ 必备知识

一、SVI接口

SVI接口（Switch Virtual Interface，交换机虚拟接口）是交换机的VLAN虚拟接口设置的IP地址，一个交换机虚拟接口代表一个由交换端口构成的VLAN，以便于实现系统中路由和桥接的功能。一个SVI只能和一个VLAN相联系。SVI有两种类型。

1. 主机管理接口

管理员可以利用该接口管理交换机。

2. 网关接口

用于三层交换机跨VLAN间路由。

一个交换机虚拟接口对应一个VLAN，当需要路由虚拟局域网之间的流量或桥接VLAN之间不可路由的协议，以及提供IP主机到交换机的连接的时候，就需要为相应的虚拟局域网配置相应的交换机虚拟接口。其实SVI就是指通常所说的VLAN接口，只不过它是虚拟的，用于连接整个VLAN，所以通常也把这种接口称为逻辑三层接口。

SVI接口是当在interface vlan全局配置命令后面键入具体的VLAN ID时创建的。可以用no interface vlan vlan_id全局配置命令来删除对应的SVI接口，只是不能删除VLAN 1的SVI接口（VLAN1），因为VLAN1接口是默认已创建的，用于远程交换机管理。应当为所有VLAN配置SVI接口，以便在VLAN间路由通信。也就是SVI接口的用途就是为VLAN间提供通信路由。

VLAN存在，并且在交换机的VLAN数据库中呈激活状态。

SVI接口要想启动，其所属VLAN中至少存在一个二层端口（访问端口或中继端口）的链路呈开启状态，并且这个链路在VLAN中是在生成树转发状态中。

在默认情况下，在一个VLAN有多个端口时，VLAN中的所有端口关闭后，SVI接口也将关闭。可以使用SVI自动状态排除特征来配置端口，使它不包括在SVI接口状态开关考虑范围内。例如，如果在VLAN中只有一个激活端口是镜像端口，则可以在该端口上配置自动状态排除，以便在所有其他端口关闭时关闭VLAN。在启用一个端口时，自动状态排除特征将应用到该端口上所连的所有已启用的VLAN中。

二、交换机常用命令（见表3-4）

表3-4 交换机常用命令

命令	命令含义
Ruijie(config)# **interface** vlan vlan-id	进入SVI接口配置模式
Ruijie(config-if)#**ip address** ip_address subnet_mask	配置IP地址和子网掩码
Ruijie(config-if)# **no switchport**	此命令可使物理接口或汇聚接口Shut Down，并转换成3层模式
Ruijie#**show interfaces** [interface-id]	显示指定接口的全部状态和配置信息
Ruijie#**show interfaces** interface-id status	显示接口的状态

任务5 配置路由器接口

◆ 任务描述

网络中有两台路由器RTA和RTB通过串口线背靠背相连，RTA连接RG-S5750，RTB连接RG-S3760，拓扑图如图3-11所示。本任务的目的是设置各路由器及三层交换机接口的协议及IP地址，最后测试网段的连通性，其IP地址分配见表3-5。

表3-5　IP地址分配

路由器/三层交换机	接口	IP地址
RTA	F0/0	192.168.200.1
	S3/0	192.168.201.1
RTB	F0/0	192.168.202.1
	S2/0	192.168.201.2
RG-S5750	Vlan100	192.168.200.2
RG-S3760	Vlan100	192.168.202.2
	VLAN1	192.168.1.1/24
	VLAN2	192.168.2.1/24

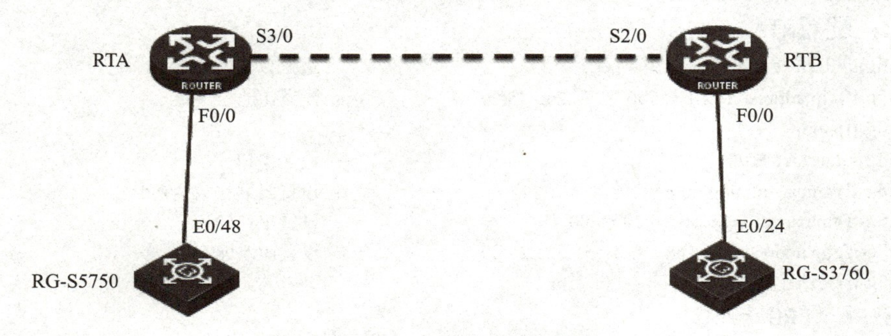

图3-11　配置路由接口拓扑图

◆ 任务实施

步骤一：配置RG-S3760

```
RG-S3760(config)#interface f0/24
RG-S3760(config-if)#switchport mode access                ；设置接口为接入模式
RG-S3760(config-if)#switchport access vlan 100            ；加入vlan100
RG-S3760(config-if)#exit                                  ；退出
RG-S3760(config)#interface vlan 1                         ；进入vlan1接口
RG-S3760(config-if)#ip address 192.168.1.1 255.255.255.0  ；设置IP地址
RG-S3760(config-if)#exit
RG-S3760(config)#interface vlan 2                         ；进入vlan2接口
RG-S3760(config-if)#ip address 192.168.2.1 255.255.255.0  ；设置IP地址
RG-S3760(config-if)#exit
RG-S3760(config)#interface vlan 100                       ；进入vlan100接口
RG-S3760(config-if)#ip address 192.168.202.2 255.255.255.0 ；设置IP地址
RG-S3760(config-if)#exit
RG-S3760(config)#
```

步骤二：配置RTB

```
RTB(config)#interface fastEthernet 0/0                ；进入以太网接口
RTB(config-if)#ip address 192.168.202.1 255.255.255.0 ；设置IP地址
RTB(config)#interface serial2/0                       ；进入串口
RTB(config-if)#encapsulation  ppp                     ；封装协议为PPP
RTB(config-if)#ip address 192.168.201.2 255.255.255.0 ；设置IP地址
```

```
RTB(config-if)#exit
RTB(config)#show ip route                                    ；显示路由表项
Codes:  C - connected, S - static,  R - RIP B - BGP
        O - OSPF, IA - OSPF inter area
        N1 - OSPF NSSA external type 1, N2 - OSPF NSSA external type 2
        E1 - OSPF external type 1, E2 - OSPF external type 2
        i - IS-IS, su - IS-IS summary, L1 - IS-IS level-1, L2 - IS-IS level-2
        ia - IS-IS inter area, * - candidate default

Gateway of last resort is no set
C    192.168.201.0/24 is directly connected, Serial 2/0
C    192.168.201.2/32 is local host.
C    192.168.202.0/24 is directly connected, FastEthernet 0/0
C    192.168.202.1/32 is local host.
```

步骤三：配置RTA

```
RTA(config)#interface f0/0                                   ；进入以太网接口
RTA(config-if)#ip address 192.168.200.1 255.255.255.0        ；配置IP地址
RTA(config-if)#exit
RTA(config)#interface S3/0                                   ；进入串口
RTB(config-if)#encapsulation  ppp                            ；设置封装协议为PPP
RTB(config-if)#physical-layer speed 2048000                  ；设置串口速度
RTA(config-if)#ip address 192.168.201.1 255.255.255.0        ；设置IP地址
RTA(config-if)#exit
```

步骤四：配置RG-5750

```
RG-S5750 (config)#interface g0/48                            ；进入接口
RG-S5750 (config-if)#switchport mode access                  ；设置为访问模式
RG-S5750 (config-if)#switchport access vlan 100              ；设置所属vlan
RG-S5750 (config-if)#exit
RG-S5750 (config)#interface vlan100                          ；进入虚拟接口vlan100
RG-S5750 (config-if)#ip address 192.168.200.2 255.255.255.0  ；配置IP地址
```

步骤五：测试连通性

通过ping命令依次测试每个网段，要求全部能够通信。

◆ 知识储备

一、路由器的术语

模块化路由器：主要是指该路由器的接口类型及部分扩展功能是可以根据用户的实际需求来配置的路由器，这些路由器在出厂时一般只提供最基本的路由功能，用户可以根据所要连接的网络类型来选择相应的模块，不同的模块可以提供不同的连接和管理功能。目前的多数路由器都是模块化路由器。

Console口：是带外配置交换机的串行接口，管理人员可以在PC上通过超级终端对路由器进行配置。

VTY：VTY是虚拟终端口，使用Telnet时进入的就是路由器的VTY口。路由器上有5个VTY口，分别为0、1、2、3、4。

以太网口：连接主机/路由器的以太网接口，可工作在10Mbit/s、100Mbit/s、1000Mbit/s等速率上。

逻辑接口：逻辑接口指能够实现数据交换功能但物理上不存在，需要通过配置建立的接口，包括Dialer（拨号）接口、子接品、LoopBack接口、NULL接口以及虚拟模板接口等。

路由表：路由表或称路由择域信息库（RIB）是一个存储在路由器或者联网计算机中的电子表格（文件）或类数据库。路由表存储着指向特定网络地址的路径（同时记录有路径的路由度量值）。路由表中含有此路由器周边的拓扑信息。路由表建立的主要目标是为了实现数据路由和转发。

插槽：插槽是为了拓展路由器端口数量及类型。一般有两种MIM和SIC插槽：MIM是一个较大的槽位，可以插入端口比较多的模块，比如，8端口增强异步串口模块、16端口增强异步串口接口模块等。SIC是小槽位，只能插端口密度较低的模块，比如，1端口同异步串口接口卡、1端口E1/CE1/PRI接口卡等。

接口模块：是为了满足不同的网络接入而开发的具有不同网络接口的板卡，有以太网模块、快速以太网模块、串行接口模块等。

串行接口：串行接口简称串口，也称串行通信接口，是采用串行通信方式的扩展接口，是远程接入端口，主要用于广域网接入，在以前的网络中，网络速率比较低。支持的主要协议有PPP、HDLC、帧中继，ATM等。串行接口按电气标准及协议来分包括RS-232-C、RS-422、RS-485等。

二、路由器的工作原理

路由器中时刻维持着一张路由表，所有报文的发送和转发都通过查找路由表从相应端口发送。这张路由表可以是静态配置的，也可以是动态路由协议产生的。物理层从路由器的一个端口收到一个报文，上送到数据链路层。数据链路层去掉链路层封装，根据报文的协议域上送到网络层。网络层首先看报文是否是送给本机的，若是，则去掉网络层封装送给上层。若不是，则根据报文的目的地址查找路由表，若找到路由，则将报文送给相应端口的数据链路层，数据链路层封装后，发送报文。若找不到路由，则丢弃报文。

三、路由器的选择

路由器在计算机网络中有着举足轻重的地位，是计算机网络的桥梁。路由器的选择影响着网络的转发性能，要从网络的流量、想完成的网络功能和预算等方面来综合考虑，一般通过以下几个方面来选择路由器。

1. 接口种类及数量

路由器首先要考虑集成的固定接口种类及数量。常见的接口种类有：通用串行接口（V.35 DTE/DCE接口）、10/100Mbit/s自适应以太网接口、千兆以太网接口、POS接口（155Mbit/s、622Mbit/s等）、E1/T1接口、E3/T3接口和PON接口（EPON上下行带宽均为1.25 Gbit/s，GPON下行带宽为2.5 Gbit/s，上行带宽为1.25 Gbit/s）等。

2. 用户可用槽数

该指标指模块化路由器中除CPU板或系统板专用槽位外用户可以使用的插槽数。根据该指标以及用户板端口密度可以计算该路由器所支持的最大端口数。

3. CPU

无论在中低端路由器还是在高端路由器中，CPU都是路由器的心脏。通常在中低端路由器中，CPU负责交换路由信息、路由表查找以及转发数据包。在上述路由器中，CPU的能力直接影响路由器的吞吐量（路由表查找时间）和路由计算能力（影响网络路由收敛时间）。在高端路由器中，通常包转发和查表由ASIC芯片完成，CPU只实现路由协议、计算路由以及分发路由表。由于技术的发展，路由器中许多工作都可以由硬件实现（专用芯片）。CPU性能并不完全反映路由器性能。路由器性能由路由器吞吐量、时延和路由计算能力等指标体现。

4. 内存

路由器中可能有多种内存，例如，Flash、DRAM等。内存用来存储配置、路由器操作系统、路由协议软件等内容。在中低端路由器中，路由表可能存储在内存中。通常来说路由器内存越大越好。

四、广域网协议

广域网协议指互联网上负责路由器与路由器之间连接的数据链路层协议。常见的广域网协议有PPP（Point to Point Protocol，点到点协议）、HDLC（High level Data Link Control，高级数据链路控制）、Frame-Relay、x.25、Slip。PPP为点对点的协议，是面向字符的控制协议。HDLC为高级数据链路控制协议，是面向位的控制协议。Frame-Relay为帧中继交换网，它是x.25分组交换网的改进，以虚电路的方式工作。

同步串口：它是一种常用的工业用通信接口。在这种接口协议下，每一响应数据帧的长度可在4～16位之间变化，数据帧总长度可达25位。同步串行通信必须以相同的时钟频率进行，大多数串口都是采用同步方式进行通信。

异步串口：主要是应用于Modem或Modem池的连接，用于实现远程计算机通过公用电话网拨入网络。这种异步端口相对于同步端口来说在速率上要求宽松许多，因为它并不要求网络的两端保持实时同步，只要求能连续即可。

DCE（Data Circuit-terminating Equipment，数据电路端接设备）：DCE是数据通信设备，如Modem，连接DTE设备的通信设备。它在DTE和传输线路之间提供信号变换和编码功能，并负责建立、保持和释放链路的连接。

DTE（Data Terminal Equipment，数据终端设备）：DTE提供或接收数据，连接到网络中的用户端机器，主要是计算机和终端设备。DTE与进行信令处理的DCE相连。它是用户—网络接口的用户端设备，可作为数据源、目的地或两者兼而有之。

V.35线缆：V.35是通用终端接口的规定，V.35线缆分为DTE和DCE两种，用户设备与电信设备连接时，用户设备采用DTE接口（俗称公头），电信设备采用DCE接口（俗称母头）。图3-12为V.35的DTE线缆。

图3-12　V.35线缆

五、PPP

PPP为在点对点链路上传输多协议数据包提供了一个标准方法。PPP是数据链路层协议，支持点到点的连接，这种链路提供全双工操作，物理层可以是同步电路或异步电路，具有各种NCP（Network Control Protocol，网络控制协议），如IPCP、IPXCP更好地支持了网络层协议；具有PAP/CHAP（Password Authentication Protocol/Challenge Handshake Authentication，密码验证协议/挑战握手身份认证协议），更好地保证了网络的安全性。PPP是目前广域网上应用最广泛的协议之一，它的优点在于简单、具备用户验证能力、可以解决IP分配等。

1. PPP的工作原理

PPP中提供了一整套方案来解决链路建立、维护、拆除、上层协议协商、认证等问题。PPP包含这样几个部分：LCP（Link Control Protocol，链路控制协议）；NCP；验证协议最常用的包括PAP和CHAP。

LCP负责创建、维护或终止一次物理连接。NCP是一族协议，负责解决物理连接上运行什么网络协议以及解决上层网络协议发生的问题。

2. PPP验证方式的选择

PPP协议栈中的认证协议有密码验证协议（PAP）和挑战握手验证协议（CHAP）。

（1）密码验证协议（PAP）

PAP是一种简单的明文验证方式。NAS（Network Access Server，网络接入服务器）要求用户提供用户名和密码，PAP以明文方式返回用户信息。很明显，这种验证方式的安全性较差，第三方可以很容易获取被传送的用户名和密码，并利用这些信息与NAS建立连接获取NAS提供的所有资源。所以，一旦用户密码被第三方窃取，PAP无法提供避免受到第三方攻击的保障措施。

（2）挑战——握手验证协议（CHAP）

CHAP是一种加密的验证方式，能够避免建立连接时传送用户的真实密码。NAS向远程用户发送一个挑战密码（Challenge），其中包括会话ID和一个任意生成的挑战字串（Arbitrary Challenge String）。远程客户必须使用MD5单向哈希算法（One-way Hashing Algorithm）返回用户名和加密的挑战密码、会话ID以及用户密码，其中用户名以非哈希方式发送。

CHAP对PAP进行了改进，不再直接通过链路发送明文密码，而是使用挑战密码以哈希算法对密码进行加密。因为服务器端存有客户的明文密码，所以服务器可以重复客户端进行的操作，并将结果与用户返回的密码进行对照。CHAP为每一次验证任意生成一个挑战字串来防止受到再现攻击（Replay Attack）。在整个连接过程中，CHAP将不定时向客户端重复发送挑战密码，从而避免第3方冒充远程客户（Remote Client Impersonation）进行攻击。

六、PPP配置中的常用命令（见表3-6）

表3-6　PPP配置中的常用命令

命令	命令含义
Ruijie（config）#**interface** type number	进入串口
Ruijie（config-if）#**encapsulation ppp**	启用PPP
Ruijie（config-if）#**PPP authentication {chap | ms-chap |pap}** {word | default}	定义支持的认证方法和实用的顺序
Ruijie（config-if）#**ip address** ip-address mask**[secondary]**	指定适当的IP地址
Ruijie（config-if）#**ppp chap hostname** hostname	设置CHAP认证的用户名
Ruijie（config-if）#**ppp chap password** {0/7} password	设置CHAP认证的密码
Ruijie（config-if）# **PPP authentication pap**	设置为PAP主验证方
Ruijie（config-if）#**ppp pap sent-username** username **password** password	PAP被验证方设置发送到PAP对端的用户名和密码
Ruijie（config）#**username** username {0/7}**password** password	PAP主验证方或CHAP认证配置用户
Ruijie（config-if）#**physical-layer speed**{64000 |2048000}	设置串口物理层速度

任务6　静态路由及默认路由

◆ 任务描述

本任务中各路由器和交换机的IP地址与项目3任务3的配置相同，此处就不再设置。通过在网络中所有的路由器和交换机上配置静态路由，达到所有设备之间都能通信。拓扑图如图3-13所示。

图3-13　静态路由拓扑图

◆ 任务实施

步骤一：配置三层交换机RG-S3760

```
RG-S3760(config)#ip route 192.168.201.0 255.255.255.0 192.168.202.1
                                                        ；添加静态路由
RG-S3760(config)#ip route 192.168.200.0 255.255.255.0 192.168.202.1
                                                        ；添加静态路由
RG-S3760#show ip route                                  ；显示路由表
Codes: C - connected, S - static,  R - RIP B - BGP
       O - OSPF, IA - OSPF inter area
       N1 - OSPF NSSA external type 1, N2 - OSPF NSSA external type 2
       E1 - OSPF external type 1, E2 - OSPF external type 2
       i - IS-IS, su - IS-IS summary, L1 - IS-IS level-1, L2 - IS-IS level-2
       ia - IS-IS inter area, * - candidate default
Gateway of last resort is no set
C    192.168.1.0/24 is directly connected, VLAN 1
C    192.168.1.1/32 is local host.
C    192.168.2.0/24 is directly connected, VLAN 2
C    192.168.2.1/32 is local host.
S    192.168.200.0/24 [1/0] via 192.168.202.1
S    192.168.201.0/24 [1/0] via 192.168.202.1
C    192.168.202.0/24 is directly connected, VLAN 100
C    192.168.202.2/32 is local host.
```

在显示RG-S3760的路由表时可以看到已经添加了两条静态路由（S）表项，分别为经网关192.168.202.1转发到达目的网段192.168.200.0/24；经网关192.168.202.1转发到达目的网段192.168.201.0/24。

步骤二：配置路由器RTB

```
RTB(config)#ip route 192.168.1.0 255.255.255.0 192.168.202.2          ；添加静态路由
RTB(config)#ip route 192.168.2.0 255.255.255.0 192.168.202.2          ；添加静态路由
RTB(config)#ip route 192.168.200.0 255.255.255.0 192.168.201.1        ；添加静态路由
RTB(config)#show ip route                                             ；显示路由表项
Codes: C - connected, S - static,  R - RIP B - BGP
       O - OSPF, IA - OSPF inter area
       N1 - OSPF NSSA external type 1, N2 - OSPF NSSA external type 2
       E1 - OSPF external type 1, E2 - OSPF external type 2
       i - IS-IS, su - IS-IS summary, L1 - IS-IS level-1, L2 - IS-IS level-2
       ia - IS-IS inter area, * - candidate default
Gateway of last resort is no set
S   192.168.1.0/24 [1/0] via 192.168.202.2
S   192.168.2.0/24 [1/0] via 192.168.202.2
S   192.168.200.0/24 [1/0] via 192.168.201.1
C   192.168.201.0/24 is directly connected, FastEthernet 0/1
C   192.168.201.2/32 is local host.
C   192.168.202.0/24 is directly connected, FastEthernet 0/0
C   192.168.202.1/32 is local host.
```

在显示RTB的路由表时可以看到已经添加了3条静态路由（S）表项，分别为经网关192.168.202.2转发到达目的网段192.168.1.0/24；经网关192.168.202.2转发到达目的网段192.168.2.0/24；经网关192.168.201.1转发到达目的网段192.168.200.0/24。

步骤三：配置RTA

```
RTA(config)# ip route 192.168.202.0 255.255.255.0 192.168.201.2       ；添加静态路由
RTA(config)# ip route 192.168.2.0 255.255.255.0 192.168.201.2         ；添加静态路由
RTA(config)# ip route 192.168.1.0 255.255.255.0 192.168.201.2         ；添加静态路由
RTA(config)#show ip route                                             ；显示路由表项
Codes: C - connected, S - static, R - RIP, B - BGP
       O - OSPF, IA - OSPF inter area
       N1 - OSPF NSSA external type 1, N2 - OSPF NSSA external type 2
       E1 - OSPF external type 1, E2 - OSPF external type 2
       i - IS-IS, su - IS-IS summary, L1 - IS-IS level-1, L2 - IS-IS level-2
       ia - IS-IS inter area, * - candidate default
Gateway of last resort is no set
S   192.168.1.0/24 [1/0] via 192.168.201.2
S   192.168.2.0/24 [1/0] via 192.168.201.2
C   192.168.200.0/24 is directly connected, FastEthernet 0/0
C   192.168.200.1/32 is local host.
C   192.168.201.0/24 is directly connected, FastEthernet 0/1
C   192.168.201.1/32 is local host.
S   192.168.202.0/24 [1/0] via 192.168.201.2
```

在显示RTA的路由表时可以看到已经添加了3条静态路由（S）表项，分别为经网关192.168.201.2转发到达目的网段192.168.1.0/24；经网关192.168.201.2转发到达目的网段192.168.2.0/24；经网关192.168.201.2转发到达目的网段192.168.202.0/24。

步骤四：配置RG-S5750

```
RG-S5750(config)#ip route 0.0.0.0 0.0.0.0 192.168.200.1          ；添加默认路由
RG-S5750(config)#show ip route                                   ；显示路由表项
Codes:  C - connected, S - static, R - RIP, B - BGP
        O - OSPF, IA - OSPF inter area
        N1 - OSPF NSSA external type 1, N2 - OSPF NSSA external type 2
        E1 - OSPF external type 1, E2 - OSPF external type 2
        i - IS-IS, su - IS-IS summary, L1 - IS-IS level-1, L2 - IS-IS level-2
        ia - IS-IS inter area, * - candidate default
Gateway of last resort is 192.168.200.1 to network 0.0.0.0
S*   0.0.0.0/0 [1/0] via 192.168.200.1
C    192.168.200.0/24 is directly connected, VLAN 100
C    192.168.200.2/32 is local host.
```

在显示RG-S5750的路由表项时，可以看到添加了一条默认路由（S*）表项，为经192.168.200.1到达0.0.0.0/0。为RG-S5750配置默认路由的目的是为了能远程配置此三层交换。

◆ 知识储备

一、静态路由的术语

路由：是指把数据从一条线路传送到另一条线路的行为和动作。

静态路由：静态路由是指由用户或网络管理员手工配置的路由信息。当网络的拓扑结构或链路的状态发生变化时，网络管理员需要手工去修改路由表中相关的静态路由信息。静态路由信息在默认情况下是私有的，不会传递给其他路由器。

默认路由：在路由表中，默认路由以目的网络为0.0.0.0、子网掩码为0.0.0.0的形式出现。如果数据包的目的地址不能与任何路由相匹配，那么系统将使用默认路由转发该数据包。

路由黑洞：一般是在网络边界做汇总回程路由的时候产生的一种现象，就是汇总前有一些网段并不在内网中存在，但是又包含在汇总后的网段中，如果在这个汇总的边界设备上同时还有默认路由指向它，当内网有个数据包发向那些内网没有的网段但是又包含在汇总网段的数据时，则会由默认路由发送到这个汇总的边界设备上，在这个设备上时又匹配这条汇总路由，所以又交回刚才发过来的那个路由器，也就是路由环路了，直到TTL值超时，丢弃。这是不愿意看到的现象，所以可以通过黑洞路由来解决。

黑洞路由：是一条特殊的静态路由，下一跳指向接口null0，一个不存在的接口，结果就是将匹配这条路由的数据包丢弃

null0：接口null0是一个逻辑接口，为空接口，是一个永不关闭的口，路由器将接到的某个源地址转向null0接口，把数据丢弃，这样对系统负载影响非常小。

静态路由的优先级：如果路由器有多条线路能到达相同的目的地，但是这些线路又有不同的带宽，则管理员可以将这些路由赋予不同的优先级，具有较高优先级（取值较小）的路由将成为最优路由出现在路由表中，具有较低优先级的路由作为备份。如果优先级相同则同时出现在路由表中，作为负载均衡线路出现。

二、默认路由的工作原理

路由器中对数据包进行转发时，针对目的地址在路由表中查找路由表项，如果有能匹

配此目的地址的路由表项，则进行转发；如果没有能匹配此目的地址的路由表项，则继续查看是否有默认路由，如果有默认路由，则进行转发，如果没有默认路由，则把数据包丢弃。

三、默认路由产生的方式

默认路由产生的方式有两种：一种为管理员手工设置的默认路由；另一种为动态路由中配置后自动产生的默认路由。

四、默认路由配置中的常用命令（见表3-7）

表3-7　默认路由配置中的常用命令

命令	命令含义
Ruijie（config）#**[no] ip route ip-address { mask | mask-length }** { interface-name | gateway-address } **[preference** preference-value **] [reject | blackhole]**	配置静态路由 ip-address和mask为目的IP地址和掩码，点分十进制格式，由于要求掩码32位中‘1’必须是连续的，因此点分十进制格式的掩码可以用掩码长度mask-length来代替，掩码长度为掩码中连续‘1’的位数 interface-name指定该路由的发送接口名，gateway-address为该路由的下一跳IP地址（点分十进制格式） preference-value为该路由的优先级别，范围0~255 reject指明为不可达路由 blackhole指明为黑洞路由
Ruijie（config）#**ip route 0.0.0.0 0.0.0.0** { interface-name | gateway-address } **[preference** preference-value **]**	配置默认路由
Ruijie（config）#**show ip route**	显示路由表摘要信息

任务7　路由信息协议

◆ 任务描述

本任务中各路由器和交换机的IP地址与本项目任务3的配置相同，此处就不再设置。通过在网络中所有的路由器和交换机上配置路由信息协议（Routing Information Protocol，RIP），达到所有设备之间都能通信。路由信息协议拓扑图如图3-14所示。

图3-14　路由信息协议拓扑图

◆ 任务实施

步骤一：配置RG-S5750

```
RG-S5750(config)#route rip                          ；进入RIP视图
RG-S5750(config-router)#network 192.168.200.0       ；配置此网段启动RIP
RG-S5750(config-router)#version 2                   ；配置RIP版本号为2
RG-S5750(config-router)#
```

步骤二：配置RTA

```
RTA(config)#route rip                               ；进入RIP视图
RTA(config-router)#network 192.168.200.0            ；配置此网段启动RIP
RTA(config-router)#network 192.168.201.0            ；配置此网段启动RIP
RTA(config-router)#version 2                        ；配置RIP版本号为2
```

步骤三：配置RTB

```
RTB(config)#route rip                               ；进入RIP视图
RTB(config-router)#network 192.168.201.0            ；配置此网段启动RIP
RTB(config-router)#network 192.168.202.0            ；配置此网段启动RIP
RTB(config-router)#version 2                        ；配置RIP版本号为2
```

步骤四：配置RG-S3760

```
RG-S3760(config)#route rip                          ；进入RIP视图
RG-S3760(config-router)#network 192.168.202.0       ；配置此网段启动RIP
RG-S3760(config-router)#network 192.168.1.0         ；配置此网段启动RIP
RG-S3760(config-router)#network 192.168.2.0         ；配置此网段启动RIP
RG-S3760(config-router)#version 2                   ；配置RIP协议版本号为2
```

步骤五：查看各路由器的路由表：

```
RTA(config)#show ip route                           ；显示路由表项
Codes: C - connected, S - static, R - RIP, B - BGP
       O - OSPF, IA - OSPF inter area
       N1 - OSPF NSSA external type 1, N2 - OSPF NSSA external type 2
       E1 - OSPF external type 1, E2 - OSPF external type 2
       i - IS-IS, su - IS-IS summary, L1 - IS-IS level-1, L2 - IS-IS level-2
       ia - IS-IS inter area, * - candidate default
Gateway of last resort is no set
R    192.168.1.0/24 [120/2] via 192.168.201.2, 00:00:17, FastEthernet 0/1
R    192.168.2.0/24 [120/2] via 192.168.201.2, 00:00:12, FastEthernet 0/1
C    192.168.200.0/24 is directly connected, FastEthernet 0/0
C    192.168.200.1/32 is local host.
C    192.168.201.0/24 is directly connected, FastEthernet 0/1
C    192.168.201.1/32 is local host.
R    192.168.202.0/24 [120/1] via 192.168.201.2, 00:00:07, FastEthernet 0/1
```

在显示RTA路由表项时可以看到，通过RIP获取了3条RIP路由表项，分别为目的网段192.168.1.0/24、192.168.2.0/24和192.168.202.0/24。其中R表示通过RIP获取；192.168.1.0/24表示目的网段；[120/2]中的120表示RIP优先级，2表示到达目的需要两跳；FastEthernet 0/1表示到达此目的网段的出接口。

```
RTB(config)#show ip route                           ；显示路由表项
Codes: C - connected, S - static,  R - RIP B - BGP
       O - OSPF, IA - OSPF inter area
       N1 - OSPF NSSA external type 1, N2 - OSPF NSSA external type 2
       E1 - OSPF external type 1, E2 - OSPF external type 2
```

```
        i - IS-IS, su - IS-IS summary, L1 - IS-IS level-1, L2 - IS-IS level-2
        ia - IS-IS inter area, * - candidate default
Gateway of last resort is no set
R    192.168.1.0/24 [120/1] via 192.168.202.2, 00:00:18, FastEthernet 0/0
R    192.168.2.0/24 [120/1] via 192.168.202.2, 00:00:17, FastEthernet 0/0
R    192.168.200.0/24 [120/1] via 192.168.201.1, 00:00:06, FastEthernet 0/1
C    192.168.201.0/24 is directly connected, FastEthernet 0/1
C    192.168.201.2/32 is local host.
C    192.168.202.0/24 is directly connected, FastEthernet 0/0
C    192.168.202.1/32 is local host.
```

在显示RTB路由表项时可以看到，通过RIP获取了3条RIP路由表项，分别为目的网段192.168.1.0/24、192.168.2.0/24和192.168.200.0/24。

```
RG-S3760(config)#show ip route                              ；显示路由表项
Codes:  C - connected, S - static,  R - RIP B - BGP
        O - OSPF, IA - OSPF inter area
        N1 - OSPF NSSA external type 1, N2 - OSPF NSSA external type 2
        E1 - OSPF external type 1, E2 - OSPF external type 2
        i - IS-IS, su - IS-IS summary, L1 - IS-IS level-1, L2 - IS-IS level-2
        ia - IS-IS inter area, * - candidate default
Gateway of last resort is no set
C    192.168.1.0/24 is directly connected, VLAN 1
C    192.168.1.1/32 is local host.
C    192.168.2.0/24 is directly connected, VLAN 2
C    192.168.2.1/32 is local host.
R    192.168.200.0/24 [120/2] via 192.168.202.1, 00:00:12, VLAN 100
R    192.168.201.0/24 [120/1] via 192.168.202.1, 00:00:12, VLAN 100
C    192.168.202.0/24 is directly connected, VLAN 100
C    192.168.202.2/32 is local host.
```

在显示RG-S3760路由表项时可以看到，通过RIP获取了两条RIP路由表项，分别为目的网段192.168.200.0/24和192.168.201.0/24。

```
RG-S5750(config)#show ip route                              ；显示路由表项
Codes:  C - connected, S - static, R - RIP, B - BGP
        O - OSPF, IA - OSPF inter area
        N1 - OSPF NSSA external type 1, N2 - OSPF NSSA external type 2
        E1 - OSPF external type 1, E2 - OSPF external type 2
        i - IS-IS, su - IS-IS summary, L1 - IS-IS level-1, L2 - IS-IS level-2
        ia - IS-IS inter area, * - candidate default
Gateway of last resort is no set
R    192.168.1.0/24 [120/3] via 192.168.200.1, 00:03:27, VLAN 100
R    192.168.2.0/24 [120/3] via 192.168.200.1, 00:03:27, VLAN 100
C    192.168.200.0/24 is directly connected, VLAN 100
C    192.168.200.2/32 is local host.
R    192.168.201.0/24 [120/1] via 192.168.200.1, 00:03:27, VLAN 100
R    192.168.202.0/24 [120/2] via 192.168.200.1, 00:03:27, VLAN 100
```

在显示RG-S5750路由表项时可以看到，通过RIP获取了4条RIP路由表项，分别为目的网段192.168.1.0/24、192.168.2.0/24、192.168.201.0/24和192.168.202.0/24。

```
RTA(config)#show ip rip                                     ；显示RIP信息
Routing Protocol is "rip"
  Sending updates every 30 seconds, next due in 11 seconds
```

```
Invalid after 180 seconds, flushed after 120 seconds
Outgoing update filter list for all interface is: not set
Incoming update filter list for all interface is: not set
Redistribution default metric is 1
Redistributing:
Default version control: send version 2, receive version 2
  Interface              Send  Recv
  FastEthernet 0/0       2     2
  FastEthernet 0/1       2     2
Routing for Networks:
  192.168.200.0 255.255.255.0
  192.168.201.0 255.255.255.0
Distance: (default is 120)
```

从RTA显示的RIP信息中可以看到，RIP每30s发送一次路由表；过期时间为180s，清除时间为120s；接口FastEthernet 0/0和FastEthernet 0/1发送和接收的RIP版本为2；发送路由的网段为192.168.200.0和192.168.201.0。

◆ 知识储备

一、RIP简介

在小型的、变化缓慢的互联网中，管理者可以用手工方式来建立和更改路由表。而在大型的、迅速变化的环境下，人工更新的办法慢得不能接受。这就需要使用自动更新路由表的方法，即所谓的动态路由协议，RIP是其中最简单的一种。

RIP是应用较早、使用较普遍的IGP（Interior Gateway Protocol，内部网关协议），适用于小型同类网络的一个自治系统（AS）内的路由信息的传递。RIP是基于距离矢量算法的。它使用"跳数"即metric来衡量到达目标地址的路由距离。它是一个用于路由器和主机间交换路由信息的距离向量协议。

RIP是基于距离矢量算法（距离是到达目的地的跳数，矢量是到达目的地的方向）的。由于RIP实现简单，迅速成为使用范围最广泛的路由协议之一。

在路由实现时，RIP作为一个系统长驻进程而存在于路由器中，负责从网络系统的其他路由器接收路由信息，从而对本地IP层路由表作动态的维护，保证IP层发送报文时选择正确的路由。同时负责广播本路由器的路由信息，通知相邻路由器作相应的修改。RIP处于UDP的上层，RIP所接收的路由信息都封装在UDP的数据包中，RIP在520号UDP端口上接收来自远程路由器的路由修改信息，并对本地的路由表做相应的修改，同时通知其他路由器。通过这种方式，达到全局路由的有效。

RIP用"更新"和"请求"这两种分组来传输信息。每个具有RIP功能的路由器每隔30s用UDP的520端口给与之直接相连的机器广播更新信息。更新信息反映了该路由器所有的路由选择信息数据库。路由选择信息数据库的每个条目由"局域网上能达到的IP地址"和"与该网络的距离"两部分组成。请求信息用于寻找网络上能发出RIP报文的其他设备。

RIP用"路程段数"（即"跳数"）作为网络距离的尺度。每个路由器在给相邻路由器发出路由信息时，都会给每个路径加上内部距离。

二、RIP常用命令（见表3-8）

表3-8　RIP常用命令

命令	命令的解释
RG(config)#route rip	进入RIP视图
RG(config-router)#network ip-address	包含两层含义：1）把子网的路由表项加入RIP路由表项；2）在此子网上接收和发送RIP数据包
RG(config-router)#version 1/2	设置RIP的版本号
RG(config-router)#show ip rip	显示RIP信息
RG(config-router)#show ip rip database	显示RIP数据库

任务8　OSPF路由协议

◆ 任务描述

本任务中各路由器和交换机的IP地址与本项目任务3中的配置相同，此处就不再设置。通过在网络中所有的路由器和交换机上配置OSPF（Open Shortest Path First，开放最短路径优先）协议，达到所有设备之间都能通信。拓扑图如图3-15所示。

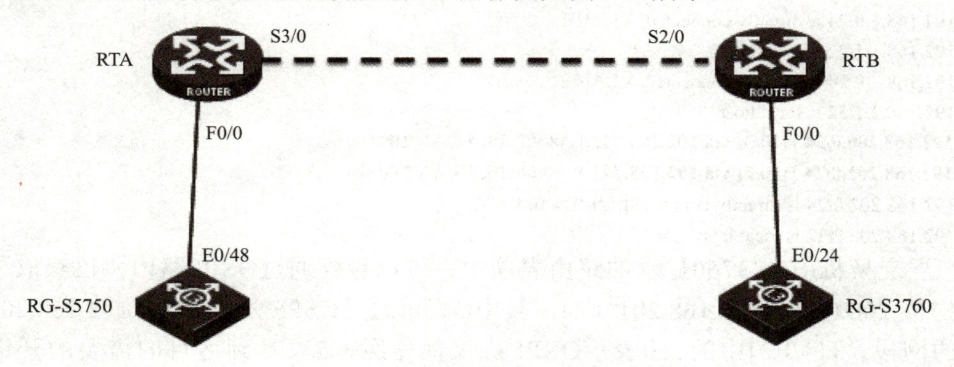

图3-15　OSPF路由协议网络拓扑图

◆ 任务实施

步骤一：配置RG-S5750

```
RG-S5750(config)#route ospf                                    ；启动OSPF
RG-S5750(config-router)#network 192.168.200.0 255.255.255.0 area 0
                                                               ；配置网段192.168.200.0属于区域0
```

步骤二：配置RTA

```
RTA(config)#route ospf                                         ；启动OSPF
RTA(config-router)#network 192.168.200.0 255.255.255.0 area 0
                                                               ；配置网段192.168.200.0属于区域0
RTA(config-router)#network 192.168.201.0 255.255.255.0 area 0
                                                               ；配置网段192.168.201.0属于区域0
```

步骤三：配置RTB

```
RTB(config)#route ospf                                   ；启动OSPF
RTB(config-router)#network 192.168.201.0 255.255.255.0 area 0
                                                         ；配置网段192.168.201.0属于区域0
RTB(config-router)#network 192.168.202.0 255.255.255.0 area 0
                                                         ；配置网段192.168.202.0属于区域0
```

步骤四：配置RG-S3760

```
RG-S3760(config)#route ospf                              ；启动OSPF
RG-S3760(config-router)#network 192.168.202.0 255.255.255.0 area 0
                                                         ；配置网段192.168.202.0属于区域0
RG-S3760(config-router)#network 192.168.2.0 255.255.255.0 area 0
                                                         ；配置192.168.2.0网段属于区域0
RG-S3760(config-router)#network 192.168.1.0 255.255.255.0 area 0
                                                         ；配置网段192.168.1.0属于区域0
```

步骤五：显示各路由器的路由表项

```
RG-S3760(config)#show ip route                           ；显示路由表项
Codes:  C - connected, S - static,  R - RIP B - BGP
        O - OSPF, IA - OSPF inter area
        N1 - OSPF NSSA external type 1, N2 - OSPF NSSA external type 2
        E1 - OSPF external type 1, E2 - OSPF external type 2
        i - IS-IS, su - IS-IS summary, L1 - IS-IS level-1, L2 - IS-IS level-2
        ia - IS-IS inter area, * - candidate default
Gateway of last resort is no set
C    192.168.1.0/24 is directly connected, VLAN 1
C    192.168.1.1/32 is local host.
C    192.168.2.0/24 is directly connected, VLAN 2
C    192.168.2.1/32 is local host.
O    192.168.200.0/24 [110/3] via 192.168.202.1, 00:00:15, VLAN 100
O    192.168.201.0/24 [110/2] via 192.168.202.1, 00:00:15, VLAN 100
C    192.168.202.0/24 is directly connected, VLAN 100
C    192.168.202.2/32 is local host.
```

在三层交换机RG-S3760显示的路由表项中，可以看到通过OSPF路由协议获取了两个网段192.168.200.0/24和192.168.201.0/24。其中O表示通过OSPF协议获取；192.168.200.0/24表示目的网段；[110/3]中的110表示OSPF协议优先级，3表示到达目的需要的开销值；192.168.202.1表示相联网关；VLAN100表示到达此目的网段的出接口。

```
RG-S5750(config)#show ip route                           ；显示路由表项
Codes:  C - connected, S - static, R - RIP, B - BGP
        O - OSPF, IA - OSPF inter area
        N1 - OSPF NSSA external type 1, N2 - OSPF NSSA external type 2
        E1 - OSPF external type 1, E2 - OSPF external type 2
        i - IS-IS, su - IS-IS summary, L1 - IS-IS level-1, L2 - IS-IS level-2
        ia - IS-IS inter area, * - candidate default
Gateway of last resort is no set
O    192.168.1.0/24 [110/4] via 192.168.200.1, 00:00:44, VLAN 100
O    192.168.2.0/24 [110/4] via 192.168.200.1, 00:00:44, VLAN 100
C    192.168.200.0/24 is directly connected, VLAN 100
C    192.168.200.2/32 is local host.
O    192.168.201.0/24 [110/2] via 192.168.200.1, 00:03:44, VLAN 100
O    192.168.202.0/24 [110/3] via 192.168.200.1, 00:02:28, VLAN 100
```

在三层交换机RG-S5750显示的路由表项中，可以看到通过OSPF路由协议获取了4个网段192.168.1.0/24 、192.168.1.0/24 、192.168.201.0/24和192.168.202.0/24。

```
RTB(config)#show ip route                                    ；显示路由表项
Codes: C - connected, S - static,  R - RIP B - BGP
       O - OSPF, IA - OSPF inter area
       N1 - OSPF NSSA external type 1, N2 - OSPF NSSA external type 2
       E1 - OSPF external type 1, E2 - OSPF external type 2
       i - IS-IS, su - IS-IS summary, L1 - IS-IS level-1, L2 - IS-IS level-2
       ia - IS-IS inter area, * - candidate default
Gateway of last resort is no set
O   192.168.1.0/24 [110/2] via 192.168.202.2, 00:01:18, FastEthernet 0/0
O   192.168.2.0/24 [110/2] via 192.168.202.2, 00:01:18, FastEthernet 0/0
O   192.168.200.0/24 [110/2] via 192.168.201.1, 00:03:03, FastEthernet 0/1
C   192.168.201.0/24 is directly connected, FastEthernet 0/1
C   192.168.201.2/32 is local host.
C   192.168.202.0/24 is directly connected, FastEthernet 0/0
C   192.168.202.1/32 is local host.
```

在路由器RTB显示的路由表项中，可以看到通过OSPF路由协议获取了3个网段192.168.1.0/24 、192.168.1.0/24 和192.168.200.0/24。

```
RTA(config)#show ip route                                    ；显示路由表项
Codes: C - connected, S - static, R - RIP, B - BGP
       O - OSPF, IA - OSPF inter area
       N1 - OSPF NSSA external type 1, N2 - OSPF NSSA external type 2
       E1 - OSPF external type 1, E2 - OSPF external type 2
       i - IS-IS, su - IS-IS summary, L1 - IS-IS level-1, L2 - IS-IS level-2
       ia - IS-IS inter area, * - candidate default
Gateway of last resort is no set
O   192.168.1.0/24 [110/3] via 192.168.201.2, 00:01:51, FastEthernet 0/1
O   192.168.2.0/24 [110/3] via 192.168.201.2, 00:01:51, FastEthernet 0/1
C   192.168.200.0/24 is directly connected, FastEthernet 0/0
C   192.168.200.1/32 is local host.
C   192.168.201.0/24 is directly connected, FastEthernet 0/1
C   192.168.201.1/32 is local host.
O   192.168.202.0/24 [110/2] via 192.168.201.2, 00:03:26, FastEthernet 0/1
```

在路由器RTA显示的路由表项中，可以看到通过OSPF路由协议获取了3个网段192.168.1.0/24 、192.168.1.0/24和192.168.202.0/24。

```
RTA(config)#show ip ospf neighbor                            ；显示OSPF邻居
OSPF process 1, 2 Neighbors, 2 is Full:
Neighbor ID      Pri  State       BFD State  Dead Time  Address        Interface
192.168.200.2    1    Full/DR         -      00:00:39   192.168.200.2  FastEthernet 0/0
192.168.202.1    1    Full/BDR        -      00:00:37   192.168.201.2  FastEthernet 0/1
```

在路由器RTA显示的OSPF邻居中，可以看到有两个邻居，它们之间的状态为Full状态。其中邻居192.168.200.2的优先级为1，在广播网络中的路由器状态为DR（指定路由器）。

◆ 必备知识

OSPF是由IETF开发的路由选择协议，它是公用协议，可用于任何厂家的设备中。

OSPF协议的工作原理：运行OSPF的路由器需要一个能够唯一标识自己的Router ID；每台路由器通过使用Hello报文与它的邻居之间建立邻接关系；每台路由器向每个邻居发送LSA（Link State Advertisement，链路状态通告），有时也叫LSP（Link State Packet，链路状态分组），每个邻居在收到LSP之后要依次向它的邻居转发这些LSP；每台路由器要在数据库中保存一份它所收到的LSA的备份，所有路由器的数据库应该相同；依照拓扑数据库每台路由器使用Dijkstra算法计算出到每个网络的最短路径，并将结果输出到路由选择表中。

OSPF协议的简化原理：发Hello报文→建立邻接关系→形成链路状态数据库→SPF算法→形成路由表。

一、OSPF协议的特点

OSPF协议相对于其他路由协议的特点如下：

1）快速适应网络变化。

2）在网络发生变化时，发送触发更新。

3）以较低的频率（每30min）发送定期更新，这被称为链路状态刷新。

4）支持不连续子网和CIDR。

5）支持手动路由汇总。

6）收敛时间短。

7）采用Cost作为度量值

8）使用区域概念，有效减少协议对路由器的CPU和内存的占用。

9）有路由验证功能，支持等价负载均衡。

二、OSPF协议的3张表

1．邻居表

两台路由器的OSPF协议要协同工作，基本要求就是二者形成全毗邻的邻接关系，而邻居表存储了OSPF路由器邻居的状态和邻居的其他信息。

2．拓扑数据库

OSPF用LSA来描述网络拓扑信息，LSDB（Link State Database，连接状态数据库）中存储着路由器产生或者收到的LSA。

3．OSPF路由表

基于LSDB进行SPF算法运算，计算出的路由存储在此表中，也就是说用于实际数据传送的路由存在此处。

三、OSPF的网络类型

广播型网络：比如，以太网、Token Ring和FDDI，这样的网络上会选举一个DR和BDR（备份指定路由器），DR/BDR发送的OSPF包的目标地址为224.0.0.5，运载这些OSPF包的帧的目标MAC地址为0100.5E00.0005；而除了DR/BDR以外的OSPF包的目标地址为224.0.0.6，这个地址叫AllDRouters。

NBMA网络：比如，x.25、Frame Relay和ATM不具备广播的能力，在这样的网络上要选举DR和BDR，则邻居要人工来指定。

点到多点网络：是NBMA网络的一个特殊配置，可以看成是点到点链路的集合。在这样的网络上不选举DR和BDR。

点到点网络：比如，T1线路是连接单独的一对路由器的网络，点到点网络上的有效邻居总是可以形成邻接关系的，在这种网络上，OSPF包的目标地址使用的是224.0.0.5，这个组播地址称为AllSPFRouters。

虚链接：它被认为是没有编号的点到点网络的一种特殊配置。OSPF报文以单播方式发送。

四、OSPF的DR与BDR

通过组播发送Hello报文，具有最高OSPF优先级的路由器会被选为DR（255最高）。如果OSPF优先级相同且具有最高路由器ID，则路由器会被选为DR。

DR与BDR的选举过程如下：

1）在和邻居建立双向通信之后，检查邻居的Hello包中Priority、DR和BDR字段，列出所有可以参与DR/BDR选举的邻居。所有的路由器声明它们自己就是DR/BDR（Hello包中DR字段的值就是它们自己的接口地址；BDR字段的值就是它们自己的接口地址。

2）从这个有参与选举DR/BDR权的列表中，创建一组没有声明自己就是DR的路由器的子集（声明自己是DR的路由器将不会被选举为BDR）。

3）如果在这个子集里，不管有没有宣称自己就是BDR，只要在Hello包中BDR字段就等于自己接口的地址，优先级最高的就被选举为BDR；如果优先级都一样，则RID最高的选举为BDR。

4）如果在Hello包中DR字段等于自己接口的地址，则优先级最高的就被选举为DR；如果优先级都一样，则RID最高的选举为DR；如果没有路由器宣称自己就是DR，那么新选举的BDR就成为DR。

5）要注意的是，在网络中已经选举了DR/BDR后，又出现了1台新的优先级更高的路由器，DR/BDR是不会重新选举的。

6）DR/BDR选举完成后，其他Router只和DR/BDR形成邻接关系。所有的路由器将组播Hello包到224.0.0.5，以便它们能跟踪其他邻居的信息。其他Router只组播update packet到224.0.0.6，只有DR/BDR监听这个地址。一旦出问题，DR将使用224.0.0.5泛洪更新到其他路由器。

五、OSPF路由协议命令（见表3-9）

表3-9　OSPF路由协议命令

命令	命令的解释
RG(config)#route OSPF	进入OSPF协议视图
RG(config-router)#network ip-address ip-netmask **area** area-id	包含两层含义：1）把子网的路由表项加入OSPF路由表项；2）在此子网上接收和发送OSPF协议数据包。area-id表示区域号码
RG(config-router)#show ip ospf neighbor	显示OSPF路由协议邻居

项目4　无线网络技术及应用

任务1　无线局域网技术

◆ 任务描述

本任务主要讲解什么是无线局域网、无线局域网的术语、802.11协议的工作原理和无线网络的参数，这些是无线局域网的基础，是必要的知识储备。

◆ 任务实施

无线局域网（Wireless Local Area Network，WLAN）是计算机网络与无线通信技术相结合的产物，其利用电磁波在空气中发送和接收数据，而无须线缆介质。Wi-Fi不是WLAN，它的全称为Wireless Fidelity，是一个无线网络通信技术的品牌，由Wi-Fi联盟（Wi-Fi Alliance）所持有，使用在经验证的基于IEEE 802.11标准的无线网络产品上。Wi-Fi联盟成立于1999年，当时的名称叫Wireless Ethernet Compatibility Alliance（无线以太网兼容性联盟，WECA），在2002年10月正式改名为Wi-Fi Alliance。

一、无线的术语

WLAN是计算机网络与通信相结合的产物，使用的电磁波频段为2.4GHz和5GHz，支持多用户，设计更加灵活。无线局域网采用的主要标准为IEEE 802.11a/b/g/n/ac。

胖AP（Access Point，访问接入点）：胖AP具有独立无线控制功能，不能实现无缝移动的控制。

瘦AP：瘦AP没有独立无线控制功能，必须与AC（Access Controller，访问控制器）联合实现无线控制功能。瘦AP之间可以通过AC实现无缝移动。

二、802.11协议的工作原理

在802.11协议为了解决暴露站和隐蔽站的问题，物理层采用了CSMA/CA（Carrier Sense Multiple Access with Collision Avoidance，载波侦听多路访问/冲突检测）协议。CSMA/CA协议实际上就是在发送数据帧之前先对信道进行预约。利用ACK信号来避免冲突的发生，也就是说，只有当客户端收到网络上返回的ACK信号后才确认送出的数据已经正确到达目的地址。

CSMA/CA的工作原理：

如果站A要向站B发送数据，那么，站A在发送数据帧之前要先向站B发送一个请求发送帧RTS（Request To Send）。在RTS帧中已说明将要发送的数据帧的长度。站B收到RTS帧后就向站A回应一个允许发送帧CTS（Clear To Send）。在CTS帧中也附上A要发

送的数据帧的长度（从RTS帧中将此数据复制到CTS帧中）。站A收到CTS帧后就可发送其数据帧了。

CSMA/CA提供了无线的共享访问，这种显式的ACK机制在处理无线问题时非常有效。然而不管是对于802.11还是802.3来说，这种方式都增加了额外的负担，所以802.11网络和类似的Ethernet网比较在性能上稍逊一筹。

三、无线参数

1. SSID

SSID（Service Set Identifier，服务集标识符）是无线网络中所有设备共享的网络名，也就是无线设备扫描无线网络时看到的无线网络标识。

2. WLAN信道列表

WLAN信道列表是IEEE 802.11（或称为Wi-Fi）无线网络应该使用的无线信道。802.11工作组划分了4个独立的频段：2.4GHz、3.6GHz、4.9GHz和5.8GHz，每个频段又划分为若干信道。2.4GHz频段范围内每隔5MHz分隔的频道有14个（除了第14信道与第13信道相隔了12MHz）。实现协议需要16.25MHz到22MHz的频率间距（见图4-1），否则相邻的信道重叠将彼此产生干扰。标准的建议解决方法是留下3个到4个信道的间距以避免干扰。在需要用到多个信道的场合一般选择信道1、信道6和信道11。

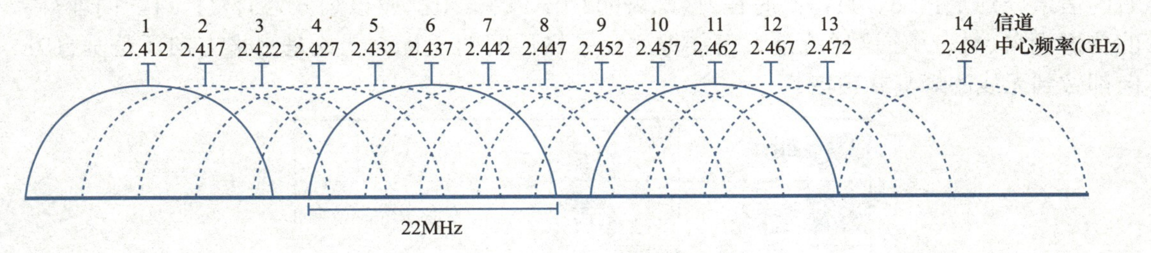

图4-1　WLAN信道列表

3. 无线标准的传输速率

802.11，制订于1997年，原始标准（传输速率为2Mbit/s，工作在2.4GHz频段）。

802.11a，制订于1999年，物理层补充（传输速率为54Mbit/s，工作在5GHz频段）。

802.11b，制订于1999年，物理层补充（传输速率为11Mbit/s，工作在2.4GHz频段）。

802.11g，物理层补充（传输速率为54Mbit/s工作在2.4GHz）。

802.11n，导入多重输入输出（MIMO）和40Mbit/s通道宽度（HT40）技术，基本上是802.11a/g的延伸版。

IEEE 802.11ac，工作在5GHz频段，它能够提供最少1Gbit/s带宽进行多站式无线局域网通信，或是最少500Mbit/s的单一连接传输带宽。

四、优化无线AP设置

1. 调整信道

由于只有部分国家开放了12～14信道频段，所以在一般情况下，使用1、6、11三个信道。人们可以在二维平面上使用1、6、11三个信道实现任意区域无相同信道干扰的无线部署，如图4-2所示。

6
6
6
11
11
1
1
1
6
6
11
11
11
1
1
6
6
6
11
11

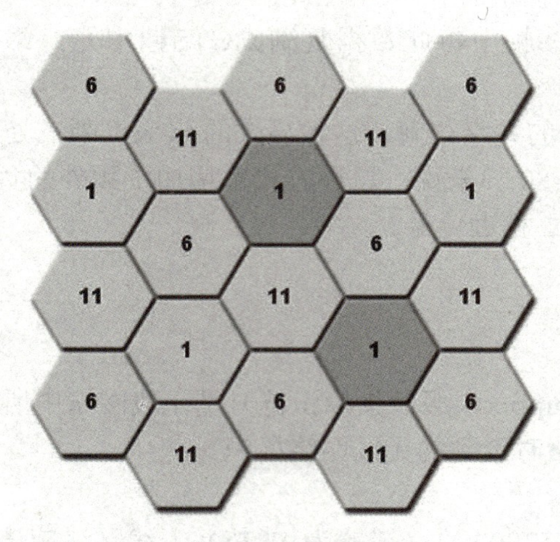

图4-2　二维平面信道分配

当某个无线设备的功率过大时，会出现部分区域有同频干扰，这时可以通过调整无线设备的发射功率来避免这种情况的发生。但是，在三维平面上，要想在实际应用场景中实现任意区域无同频干扰是比较困难的。

但在信道设置时要考虑三维空间的信号干扰，如图4-3所示。在1楼部署3个AP，从左到右的信道分别是1、6、11，此时在2楼部署的3个AP的信道就应该划分为6、11、1，同理3楼的信道为11、1、6。这样就最大可能地避免了楼层间的干扰，无论是水平方向还是垂直方向都做到无线的蜂窝式覆盖。

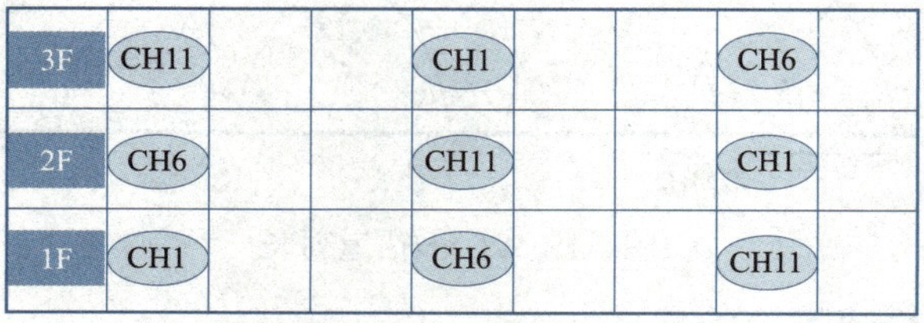

3F
CH11
CH1
CH6
2F
CH6
CH11
CH1
1F
CH1
CH6
CH11

图4-3　三维空间信道划分

2. 调整天线角度

AP选配不同的天线覆盖的角度是不一样的，在设备的工程安装过程中，由于天线的角度的偏差可能产生一些盲点和同频干扰，适当微调天线的角度可以改善信号质量和减少同频干扰。

3. 调整AP发射功率

可以在二维平面上使用1、6、11三个信道实现任意区域无相同信道干扰的无线部署。当某个无线设备功率过大时，会出现部分区域有同频干扰，这时可以通过调整无线设备的发射功率来避免这种情况的发生。但是，在三维平面上，要想在实际应用场景中实现任意区域无同频干扰是比较困难的。

WLAN系统使用的是CSMA/CA公平信道竞争机制，在这个机制中，STA在有数据发送时首先监听信道，如果信道中没有其他STA在传输数据，则首先随机退避一个时间，如果在这个时间内没有其他STA抢占到信道，则STA等待完后可以立即占用信道并传输数据。WLAN系统中每个信道的带宽是有限的，其有限的带宽资源会在所有共享相同信道的STA间平均分配。

为避免AP间的同频干扰，必要时应对同信道的AP功率进行适当调整，保证客户端在一个位置可见的同信道AP较强信号只有一个，同时要满足信号强度的要求（例如，不低于−75dBm）。

4．调整Beacon帧的发送时间

在默认情况下每一个AP每100ms就会发送一个Beacon信标报文，这个报文通告WLAN网络服务，同时和无线网卡进行信息同步。Beacon报文通常使用最小速率进行发送，而且优先级比较高，所以将Beacon发送的时间间隔从100ms调整到160ms，可以有效降低空口的消耗，对整个大楼WLAN网络应用会有一定的帮助。

5．关闭低速率

WLAN网络中不是使用固定的速率发送所有的报文，而是使用一个速率集进行报文发送（例如，11g支持1、2、5.5、11、6、9、12、18、24、36、48、54Mbit/s），实际无线网卡或者AP在发送报文的时候会动态地在这些速率中选择一个速率进行发送。通常提到的11g可以达到的速率主要指所有的报文采用54Mbit/s速率进行发送的情况，而且指的是一个空口信道的能力。实际上大量的广播报文和无线管理报文都使用最低速率1Mbit/s进行发送，所以会消耗一定的空口资源。在大楼网络中信号传输的距离不是问题，所以考虑将1、2、6和9Mbit/s速率禁用，这样整体上减少广播报文和管理报文对空口资源的占用。

◆ 知识储备

CSMA/CA协议遇到的问题

隐蔽站问题：假设有3个无线通信站A、B、C，A正在向B发送信息，而此时C也希望向B发送信息。由于A、C间的距离过远，C从信号上不知道A的存在。C决定发送信息，那么A与C的信号将会在B处冲突。此时A是C的隐藏站。

暴露站：假设有4个无线通信站A、B、C、D，B正在向A发送信息，而此时C希望向D发送信息。由于C在B的信号覆盖范围内，C检测到信号冲突，C进行了无谓的等待。此时B是C的暴露站。

任务2　无线局域网常见设备

◆ 任务描述

本任务中，介绍无线AP命名规则、路由器的外观、业务端口、配置端口、指示灯表示信号。此部分是为了加深对锐捷无线网络设备的基础认识。

◆ 任务实施

一、锐捷公司无线AP命名规则

RG-APxxx-yy：

AP（Access Point，无线接入点）：代表此款设备为锐捷无线AP，xxx代表系列，yy代表功能特性或版本。

例如，RG-AP220-E代表是220系列的无线AP，E代表增强型功能，有4个可扩展模块，同时固化1个10/100/1000Base-T以太网接口，有6根天线。

二、无线AP RG-AP220-E

RG-AP220-E是锐捷网络推出的面向下一代高速无线网络的无线接入点产品，采用了802.11n协议，每路射频单元可以提供高达300Mbit/s的接入速率，单个AP可以提供600Mbit/s的接入速率。RG-AP220-E采用双路双频设计，可支持同时工作在802.11a/n和802.11b/g/n模式。提供一个千兆光电复用端口上联。该产品为壁挂式，可安全方便地安装于墙壁、天花板等各种位置，提供6个RP-SMA外置天线接口，随机提供6个3dBi柱状全向天线。RG-AP220-E产品可支持本地供电与远程以太网供电模式，可根据客户现场供电环境进行灵活选择，特别适合部署在大型校园、企业办公、医院、运营热点等环境。它的外观如图4-4所示。

图4-4　RG-AP220-E外观

它的前面板接口、复位键和指示灯，如图4-5所示。

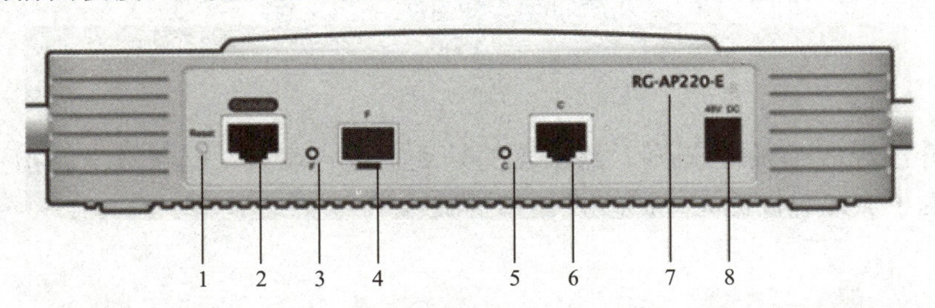

注：
1．设备复位按钮
2．Console口
3．光口状态LED灯（无光口版本则无此灯）
4．1000Base-X SFP端口
5．电口状态LED灯
6．10/100/1000Base-T自适应以太网端口
7．产品型号铭牌
8．直流适配器输入端口

图4-5　前面板图

AP设备上电后，其状态可通过AP设备上盖面板和正面板各指示灯判断，如图4-6所示。

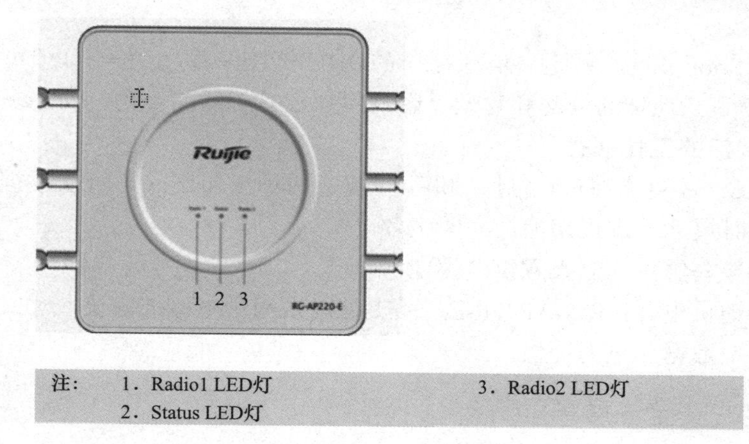

图4-6　AP上的面板指示灯

功能特性如下：

1．终端智能识别

RG-AP220-E全面支持苹果iOS、安卓和Windows等主流终端操作系统。

2．终端公平访问

RG-AP220-E将为802.11g、802.11n等不同类型的终端提供相同的访问时间，保证用户无论使用何种类型的终端，都将在相同的位置上获得同样良好的无线上网体验。

3．智能负载均衡

在高密度无线用户的情况下，RG-AP220-E将结合锐捷网络无线控制器智能实时地根据用户数及数据流量调整分配到不同AP上的接入服务，提高用户的平均带宽和QoS，提高连接的高可用性。它采用基于频段的负载均衡，使支持双频的用户终端优先接入5GHz频段，在不增加成本的前提下，能够增加大约30～40%的带宽利用率。

4．802.11n高速无线接入

RG-AP220-E将为客户带来全新的高速无线网络体验。通过采用IEEE 802.11n标准，其中的单路射频即可为客户带来6倍于传统802.11a/b/g无线网络的接入带宽，并发用户数量、覆盖范围也显著提高。

5．高性能千兆光电复用口上联

RG-AP220-E可提供一个10/100/1000Base-T以太网端口上联，千兆级的上联为802.11n设计，使有线口不再成为无线接入的速率瓶颈，同时提供一个千兆SFP端口复用，可适应不同客户现场的有线网络链路形态，组网更加灵活方便。

6．用户数据加密安全

RG-AP220-E产品支持完整的数据安全保障机制，可支持WEP、TKIP和AES加密技术，彻底保证无线网络的数据传输安全。通过虚拟无线接入点（Virtual AP）技术，整机可最大提供32个ESSID，支持32个802.1Q VLAN，网管人员可以对使用相同SSID的子网或VLAN单独实施加密和隔离，并可针对每个SSID配置单独的认证方式、加密机制等。

7．ARP欺骗的防护

ARP检测功能有效遏制了网络中日益泛滥的ARP网关欺骗和ARP主机欺骗的现象，保障了用户的正常上网。

8. DHCP安全

支持DHCP Snooping，只允许信任端口的DHCP响应，防止未经管理员许可私自架设DHCP Server、扰乱IP地址的分配和管理、影响用户正常上网的行为。

9. 业界最灵活的工作模式

RG-AP220-E产品可支持Fat（胖）和Fit（瘦）两种工作模式，可以根据不同行业客户的组网需求，随时灵活地进行切换，立即生效。

10. 方便部署与维护的以太网供电端口

除了支持本地供电外，RG-AP220-E产品支持以太网供电标准协议（802.3af），在以太网线缆上接受通信数据和电力提供。

三、无线AP安全注意事项

1）请将设备放置于通风处。

2）避免设备处于高温环境。

3）请将设备信号远离高压电缆。

4）请将设备安装在室内。

5）请将设备远离强雷暴、强电场环境。

6）请将设备保持清洁，防止灰尘污染。

7）在清洁设备前，请将电源拔下。

8）禁用湿布擦拭设备、禁用液体清洗。

9）请不要在设备工作时打开机壳。

10）确保电源与设备电压相符。

11）设备通电前，应确认所有天线口已接上天线。

◆ 知识储备

无线AP在无线接入网络中有着举足轻重的地位，是无线网络的桥梁。无线AP的选择影响着网络的转发性能，要从网络安全功能、网络的接入速率和预算等方面来综合考虑，一般通过以下几个方面来选择无线AP。

1）兼容的标准及速率：选购无线AP时，产品所支持的标准是首先应当注意的问题。迄今为止，电子电器工程师协会（IEEE）已经开发并制定了6种802.11无线局域网规范：802.11、802.11b、802.11a、802.11g、802.11n和802.11ac，人们常见的都是基于速度比较高的802.11g、802.11n或802.11ac标准的产品。对无线AP而言，更高的标准意味着更高的传输速率，同时也意味着更高的价格。

2）支持的安全功能：自WLAN普及以来，其安全性问题备受人们关注。毕竟谁也无法保证在空气中“传播”的数据资料不被他人窃取。主流无线AP已支持64/128位的WEP加密技术、WPA和WPA2加密技术，有效解决了无线局域网的安全问题。

3）无线覆盖能力：无线AP的信号强度将直接影响到无线网络的覆盖范围，而无线网络的覆盖范围又将影响到无线信号的收发与传输。目前，主流无线AP的室内覆盖半径一般为40～120m，室外覆盖半径为100～350m，部分产品借助外置定向天线覆盖半径能达到室外覆盖半径600m以上。决定无线网卡AP信号强度和覆盖半径的内部因素有很多，其中发射功率是影响最大的一个。一般来说，功率越大的产品，信号强度越好，覆盖范围越广。目前主流产品的发射功率在30～200mW之间，用户可根据自己实际环境的需要选择相应的型号。

任务3　使用企业级AP实现无线网络连接

◆ 任务描述

某企业购买了锐捷公司的无线AP220，管理员在核心交换机连接的无线AP的端口启动POE（Power Dver Ethernet，有源以太网）功能，配置连接无线AP接口的IP地址；配置无线AP为胖模式，配置DHCP服务为客户端分配192.168.254.0/24网段的IP地址，设置无线的SSID为wireless，周期性广播SSID。

◆ 任务实施

步骤一：配置无线AP WLZX2-RG-AP220

1．第一次登录AP配置时，需要切换AP为胖模式工作

```
Ruijie>ap-mode fat                                  ；切换无线AP为胖模式
Ruijie>enable                                       ；进入特权模式
Ruijie#conf                                         ；进入配置模式
Enter configuration commands, one per line. End with CNTL/Z.
Ruijie(config)#hostname WLZX2-RG-AP220              ；设置主机名
```

2．配置无线用户vlan和DHCP服务器

```
WLZX2-RG-AP220(config)#vlan 1                       ；创建无线用户vlan
WLZX2-RG-AP220(config)#service dhcp                 ；开启DHCP服务
WLZX2-RG-AP220(config)#ip dhcp excluded-address 192.168.254.1 192.168.254.2
                                                    ；排除IP地址范围
WLZX2-RG-AP220(config)#ip dhcp pool wireless        ；配置DHCP地址池，名称是“wireless”
WLZX2-RG-AP220(dhcp-config)#network 192.168.254.0 255.255.255.0
                                                    ；下发172.16.1.0地址段
WLZX2-RG-AP220(dhcp-config)#dns-server 8.8.8.8      ；下发DNS地址
WLZX2-RG-AP220(dhcp-config)#default-router 192.168.254.1 ；下发网关
WLZX2-RG-AP220(dhcp-config)#exit                    ；退出DHCP模式
```

注意：如果DHCP服务器在上联设备做，请在全局配置无线广播转发功能，否则会出现DHCP获取不稳定现象。命令如下：

```
WLZX2-RG-AP220(config)#data-plane wireless-broadcast enable
```

3．配置AP的以太网接口，让无线用户的数据可以正常传输

```
WLZX2-RG-AP220(config)#interface GigabitEthernet 0/1    ；进入上联端口
WLZX2-RG-AP220(config-if)#encapsulation dot1Q 1         ；封装为vlan1
```

注意：要封装相应的vlan，否则无法通信。

```
WLZX2-RG-AP220(config-if)#exit                          ；退出接口模式
```

4．配置WLAN，并广播SSID

```
WLZX2-RG-AP220(config)#dot11 wlan 1                     ；配置wlan1
WLZX2-RG-AP220(dot11-wlan-config)#vlan 1                ；关联vlan1
```

```
WLZX2-RG-AP220(dot11-wlan-config)#broadcast-ssid              ；广播SSID
WLZX2-RG-AP220(dot11-wlan-config)#ssid wireless               ；SSID名称为wireless
WLZX2-RG-AP220(dot11-wlan-config)#exit                        ；退出WLAN模式
```

5．在射频口上调用wlan-id，使能发出无线信号

```
WLZX2-RG-AP220(config)#interface Dot11radio 1/0               ；进入射频口
WLZX2-RG-AP220(config)#radio-type 802.11b                     ；设置为802.11b的2.4GHz频段
WLZX2-RG-AP220(config-if-Dot11radio 1/0.1)#encapsulation dot1Q 1
                                                              ；封装为vlan1
WLZX2-RG-AP220(config-if-Dot11radio 1/0)#11nsupport enable
                                                              ；支持802.11n
WLZX2-RG-AP220(config-if-Dot11radio 1/0)#channel 1            ；信道为channel 1,802.11n中互不干扰信道为1、6、11
WLZX2-RG-AP220(config-if-Dot11radio 1/0)#power local 100      ；功率改为100%(默认)
WLZX2-RG-AP220(config-if-Dot11radio 1/0)#wlan-id 1            ；关联wlan 1
WLZX2-RG-AP220(config-if-Dot11radio 1/0)#exit
```

注意：步骤3、4、5的顺序不能调换，否则配置不成功。

6．配置interface vlan地址和静态路由

```
WLZX2-RG-AP220(config)#interface BVI 1                        ；配置管理地址接口
WLZX2-RG-AP220(config-if-BVI 1)#ip address 192.168.254.2 255.255.255.0
                                                              ；该地址只能用于管理，不能作为无线用户网关地址
WLZX2-RG-AP220(config-if-BVI 1)#exit                          ；退出管理地址模式
WLZX2-RG-AP220(config)#ip route 0.0.0.0 0.0.0.0 192.168.254.1
                                                              ；配置默认路由指向192.168.254.1
WLZX2-RG-AP220(config)#end                                    ；结束配置
WLZX2-RG-AP220#write                                          ；保存配置
Building configuration...
[OK]
```

步骤二：在客户端测试无线接入

1．客户端收到无线信号并且关联成功（见图4-7）

图4-7　确认无线信号

2．确认无线网卡获取的IP地址是否正常（见图4-8）

```
C:\Users\qiao>ipconfig/all

Windows IP 配置

   主机名  . . . . . . . . . . . . . : qiao-PC
   主 DNS 后缀 . . . . . . . . . . . :
   节点类型  . . . . . . . . . . . . : 广播
   IP 路由已启用 . . . . . . . . . . : 否
   WINS 代理已启用 . . . . . . . . . : 否

以太网适配器 本地连接:

   媒体状态  . . . . . . . . . . . . : 媒体已断开
   连接特定的 DNS 后缀 . . . . . . . :
   描述. . . . . . . . . . . . . . . : Realtek PCIe GBE Family Controller
   物理地址. . . . . . . . . . . . . : F4-6D-04-F8-1E-AE
   DHCP 已启用 . . . . . . . . . . . : 是
   自动配置已启用. . . . . . . . . . : 是

无线局域网适配器 无线网络连接:

   连接特定的 DNS 后缀 . . . . . . . :
   描述. . . . . . . . . . . . . . . : Qualcomm Atheros AR9285 Wireless Network
Adapter
   物理地址. . . . . . . . . . . . . : 74-2F-68-1A-CD-B3
   DHCP 已启用 . . . . . . . . . . . : 是
   自动配置已启用. . . . . . . . . . : 是
   本地链接 IPv6 地址. . . . . . . . : fe80::1032:b24d:5b5d:d561%11(首选)
   IPv4 地址 . . . . . . . . . . . . : 192.168.254.3(首选)
   子网掩码  . . . . . . . . . . . . : 255.255.255.0
   获得租约的时间  . . . . . . . . . : 2015年2月9日 10:05:15
   租约过期的时间  . . . . . . . . . : 2015年2月9日 12:05:14
   默认网关. . . . . . . . . . . . . : 192.168.254.1
   DHCP 服务器 . . . . . . . . . . . : 8.8.8.8
   DHCPv6 IAID . . . . . . . . . . . : 192163688
   DHCPv6 客户端 DUID  . . . . . . . : 00-01-00-01-17-84-B8-00-74-2F-68-1A-CD-B3

   DNS 服务器  . . . . . . . . . . . : 8.8.8.8
   TCPIP 上的 NetBIOS  . . . . . . . : 已启用
```

图4-8　无线客户端获取IP地址

步骤三：显示无线AP的配置文件

WLZX2-RG-AP220#show running-config

Building configuration...

Current configuration : 2707 bytes

!

version RGOS 10.4(1T7), Release(98011)(Mon JAN 5 20:08:20 CST 2009 -ngcf67)

!

nfpp

 dhcpv6-guard enable

ip-guard enable

 dhcp-guard enable

 icmp-guard enable

 arp-guard enable

!

vlan 1

!

no service password-encryption

service dhcp

ip fragment-quota 200

!

ip dhcp excluded-address 192.168.254.1 192.168.254.2

!

```
ip dhcp pool wireless
 network 192.168.254.0 255.255.255.0
 dns-server 8.8.8.8
 default-router 192.168.254.1
!
wids
!
dot11 wlan 1
 vlan 1
 broadcast-ssid
 ssid wireless
!
interface GigabitEthernet 0/1
 encapsulation dot1Q 1
 duplex auto
 speed auto
!
interface Dot11radio 1/0
 smps dynamic
 apsd enable
 wmm edca-radio voice aifsn 1 cwmin 2 cwmax 3 txop 47
 wmm edca-radio video aifsn 1 cwmin 3 cwmax 4 txop 94
 wmm edca-radio best-effort aifsn 3 cwmin 4 cwmax 6 txop 0
 wmm edca-radio back-ground aifsn 7 cwmin 4 cwmax 10 txop 0
 wmm edca-client voice aifsn 2 cwmin 2 cwmax 3 txop 47 len 0
 wmm edca-client voice cac optional
 wmm edca-client video aifsn 2 cwmin 3 cwmax 4 txop 94 len 0
 wmm edca-client video cac optional
 wmm edca-client best-effort aifsn 3 cwmin 4 cwmax 10 txop 0 len 0
 wmm edca-client back-ground aifsn 7 cwmin 4 cwmax 10 txop 0 len 0
 wmm enable
 station-role root-ap
 mac-mode localc
 short-preamble
 chan-width 20
 radio-type 802.11b
 11nsupport enable
 channel 1
 speed-mode auto
 loadblance 60
 coverage-rssi 10
 country-code CNI
 radio-mode 11ng_ht20
 wlan-id 1
 duplex auto
 speed auto
!
interface Dot11radio 1/0.1
 encapsulation dot1Q 1
 mac-mode fat
```

```
 short-preamble
!
interface Dot11radio 2/0
 smps dynamic
 apsd enable
 wmm edca-radio voice aifsn 1 cwmin 2 cwmax 3 txop 47
 wmm edca-radio video aifsn 1 cwmin 3 cwmax 4 txop 94
 wmm edca-radio best-effort aifsn 3 cwmin 4 cwmax 6 txop 0
 wmm edca-radio back-ground aifsn 7 cwmin 4 cwmax 10 txop 0
 wmm edca-client voice aifsn 2 cwmin 2 cwmax 3 txop 47 len 0
 wmm edca-client voice cac optional
 wmm edca-client video aifsn 2 cwmin 3 cwmax 4 txop 94 len 0
 wmm edca-client video cac optional
 wmm edca-client best-effort aifsn 3 cwmin 4 cwmax 10 txop 0 len 0
 wmm edca-client back-ground aifsn 7 cwmin 4 cwmax 10 txop 0 len 0
 wmm enable
 station-role root-ap
 mac-mode localc
 short-preamble
 chan-width 20
 radio-type 802.11n
 channel 1
 speed-mode auto
 loadblance 60
 coverage-rssi 10
 country-code CNI
 radio-mode 11ng_ht20
 duplex auto
 speed auto
!
interface BVI 1
 ip address 192.168.254.2 255.255.255.0
!
ip route 0.0.0.0 0.0.0.0 192.168.254.1
!
line con 0
 password ruijie
line vty 0 4
 login
 password ruijie
!
!
end
Ruijie#
```

从上面的配置中可以看出，该无线AP已经配置了DHCP服务器，为客户端提供的IP地址范围为192.168.254.3～192.168.254.254；已经启动了无线局域网，ID为1，SSID为wireless，同时此无线局域网属于vlan1；射频接口Dot11radio 1/0使用的频道为1，功率为100%，关联wlan1；射频子接口Dot11radio 1/0.1中的数据包属于vlan1；设置管理接口的IP地址为

192.168.254.2，设置默认路由指向192.168.254.1，并且自动启动了一些安全技术，例如，ip-guard、dhcp-guard、icmp-guard和arp-guard。

◆ 必备知识

无线AP配置命令（见表4-1）

表4-1 无线AP配置命令

命令	命令含义
Ruijie>ap-mode fat	设置无线AP为胖模式
Ruijie (config)# **interface** interface-id .sub-interface-id	子接口ID
Ruijie (config-subif)# **encapsulation dot1Q** vlan-id	为子接口封装VLAN
Ruijie (config)# **interface BVI** bvi-id	该命令由于创建或访问一个BVI（Bridge Virtual Interface，桥虚拟接口），并进入接口配置模式
Ruijie (config)#**data-plane wireless-broadcast enable**	如果AP没有启动DHCP服务器，则需要配置启动无线广播转发功能，否则会出现DHCP获取不稳定现象
Ruijie (config)#**dot11 wlan** wlan-id	配置WLAN
Ruijie (dot11-wlan-config)#**broadcast-ssid**	广播SSID
Ruijie (dot11-wlan-config)#**vlan** vlan-id	关联VLAN
Ruijie (dot11-wlan-config)#**ssid** ssid	设置SSID名称
Ruijie (config)#**interface Dot11radio** interface-id -interface-id .sub	进入射频子接口
Ruijie (config-if-Dot11radio 1/0.1)#**encapsulation dot1Q** vlan-id	为射频子接口封装VLAN
Ruijie (config-if-Dot11radio 1/0.1)#**mac-mode fat**	设置MAC模式为胖模式
Ruijie (config)#**interface Dot11radio 1/0**	进入射频口
Ruijie (config)#radio-type 802.11n	配置为802.11n
Ruijie (config-if-Dot11radio 1/0)#**channel** channel-id	设置信道
Ruijie (config-if-Dot11radio 1/0)#**power local** percent	配置功率百分比
Ruijie (config-if-Dot11radio 1/0)#**wlan-id** number	关联WLAN

任务4 配置企业级AP的高级选项

◆ 任务描述

某企业管理员对无线AP进行了基础配置，发现有一些其他公司的员工接入了本公司的AP，造成了一些安全隐患。他决定对无线AP启动无线安全验证模式，使用WPA认证模式，加密模式为AES，并配置为PSK共享密钥，密钥为12345678。

◆ 任务实施

步骤一：配置无线设备WLZX2-RG-AP220

```
WLZX2-RG-AP220(config)#wlansec 1                    ；进入无线安全配置模式
WLZX2-RG-AP220(wlansec)#security wpa enable          ；启动WPA认证模式
```

```
WLZX2-RG-AP220(wlansec)#security wpa ciphers aes enable                  ；配置WPA的加密模式为AES
WLZX2-RG-AP220(wlansec)#security wpa akm psk set-key ascii 12345678      ；配置PSK共享密码
WLZX2-RG-AP220(config)#show wlan security 1                              ；显示无线安全配置信息
Security Policy          :WPA none (no AKM)
WPA version              :WPA1
AKM type                 :PSK or 802.1x
pairwise cipher type     :AES
group cipher type        :AES
WLAN SSID                :wireless
wpa_passhraselen         :8
wpa_passphrase           :
31 32 33 34 35 36
WEP auth mode            :open or share-key
```

步骤二：在客户端测试无线接入

客户端可以确认收到无线信号，输入密码并且关联成功后，显示无线为加锁状态，如图4-9所示。

图4-9　无线认证接入

步骤三：查看无线AP配置命令

```
WLZX2-RG-AP220(config)#show running-config
Building configuration...
Current configuration : 2511 bytes
!
```

```
version RGOS 10.4(1T7), Release(98011)(Mon JAN 5 20:08:20 CST 2009 -ngcf67)
!
nfpp
 dhcpv6-guard enable
 dhcp-guard enable
!
vlan 1
!
no service password-encryption
ip fragment-quota 200
!
wids
!
dot11 wlan 1
 vlan 1
 broadcast-ssid
 ssid wireless
!
data-plane wireless-broadcast enable
interface GigabitEthernet 0/1
 encapsulation dot1Q 1
 duplex auto
 speed auto
!
interface Dot11radio 1/0
 encapsulation dot1Q 1
 smps dynamic
 apsd enable
 wmm edca-radio voice aifsn 1 cwmin 2 cwmax 3 txop 47
 wmm edca-radio video aifsn 1 cwmin 3 cwmax 4 txop 94
 wmm edca-radio best-effort aifsn 3 cwmin 4 cwmax 6 txop 0
 wmm edca-radio back-ground aifsn 7 cwmin 4 cwmax 10 txop 0
 wmm edca-client voice aifsn 2 cwmin 2 cwmax 3 txop 47 len 0
 wmm edca-client voice cac optional
 wmm edca-client video aifsn 2 cwmin 3 cwmax 4 txop 94 len 0
 wmm edca-client video cac optional
 wmm edca-client best-effort aifsn 3 cwmin 4 cwmax 10 txop 0 len 0
 wmm edca-client back-ground aifsn 7 cwmin 4 cwmax 10 txop 0 len 0
 wmm enable
 station-role root-ap
 mac-mode fat
 short-preamble
 chan-width 20
 radio-type 802.11b
 channel 1
 speed-mode auto
 loadblance 60
 coverage-rssi 10
 country-code CNI
 radio-mode 11ng_ht20
wlan-id 1
```

```
 duplex auto
 speed auto
!
interface Dot11radio 1/0.1
!
interface Dot11radio 2/0
 smps dynamic
 apsd enable
 wmm edca-radio voice aifsn 1 cwmin 2 cwmax 3 txop 47
 wmm edca-radio video aifsn 1 cwmin 3 cwmax 4 txop 94
 wmm edca-radio best-effort aifsn 3 cwmin 4 cwmax 6 txop 0
 wmm edca-radio back-ground aifsn 7 cwmin 4 cwmax 10 txop 0
 wmm edca-client voice aifsn 2 cwmin 2 cwmax 3 txop 47 len 0
 wmm edca-client voice cac optional
 wmm edca-client video aifsn 2 cwmin 3 cwmax 4 txop 94 len 0
 wmm edca-client video cac optional
 wmm edca-client best-effort aifsn 3 cwmin 4 cwmax 10 txop 0 len 0
 wmm edca-client back-ground aifsn 7 cwmin 4 cwmax 10 txop 0 len 0
 wmm enable
 station-role root-ap
 mac-mode localc
 short-preamble
 chan-width 20
 radio-type 802.11b
 channel 1
 speed-mode auto
 loadblance 60
 coverage-rssi 10
 country-code CNI
 radio-mode 11ng_ht20
 duplex auto
 speed auto
!
wlansec 1
 security wpa enable
 security wpa ciphers aes enable
 security wpa akm psk enable
 security wpa akm psk set-key ascii 12345678
!
line con 0
 password ruijie
line vty 0 4
 login
 password ruijie
!
end
```

从上面的配置可以看出，该无线AP已经启动了无线局域网，ID为1，SSID为wireless，同时此无线局域网属于vlan1；射频接口Dot11radio 1/0使用的频道为1，功率为100%，关联wlan1；射频子接口Dot11radio 1/0.1中的数据包属于vlan1；无线安全配置已经启动，已经管理

wlan1，使用AES的加密方式，认证模式为PSK预共享密钥，密钥为12345678。

◆ 必备知识

一、WPA安全技术

WPA（Wi-Fi Protected Access，Wi-Fi保护访问）是Wi-Fi商业联盟在IEEE 802.11i草案的基础上制定的一项无线局域网安全技术。其目的在于代替传统的WEP安全技术，为无线局域网硬件产品提供一个过渡性的高安全解决方案，同时保持与未来安全协议的向前兼容。可以把WPA看成是IEEE 802.11i的一个子集，其核心是IEEE 802.1x和TKIP。

无线安全协议发展到现在，有了很大的进步。加密技术从传统的WEP加密到IEEE 802.11i的AES-CCMP加密，认证方式从早期的WEP共享密钥认证到802.1x安全认证。新协议、新技术的加入，同原有802.11混合在一起，使得整个网络结构更加复杂。现有的WPA安全技术允许采用更多样的认证和加密方法来实现WLAN的访问控制、密钥管理与数据加密。例如，接入认证方式可采用PSK认证或802.1x认证，加密方法可采用TKIP或AES。WPA同这些加密、认证方法一起保证了数据链路层的安全，同时保证了只有授权用户才可以访问无线网络WLAN。

WPA密钥协商方式一般和TKIP数据保密算法一起使用，也可以和AES数据保密算法一起使用。同样，RSN密钥协商方式一般和AES数据保密算法一起使用，也可以和TKIP数据保密算法一起使用。TKIP支持802.11a/b/g模式，不支持802.11n模式。

二、无线AP配置命令（见表4-2）

表4-2　无线AP配置命令

命令	命令解释
Ruijie# configure terminal	进入全局配置模式
Ruijie(config)# **wlansec** wlan-id	进入无线安全配置模式，其中wlan-id是一个已经存在的WLAN编号，在进行本项配置之前需要先创建一个WLAN
Ruijie(wlansec)# **security wpa akm [psk|802.1x] enable**	（必选）配置WPA的认证模式为PSK或者IEEE 802.1x，或者两者都开启。当配置的认证方式为PSK时，需要配置PSK预共享密钥。默认为关闭
Ruijie(wlansec)# **security wpa ciphers [aes|tkip] enable**	配置WPA的加密模式为AES或者TKIP，或者两者都开启。默认为关闭
Ruijie(wlansec)# **security wpa akm psk set-key [ascii|hex]** key	配置PSK共享密码 ascii：密码形式为ASCII码 hex：密码形式为十六进制 key：配置的PSK共享密码 默认为未配置预共享密钥
Ruijie(wlansec)#**showwlansecurity** wlan-id	查看指定WLAN的安全配置信息

项目5 网络安全技术

任务1 配置访问控制列表

◆ 任务描述

本任务讲解什么是访问控制列表、访问控制列表的应用场景、输入/输出ACL、过滤域规则、配置基本访问列表、什么时候需要配置访问控制列表。它们实现网络安全的基础。

◆ 任务实施

一、访问控制列表

ACL（Access Control List，访问控制列表）也称为访问列表，在有的文档中还称为包过滤。ACL通过定义一些规则对网络设备接口上的数据报文进行控制：允许通过或丢弃。按照其使用的范围，可以分为安全ACL和QoS ACL。

对数据流进行过滤可以限制网络中通信数据的类型，限制网络的使用者或使用的设备。安全ACL在数据流通过网络设备时对其进行分类过滤，并对从指定接口输入或者输出的数据流进行检查，根据匹配条件决定是允许其通过还是丢弃。总的来说，安全ACL用于控制哪些数据流允许从网络设备通过，QoS策略对这些数据流进行优先级分类和处理。

ACL由一系列的表项组成，称为访问控制列表表项。每个访问控制列表表项都申明了满足该表项的匹配条件及行为。

访问列表规则可以针对数据流的源地址、目标地址、上层协议、时间区域等信息进行制定规则。

二、配置访问列表应用场景

访问列表的应用场景比较多，主要有以下一些：

1）限制路由更新：控制路由更新信息发往什么地方，同时希望在什么地方收到路由更新信息。

2）限制网络访问：为了确保网络安全，通过定义规则，可以限制用户访问一些服务（如只需要访问WWW和电子邮件服务，禁止Telnet），或者仅允许在给定的时间段内访问，或只允许一些主机访问网络等。

三、输入/输出ACL、过滤域规则

输入ACL在设备接口接收到报文时，检查报文是否与该接口输入ACL的某一条ACE相匹配；输出ACL在设备准备从某一个接口输出报文时，检查报文是否与该接口输出ACL的某一条ACE相匹配。

在制定不同的过滤规则时，多条规则可能同时被应用，也可能只应用其中几条。只要是符合某条ACE，就按照该ACE定义的处理报文进行允许或拒绝。ACL的ACE根据以太网报文的某些字段来标识以太网报文，这些字段包括：

1. 二层字段（Layer 2 Fields）

48位的源MAC地址（必须申明所有48位）；

48位的目的MAC地址（必须申明所有48位）；

16位的二层类型字段。

2. 三层字段（Layer 3 Fields）

源IP地址字段；

目的IP地址字段；

协议类型字段。

3. 四层字段（Layer 4 Fields）

可以申明一个UDP/TCP的源端口、目的端口或者都申明。

四、配置基本访问列表

要在设备上配置访问列表，必须为协议的访问列表指定一个唯一的名称或编号，以便在协议内部能够唯一标识每个访问列表。可以使用编号来指定访问列表的协议以及每种协议可以使用的访问列表编号范围，见表5-1。

表5-1　访问列表编号

访问列表类型	编号
基本访问列表	1～99、1300～1999
扩展访问列表	100～199、2000～2699

1. 基本访问列表配置指导

创建访问列表时，定义的规则将应用于设备上所有的分组报文，设备通过判断分组是否与规则匹配来决定是否转发或阻断分组报文。

基本访问列表包括标准访问列表和扩展访问列表，访问列表中定义的典型规则主要有：源地址、目标地址、上层协议和时间区域。

标准IP访问列表（编号为1～99、1300～1999）主要是根据源IP地址来进行转发或阻断分组的，扩展IP访问列表（编号为100～199、2000～2699）使用以上4种组合来进行转发或阻断分组。其他类型的访问列表根据相关特征来转发或阻断分组。

对于单一的访问列表来说，可以使用多条独立的访问列表语句来定义多种规则，其中所有的语句引用同一个编号或名字，以便将这些语句绑定到同一个访问列表。不过，使用的语句越多，阅读和理解访问列表就越困难。

2．隐含“拒绝所有数据流”规则语句

在每个访问列表的末尾隐含着一条“拒绝所有数据流”规则语句，因此如果分组与任何规则都不匹配，将被拒绝。

例如：

```
access-list 1 permit host 192.168.4.12
```

此列表只允许源主机为192.168.4.12的报文通过，其他主机都将被拒绝。因为这条访问列表最后隐含了一条规则语句：access-list 1 deny any。

又如：

```
access-list 1 deny host 192.168.4.12
```

如果列表只包含以上这一条语句，则任何主机报文通过该端口时都将被拒绝。

注意：在定义访问列表的时候，要考虑到路由更新的报文。由于访问列表末尾“拒绝所有数据流”，可能导致所有的路由更新报文被阻断。

3．输入规则语句的顺序

加入的每条规则都被追加到访问列表的最后，语句被创建以后，就无法单独删除它，而只能删除整个访问列表。所以访问列表语句的次序非常重要。设备在决定转发还是阻断分组时，按语句创建的次序将分组与语句进行比较，找到匹配的语句后，便不再检查其他规则语句。

假设创建了一条语句，它允许所有的数据流通过，则后面的语句将不被检查。如下：

```
access-list 101 deny ip any any
access-list 101 permit tcp 192.168.12.0 0.0.0.255  eq  telnet any
```

由于第一条规则语句拒绝了所有的IP报文，所以192.168.12.0/24网络的主机Telnet报文将被拒绝，因为设备在检查到报文和第一条规则语句匹配后，便不再检查后面的规则语句。

4．应用IP访问列表流程

应用基本访问列表的配置包括以下两步：

1）定义基本访问列表。

2）将基本访问列表应用于特定接口。

五、什么时候配置访问列表

可以根据需要选择基本访问列表或动态访问列表。在一般情况下，使用基本访问列表已经能够满足安全需要。但经验丰富的黑客可能会通过一些软件假冒源地址欺骗设备，得以访问网络。而动态访问列表在用户访问网络以前要求通过身份认证，使黑客难以攻入网络，所以在一些敏感的区域可以使用动态访问列表保证网络安全。

访问列表一般配置在以下位置的网络设备上：内部网和外部网之间的设备、网络两个部分交界的设备、接入控制端口的设备。

访问列表语句的执行必须严格按照表中语句的顺序从第一条语句开始比较，一旦一个数据包的报头跟表中的某个条件判断语句相匹配，那么后面的语句就将被忽略，不再进行检查。

◆ 知识储备

一、全局配置模式下访问列表命令（见表5-2）

表5-2　全局配置模式下访问列表命令

命令	功能
Ruijie(config)# **access-list***id* {**deny** | **permit**} **src** src-wildcard | host src | any | interface dx} [**time-range** tm-rng-name]	定义访问列表
Ruijie(config)# interface interface-name	选择要应用访问列表的接口
uijie(config-if)# **ip access-group***id* { **in** | **out** }	将访问列表应用于特定接口

二、ACL配置模式下访问列表命令

表5-3　ACL配置模式下访问列表命令

命令	功能
Ruijie(config)# **ip access-list { standard** | **extended** } { id | name }	进入配置访问列表模式
Ruijie (config-xxx-nacl)# [sn] { **permit** | **deny** } {**src** src-wildcard | host src | any | interface idx} [**time-range** tm-rng-name]	为ACL添加表项
Ruijie(config-if)# **ip access-group** id { **in** | **out** }	将访问列表应用于特定接口
Ruijie# **show access-lists** [id | name]	此命令可以查看IP访问列表

任务2　部署路由器中的防火墙功能

◆ 任务描述

某公司要求员工仅能访问搜狐网站，不能访问其他网站，管理员在路由器上设置过滤规则sohu，建立URL（Uniform Resource Locator，统一资源定位符）过滤类别sohu，建立基本访问列表允许内网所有用户，并在内网接口入方向应用此URL过滤类别。

◆ 任务实施

步骤一：配置路由器启动URL过滤

```
wlzx-rg-rsr2004-1(config)#ip url_filter rule sohu .*sohu.com        ；建立过滤规则sohu条目1
wlzx-rg-rsr2004-1(config)#ip url_filter rule sohu .*sohu*           ；建立过滤规则sohu条目2
wlzx-rg-rsr2004-1(config)#ip url_filter category 1 sohu             ；建立过滤类别sohu
wlzx-rg-rsr2004-1(config)#access-list 10 permit any                 ；建立访问控制列表
wlzx-rg-rsr2004-1(config)#interface fastEthernet 0/0                ；进入F0/0接口模式
wlzx-rg-rsr2004-1(config-if-FastEthernet 0/0)#ip url_filter exclusive-domain 1 10 permit in
                                                                    ；应用过滤规则1到F0/0的入方向
wlzx-rg-rsr2004-1(config-if-FastEthernet 0/0)#exit
wlzx-rg-rsr2004-1(config)#interface fastEthernet 0/1                ；进入F0/1接口模式
wlzx-rg-rsr2004-1(config-if-FastEthernet 0/1)#ip url_filter exclusive-domain 1 10 permit in
                                                                    ；应用过滤规则1到F0/1的入方向
wlzx-rg-rsr2004-1(config-if-FastEthernet 0/1)#exit
```

步骤二：客户端测试URL过滤

在客户端测试URL过滤效果，首先访问搜狐网站的主页面，能访问搜狐网站，如图5-1所示。接着访问腾讯网站的主页面，不能访问，如图5-2所示。显示效果和预先规划的一致。

图5-1　能访问搜狐网站

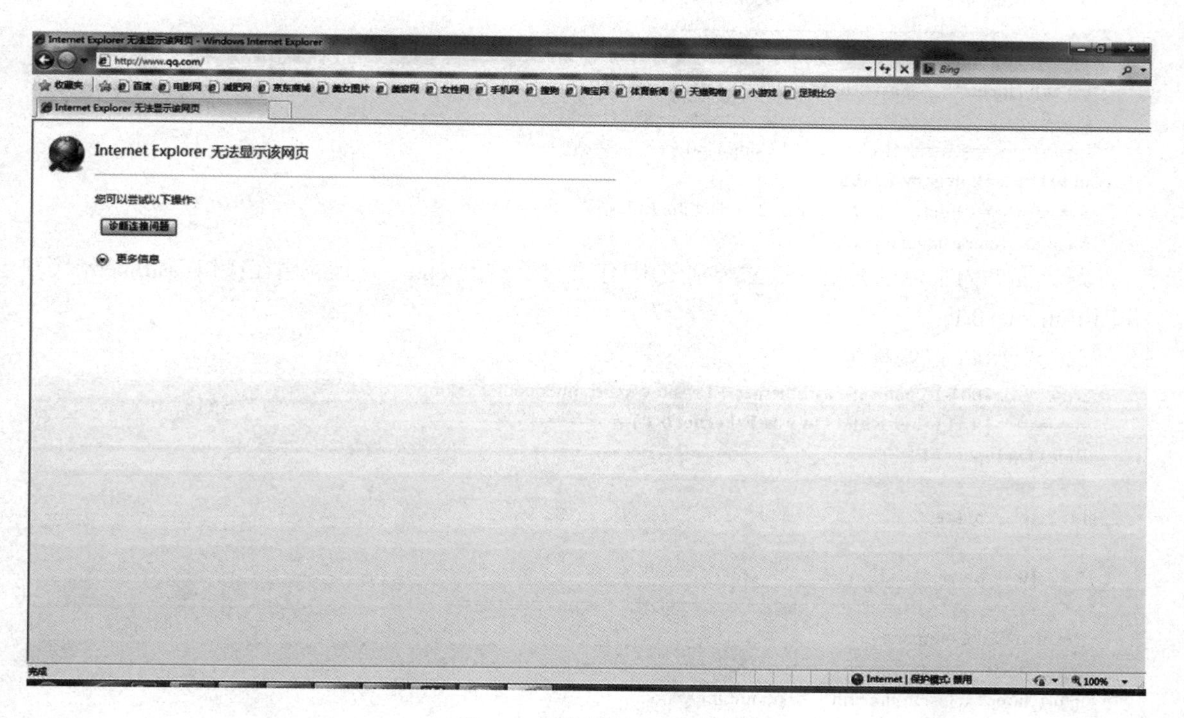

图5-2　不能访问QQ网站

步骤三：显示URL过滤

1．显示URL过滤配置的地址

```
wlzx-rg-rsr2004-1(config)#show ip url_filter config address
        ======================[Url with pre-wildcard]======================
cls_name                         cls-id                    url-address     ==========================
sohu                 1                     .*sohu.com
        ====================[Url pre-wildcard end]======================
        ====================[Url with all-wildcard]=====================
cls_name                           cls-id                  url-address     ==========================
sohu                 1                     .*sohu*
        ====================[Url all-wildcard end]======================
================[Relative CLI Command]================
ip url_filter rule sohu .*sohu.com
ip url_filter rule sohu .*sohu*
==========[Relative CLI Command To Del the Rules ]==========
no ip url_filter rule sohu .*sohu.com
no ip url_filter rule sohu .*sohu*
```

从上面的内容可以看出，建立了过滤规则sohu，过滤的域名分别为.*sohu.com和.*sohu*。

2．显示URL过滤规则

```
wlzx-rg-rsr2004-1(config)#show ip url_filter config rule
=====================[ Ip UrlFilter Rule configure ]====================
Id        Attribute                    Details
------------------------------------------------------------
1         contain-class:               sohu
ref-interface:          FastEthernet 0/0    FastEthernet 0/1
=================================================================
================[Relative CLI Command]================
ip url_filter category 1 sohu
==========[Relative CLI Command To Del the Rules ]==========
no ip url_filter category 1 sohu
```

从上面的内容可以看出，过滤类别应用1包含过滤规则sohu，并且应用在接口FastEthernet 0/0和FastEthernet 0/1。

3．显示URL过滤配置

```
wlzx-rg-rsr2004-1(config-if-FastEthernet 0/1)#show ip url_filter config setting
========[ Url Filter Rules On FastEthernet 0/1 ]========
Rules On Input
===================
Id   Acl    Action
--------------------
1    10     permit
==========================================================
Relative CLI Command
==========================================================
ip url_filter exclusive-domain 1 10 permit in
------------------------------------------------------------
Relative CLI Command to Del Rules
------------------------------------------------------------
no ip url_filter exclusive-domain 1 10 permit in
======[ Url Filter Rules On FastEthernet 0/1 End]======
```

从上面的内容中可以看出，针对访问控制列表10访问URL过滤类别1的动作是允许。

步骤四：显示配置文件

```
wlzx-rg-rsr2004-1(config)#show running-config
Building configuration...
Current configuration : 3425 bytes
!
version RGOS 10.3(5b1), Release(84749)(Thu May 13 09:09:02 CST 2010 -ngcf66)
hostname wlzx-rg-rsr2004-1
!
aaa new-model
!
aaa authentication login default local
aaa authentication ppp default local
aaa authentication enable default enable
!
route-map wlzx permit 10
match ip address wangtong
set ip next-hop 100.100.3.2
!
route-map wlzx permit 20
match ip address dianxin
set ip next-hop 200.200.4.2
!
username wlzx password wlzx22
no service password-encryption
ip url_filter rule sohu .*sohu.com
ip url_filter rule sohu .*sohu*
ip url_filter category 1 sohu
!
ip access-list standard 1
 10 permit any
 20 permit host 192.168.100.80
!
ip access-list standard 2
 10 permit any
!
ip access-list standard 10
 10 permit any
!
ip access-list extended dianxin
 10 permit ip any 1.0.1.0 0.0.0.255
 20 permit ip any 1.0.2.0 0.0.1.255
 30 permit ip any 1.0.0.0 0.0.127.255
 40 permit ip any 1.0.8.0 0.0.7.255
 50 permit ip any 1.1.0.0 0.0.0.255
 60 permit ip any 1.1.16.0 0.0.15.255
!
ip access-list extended wangtong
 10 permit ip any 1.88.0.0 0.3.255.255
 20 permit ip any 1.24.0.0 0.7.255.255
```

```
30 permit ip any 1.56.0.0 0.7.255.255
40 permit ip any 101.16.0.0 0.15.255.255
50 permit ip any 101.204.0.0 0.3.255.255
60 permit ip any 101.64.0.0 0.7.255.255
!
ip local pool vpdnusers 192.168.200.3 192.168.200.100
!
enable password wlzx22
!
vpdn enable
!
vpdn-group 1
! Default L2TP VPDN group
accept-dialin
protocol l2tp
virtual-template 1
!
interface Serial 3/0
encapsulation PPP
ppp authentication chap
ppp chap hostname wlzx
ppp chap password wlzx22
ip nat outside
ip address 100.100.3.2 255.255.255.252
!
interface Serial 4/0
encapsulation PPP
ppp pap sent-username wlzx password wlzx22
ip nat outside
ip address 200.200.4.2 255.255.255.252
!
interface FastEthernet 0/0
ip nat inside
ip policy route-map wlzx
ip url_filter exclusive-domain 1 10 permit in
ip address 192.168.0.1 255.255.255.252
duplex auto
speed auto
!
interface FastEthernet 0/1
ip nat inside
ip policy route-map wlzx
ip url_filter exclusive-domain 1 10 permit in
ip address 192.168.0.5 255.255.255.252
duplex auto
speed auto
!
interface Loopback 0
ip address 192.168.200.1 255.255.255.0
!
interface Virtual-Template 1
```

```
ppp authentication pap
ip unnumbered Loopback 0
peer default ip address pool vpdnusers
!
ip nat pool realwebsite 192.168.100.81 192.168.100.82 netmask 255.255.255.0 type rotary
ip nat inside source static tcp 192.168.100.21 21 100.100.3.2 21
ip nat inside source static tcp 192.168.100.21 21 200.200.4.2 21
ip nat inside source static tcp 192.168.100.80 80 200.200.4.2 80
ip nat inside source static tcp 192.168.100.80 80 100.100.4.2 80
ip nat inside source list 2 interface Serial 4/0
ip nat inside destination list 1 pool realwebsite
ip nat inside source list 1 interface Serial 3/0
!
router ospf 1
redistribute connected subnets
redistribute static subnets
area 0
network 192.168.0.0 0.0.0.3 area 0
network 192.168.0.4 0.0.0.3 area 0
default-information originate always
!
ip route 0.0.0.0 0.0.0.0 100.100.3.1
ip route 0.0.0.0 0.0.0.0 200.200.4.1
!
ref parameter 50 400
line con 0
privilege level 15
width 256
line aux 0
line vty 0 35
privilege level 15
monitor
!
end
```

从上面的配置文件可以看出，路由器上设置的过滤规则sohu包含两个条目.*sohu.com和.*sohu*；建立URL过滤类别1调用过滤规则sohu；建立访问控制列表10允许内网所有用户在内网接口入方向应用此URL过滤类别。

◆ 知识储备

URL过滤是指在HTTP通信中、限制可访问URL的功能。URL过滤功能能够将URL的全部或者部分作为关键字在路由器中注册，限制访问包含符合该关键字的字符串的URL，并且也能够通过在过滤设置时指定起始IP地址而限制来自特定的主机或者网络的连接。

一、URL过滤概述

URL过滤是包过滤的扩展，是更深层次的访问控制，属于内容过滤的一种。URL过滤的目的通常是为了限制内部网络用户对某些非法的、内容不健康的网站进行访问。URL过滤的工作过程是：

1）防火墙对客户端发出的HTTP请求进行解析，得到请求的URL地址。

2）将请求的URL地址与防火墙本地预先定义好的URL过滤规则进行匹配检查。

3）如果匹配发生，则根据检查的结果决定是允许访问还是拒绝访问。

4）如果在本地URL过滤规则中匹配失败，则将该URL请求发送到第三方内容过滤服务器，同时将该HTTP会话挂起，直到收到服务器返回的检查结果，并根据结果决定允许还是拒绝该HTTP请求。

二、URL过滤配置

URL过滤的配置过程如下：

1）先指定需要过滤的地址，并将这些规则加入到一个过滤类别里面。

2）配置过滤规则，并将先前定义的过滤类别加入到这些规则里。

3）在接口上应用这些规则。

需要注意的是，在接口上应用规则之前，需要先指定一条ACL用来告知URL过滤功能哪些范围是想过滤的对象。

三、URL过滤命令（见表5-4）

表5-4　URL过滤命令

命令	命令含义
Ruijie(config)#**ip urlfilter rule** rule-name url-address	登记的URL地址 添加的URL地址，无论是什么格式的，它的第一个字符必须是“.”。配置地址时，支持通配符“*”的配置，但是对于通配符的位置有严格的要求，它的位置只能在字符串最后一位或者是除去字符“.”的第一位。例如，sina.com.cn 只过滤 www.sina.com.cn、blog.sina.com.cn、new.sina.com.cn等网址，对于类如ruijie.blog.sina.com.cn、sports.news.sina.com.cn则无法生效。.*sina.com.cn 则过滤URL请求的地址最后为sina.com.cn的所有地址
Ruijie(config)#**ip urlfilter category 1** name	配置过滤的规则。每个规则最后可同时添加15个类别
Ruijie(config-if)# **ip urlfilter exclusive-domain** rule-name acl-number **[permit|deny] in log**	在接口上应用URL规则
Ruijie(config)#**show ip urlfilter config address**	查看并对配置的地址进行归类
Ruijie(config)#**show ip urlfilter config rule**	查看URL过滤规则包含哪些地址类别
Ruijie(config-if)#**show ip urlfilter config setting**	查看URL过滤设置
Ruijie(config)#**show ip urlfilter statistics**	查看URL统计信息

任务3　配置NAT实现内网用户访问互联网

任务描述

某公司需要把企业网络接入电信网络，但公司只申请了一个公网IP地址，管理员决定在边缘路由器上配置网络地址转换，实现公司内部的私有地址转化为公司的公网IP地址，进而实现公司内所有PC能访问互联网。图5-3为公司网络边缘示意图，其中RUIJIE为此公司的路由器，电信为电信公司的路由器，公司内网有两个网段，网络接口IP地址对应见表5-5。

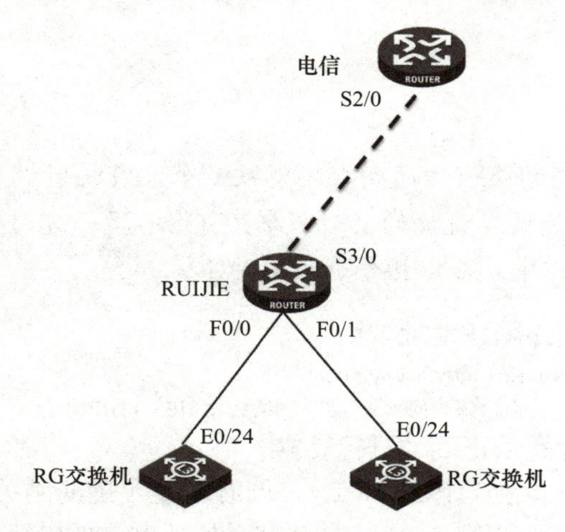

图5-3　公司网络边缘示意图

表5-5　网络接口IP地址对应

路由器	接口	IP地址
RUIJIE	S3/0	100.100.3.2/30
	F0/0	192.168.0.1/24
	F0/1	192.168.1.1/24
电信	S2/0	100.100.3.1/30

◆ 任务实施

任务实施中主要有以下几个步骤：第一是管理员必须正确配置路由器接口为内部接口或外部接口；第二是管理员须创建ACL，明确通过此路由器访问互联网的内部网段；第三步是建立明确的内外网IP地址映射；第四步是检查路由器配置是否正确；第五步是测试网络地址是否正确的转换。

步骤一：管理员配置路由器相应接口为内部接口或外部接口

```
Ruijie(config)# interface fastEthernet 0/0
Ruijie(config-if-FastEthernet0/0)#ipaddress192.168.0.1 255.255.255.0
                                              ；设置IP地址
Ruijie(config-if-FastEthernet 0/0)#ip nat inside      ；设置此接口连接内部网络
Ruijie(config-if-FastEthernet 0/0)#exit
Ruijie(config)#interface fastEthernet 0/1
Ruijie(config-if-FastEthernet0/1)#ip address192.168.1.1 255.255.255.0
                                              ；设置IP地址
Ruijie(config-if-FastEthernet 0/1)#ip nat inside      ；设置此接口连接内部网络
Ruijie(config-if-FastEthernet 0/1)#exit
Ruijie(config)#interface serial 3/0
Ruijie(config-if-Serial 3/0)# ip address 100.100.3.2 255.255.255.252 ；设置IP地址
Ruijie(config-if-Serial 3/0)#ip nat outside           ；设置此接口连接外部网络
Ruijie(config-if-Serial 3/0)#exit
```

步骤二：管理员创建ACL，允许内网所有用户访问互联网

```
Ruijie(config)#ip access-list standard 1          ；创建标准访问列表1
Ruijie(config-std-nacl)#permit any                ；允许所有网络
Ruijie(config-std-nacl)#exit
```

经验

锐捷这一版本的RGOS的同一访问列表不能被多个NAT映射调用，所以此处建立了两个标准的访问列表。其他厂商或锐捷的其他版本RGOS中同一访问列表可能会被多个NAT映射调用，所以在实际工作中，应以操作的设备为准。

步骤三：建立明确的内外网IP地址映射

```
Ruijie(config)#ip nat inside source list 1 interface serial 3/0
        ；启用NAPT，转换标识访问列表1定义网络为接口S3/0的IP地址
```

步骤四：测试网络地址是否正确地进行转换

将一台内网PC的IP地址设置为192.168.2.4，同时配置正确的网关和DNS服务器地址，然后通过IE访问搜狐网站，同时利用nslookup命令查看搜狐网站的IP地址，如图5-4所示。

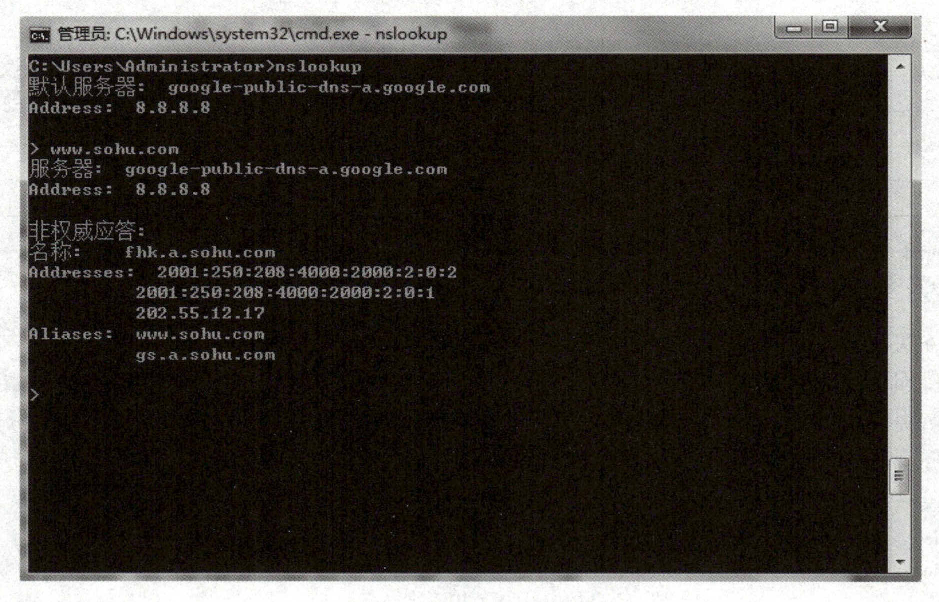

图5-4　搜狐网站的IP地址

```
Ruijie#show ip nat translations                   ；查看NAT转换
Pro Inside global        Inside local        Outside local        Outside global
tcp 200.200.4.2:51097  192.168.2.4:51097  202.55.12.17:80   202.55.12.17:80
tcp 200.200.4.2:51077  192.168.100.82:51077 101.227.172.23:80 101.227.172.23:80
tcp 200.200.4.2:51092  192.168.2.4:51092  101.227.172.52:80  101.227.172.52:80
tcp 200.200.4.2:51078  192.168.100.82:51078 101.227.172.23:80 101.227.172.23:80
tcp 200.200.4.2:51099  192.168.2.4:51099  101.227.172.51:80  101.227.172.51:80
tcp 200.200.4.2:51103  192.168.2.4:51103  10.2.110.14:23021  10.2.110.14:23021
tcp 200.200.4.2:51088  192.168.2.4:51088  202.55.12.17:80    202.55.12.17:80
tcp 200.200.4.2:51100  192.168.2.4:51100  119.147.146.126:80 119.147.146.126:80
```

```
tcp 200.200.4.2:51096  192.168.2.4:51096  202.55.12.17:80    202.55.12.17:80
tcp 200.200.4.2:51084  192.168.100.82:51084 202.55.12.17:80  202.55.12.17:80
tcp 200.200.4.2:51083  192.168.100.82:51083 101.227.172.23:80 101.227.172.23:80
tcp 200.200.4.2:51093  192.168.2.4:51093  101.227.172.52:80  101.227.172.52:80
tcp 200.200.4.2:51089  192.168.2.4:51089  202.55.12.17:80    202.55.12.17:80
tcp 200.200.4.2:51074  192.168.2.4:51074  119.147.146.126:80 119.147.146.126:80
tcp 200.200.4.2:51091  192.168.100.82:51091 101.227.172.23:80 101.227.172.23:80
tcp 200.200.4.2:51076  192.168.2.4:51076  119.188.46.61:80   119.188.46.61:80
tcp 200.200.4.2:51107  192.168.2.4:51107  172.18.93.3:23021  172.18.93.3:23021
tcp 200.200.4.2:51112  192.168.100.82:51112 101.227.172.23:80 101.227.172.23:80
tcp 200.200.4.2:51098  192.168.2.4:51098  101.227.172.51:80  101.227.172.51:80
tcp 200.200.4.2:51090  192.168.2.4:51090  202.55.12.17:80    202.55.12.17:80
tcp 200.200.4.2:51087  192.168.2.4:51087  202.55.12.17:80    202.55.12.17:80
udp 200.200.4.2:50912  192.168.2.4:50912  8.8.8.8:53         8.8.8.8:53
udp 200.200.4.2:61023  192.168.2.4:61023  8.8.8.8:53         8.8.8.8:53
tcp 200.200.4.2:51108  192.168.2.4:51108  192.168.159.7:23021 192.168.159.7:23021
tcp 200.200.4.2:51094  192.168.2.4:51094  101.227.172.52:80  101.227.172.52:80
udp 200.200.4.2:65240  192.168.2.4:65240  8.8.8.8:53         8.8.8.8:53
tcp 200.200.4.2:51095  192.168.2.4:51095  101.227.172.52:80  101.227.172.52:80
tcp 200.200.4.2:51111  192.168.2.4:51111  220.181.11.98:80   220.181.11.98:80
tcp 200.200.4.2:51075  192.168.2.4:51075  114.112.67.56:80   114.112.67.56:80
udp 200.200.4.2:62668  192.168.2.4:62668  8.8.8.8:53         8.8.8.8:53
udp 200.200.4.2:60005  192.168.2.4:60005  8.8.8.8:53         8.8.8.8:53
tcp 200.200.4.2:51081  192.168.100.82:51081 101.227.172.23:80 101.227.172.23:80
tcp 200.200.4.2:51113  192.168.100.82:51113 101.227.172.23:80 101.227.172.23:80
tcp 200.200.4.2:51071  192.168.2.4:51071  220.181.124.110:80 220.181.124.110:80
tcp 200.200.4.2:51110  192.168.2.4:51110  114.112.67.55:80   114.112.67.55:80
tcp 200.200.4.2:51079  192.168.100.82:51079 101.227.172.23:80 101.227.172.23:80
tcp 200.200.4.2:51101  192.168.2.4:51101  10.2.111.142:23021 10.2.111.142:23021
tcp 200.200.4.2:51080  192.168.100.82:51080 101.227.172.23:80 101.227.172.23:80
```

可以看到以上显示结果中内部全局地址为200.200.4.2，内部本地地址为192.168.2.4。其中加粗部分的外部全局地址和外部本地地址为DNS服务器的地址和搜狐网站的IP地址。同时也可以从显示结果中分析出，即使只有一台主机访问一个网站，也会造成多条NAT解析记录。

◆ 知识储备

NAT：NAT（Network Address Translation，网络地址转换）属于接入广域网技术，是一种将私有（保留）IP地址转化为合法IP地址的转换技术，它被广泛应用于各种类型的互联网接入方式和各种类型的网络中。

一、在NAT实验中需要理解的术语

1）内部局部地址（Inside Local）：内网中设备所使用的地址，一般为私有地址。

2）内部全局地址（Inside Global）：在路由器或防火墙上设置的公有地址，一般由ISP提供，把内网IP转换为此地址，进而内网能和外网通信。

3）外部全局地址（Outside Global）：外部网络上主机的IP地址。

4）外部局部地址（Outside Local）：外部主机在内部网络中表现出来的IP地址。

5）端口号：逻辑意义上的端口，指TCP/IP中的端口，端口号的范围从0～65 535，比如，用于浏览网页服务的80端口，用于FTP服务的21端口等。

二、NAT的实现方式

NAT的实现方式有4种，即静态转换、动态转换、端口多路复用和EASY IP。

静态转换（Static NAT）：是指将内部网络的私有IP地址转换为公有IP地址，IP地址对是一对一的，某个私有IP地址只转换为某个公有IP地址。

动态转换（Dynamic NAT）：是指将内部网络的私有IP地址转换为公用IP地址时，IP地址是路由器合法外部地址集中随机分配地址，所有被授权访问互联网的私有IP地址可随机转换为任何指定的合法IP地址。

NAPT（Network Address and Port Translation，网络地址和端口转换）是指改变外出数据包的源端口和IP地址并进行端口转换。内部网络的所有主机均可共享一个合法外部IP地址实现对互联网的访问，从而可以最大限度地节约IP地址资源。目前网络中应用最多的就是端口多路复用方式。

EASY IP：NAT设备直接使用出接口的IP地址作为转换后的源地址，不用预先配置地址池，工作原理与普通NAPT相同，是NAPT的一种特例，适用于拨号接入互联网或动态获得IP地址的场合。

三、NAT的工作原理

当内部网络中的一台主机想传输数据到外部网络时，它先将数据包传输到NAT路由器上，路由器检查数据包的报头，获取该数据包的源IP信息，并从它的NAT映射表中找出与该IP匹配的转换条目，用所选用的内部全局地址（全球唯一的IP地址）来替换内部局部地址，并转发数据包。

当外部网络对内部主机进行应答时，数据包被送到NAT路由器上，路由器接收到目的地址为内部全局地址的数据包后，它将用内部全局地址通过NAT映射表查找出内部局部地址，然后将数据包的目的地址替换成内部局部地址，并将数据包转发到内部主机。

1．NAT转换原理

图5-5为内网主机10.0.0.1访问外网服务器198.76.29.4，途经NAT路由器，数据包在传输过程中转换的示意图。具体的数据包处理流程如下。

① 内网PC数据包源地址为10.0.0.1，目的地址为198.76.29.4，发往网关10.0.0.254。

② NAT路由器建立NAT转换表，10.0.0.1对应为198.76.28.11。

③ NAT路由器把此数据包的源IP地址由10.0.0.1转换为198.76.28.11，并转发到互联网中。

④ 外网服务器收到数据包后进行回复，回复的数据包源地址为198.76.29.4，目的地址为198.76.28.11。

⑤ NAT路由器收到回复的数据包后查找NAT转换表，10.0.0.1对应为198.76.28.11。

⑥ NAT路由器把此数据包的目的IP地址由198.76.28.11转换为10.0.0.1，并转发到内网PC上。

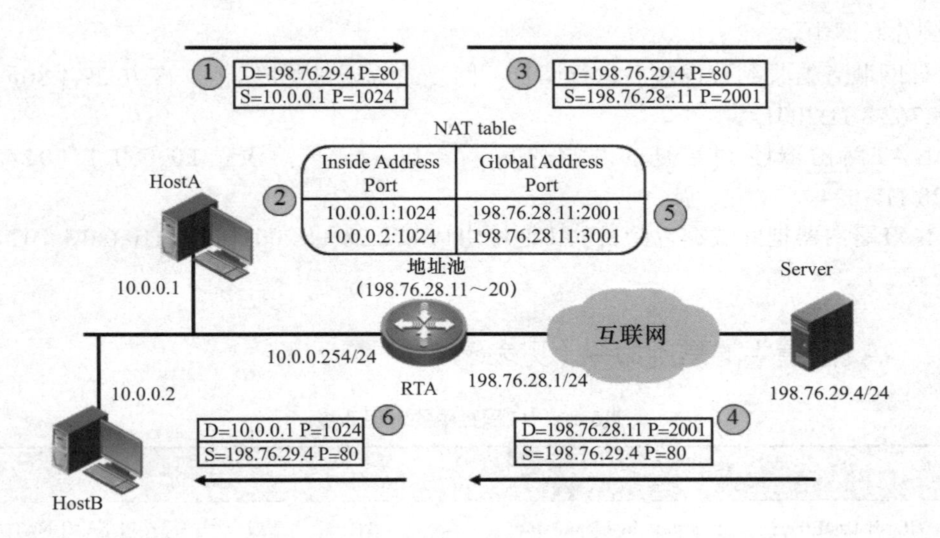

图5-5　NAT转换原理示意图

2. NAPT转换原理

图5-6为内网主机10.0.0.1访问外网服务器198.76.29.4的80端口，途经NAT路由器，数据包在传输过程中转换的示意图。具体的数据包处理流程如下。

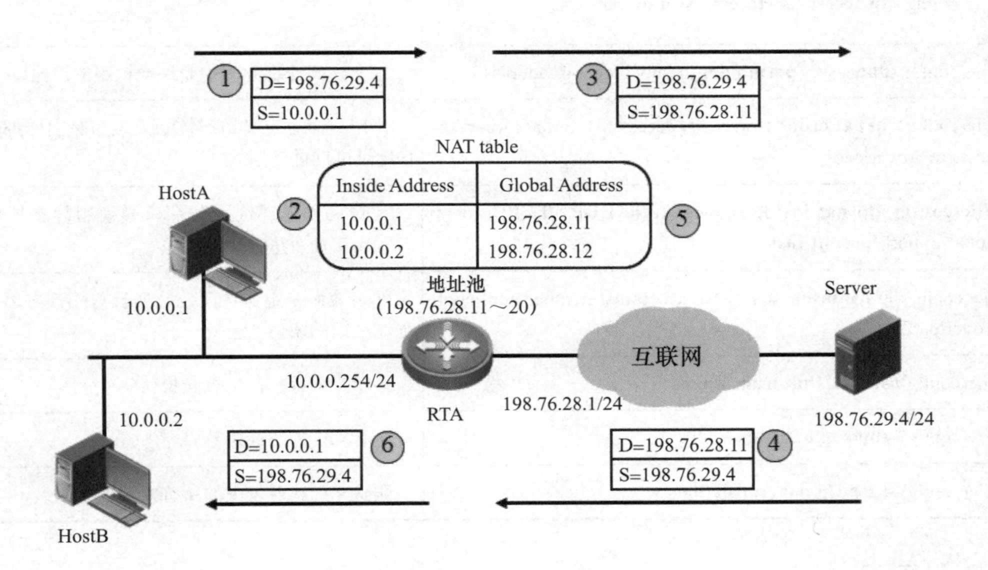

图5-6　NAPT转换原理

① 内网PC发出数据包源地址为10.0.0.1，源端口号为1024，目的地址为198.76.29.4，目的端口号为80，发往网关10.0.0.254。

② NAT路由器建立NAT转换表，10.0.0.1:1024对应为198.76.28.11:1024。

③ NAT路由器把此数据包的源IP地址和端口号由10.0.0.1:1024转换为198.76.28.11:2001，

并转发到互联网中。

④ 外网服务器收到数据包后进行回复，回复的数据包源地址为198.76.29.4:80，目的地址为198.76.28.11:2001。

⑤ NAT路由器收到回复的数据包后，查找NAT转换表，10.0.0.1:1024对应为198.76.28.11:1024。

⑥ NAT路由器把此数据包的目的IP地址由198.76.28.11:2001转换为10.0.0.1:1024，并转发到内网PC上。

四、NAT配置中的常用命令（见表5-6）

表5-6　NAT配置中的常用命令

命令	命令含义
Ruijie(config-if-FastEthernet0/1)#**ip nat** {**inside**|**outside**}	在一个内部或一个外部接口上启用NAT
Ruijie(config)#**ip nat inside source static** local-ip global-ip	在对内部局部地址使用静态地址转换时，用该命令进行地址定义
Ruijie(config)#**ip nat pool** pool-name start-ip end-ip netmask netmask [type rotary]	使用该命令为内部网络定义一个NAT地址池
Ruijie(config)#**ip access-list access-list-number**	使用该命令为内部网络定义一个标准的IP访问控制列表
Ruijie(config-std-nacl)# {**permit**|**deny**} {any | local-ip-address }	定义访问控制列表中允许或拒绝的IP地址
Ruijie(config)#**ip nat inside source list** access-list-number **interface** interfacename [overload]	使用该命令定义访问控制列表与路由器外部接口IP地址之间的映射
Ruijie(config)#ip nat inside source static{UDP | TCP}local-ip port global-ip port **[permit-inside]**	在对内部局部地址和端口号使用静态地址转换时，用该命令进行地址定义
Ruijie(config)#**ip nat inside source list** access-list-number **pool** pool-name [overload]	使用该命令定义访问控制列表与NAT内部全局地址池之间的映射
Ruijie(config)#**show ip nat translations**	显示当前存在的NAT转换信息
Ruijie(config)#**show ip nat statistics**	查看NAT的统计信息
Ruijie(config)#**Clear ip nat translations ***	删除NAT映射表中的所有内容

◆ 任务拓展

某一家网络公司，公司内部网络中有10台主机，IP地址分别为192.168.0.2～11/24，公司由一台锐捷路由器接入互联网，锐捷路由器的内网口IP地址为192.168.0.1/24，外网口IP地址为101.0.0.2/24，为了单位内部的人员方便接入互联网，为每个员工申请一个公网IP，申请的IP地址为101.0.0.3～12，要求管理员利用网络地址转换技术（NAT）来实现公司员工的内网IP地址和外网IP地址一一对应。

关键配置命令：

```
Ruijie(config)#ip nat pool InternetIP 101.0.0.3 101.0.0.12 255.255.255.0 type rotary
Ruijie(config)#ip nat inside source list 1poolInternetIP  overload
```

任务4　使用NAT技术发布内网服务器

◆ 任务描述

某公司的网络通过网络地址转化技术实现了使用私有地址访问互联网，现在公司内部的Web服务器和FTP服务器需要被互联网上的客户机访问，管理员决定使用NAT技术发布内网服务，使其能够被外网的客户端正常访问。拓扑图如图5-7所示。

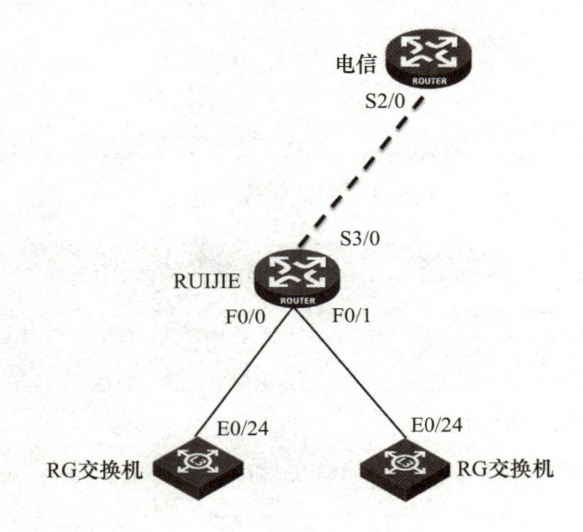

图5-7　某公司网络边缘示意图

◆ 任务实施

步骤一：基础配置

基础配置参考本项目任务2的配置，此处不再赘述。

步骤二：配置NAT发布内网服务器

```
Ruijie(config)#ip nat inside source static tcp 192.168.100.80 80 100.100.4.2 80
                                            ；发布内网Web服务器192.168.100.80
Ruijie(config)#ip nat inside source static tcp 192.168.100.80 80 200.200.4.2 80
                                            ；发布内网Web服务器192.168.100.80
Ruijie(config)#ip nat inside source static tcp 192.168.100.21 21 200.200.4.2 21
                                            ；发布内网FTP服务器192.168.100.21
Ruijie(config)#ip nat inside source static tcp 192.168.100.21 21 100.100.3.2 21
                                            ；发布内网FTP服务器192.168.100.21
```

步骤三：测试客户机访问服务器

通过外网的主机访问发布的Web服务器和FTP服务器，此处仅显示到外网IP地址200.200.4.2的测试结果，如图5-8和图5-9所示。

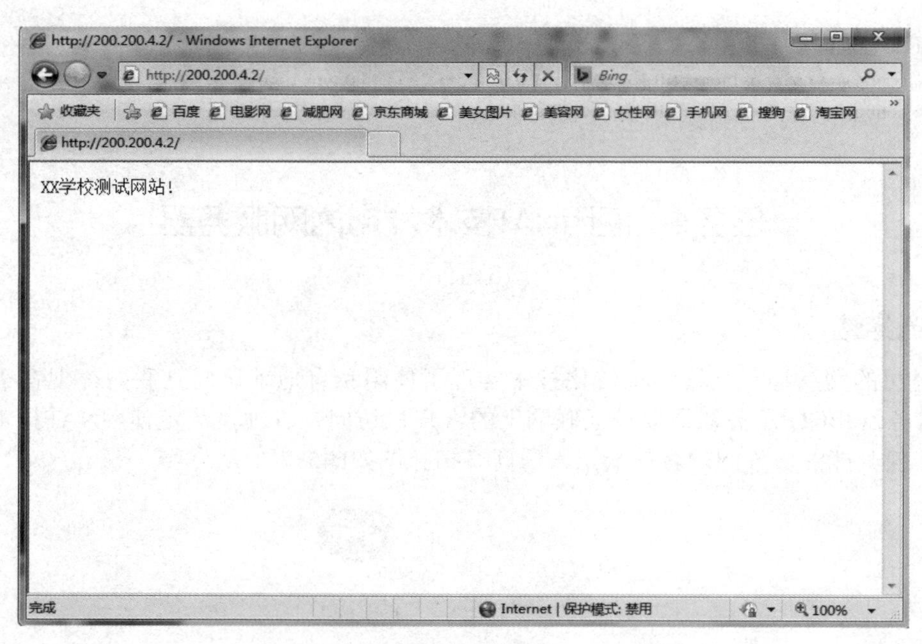

图5-8 测试学校网站

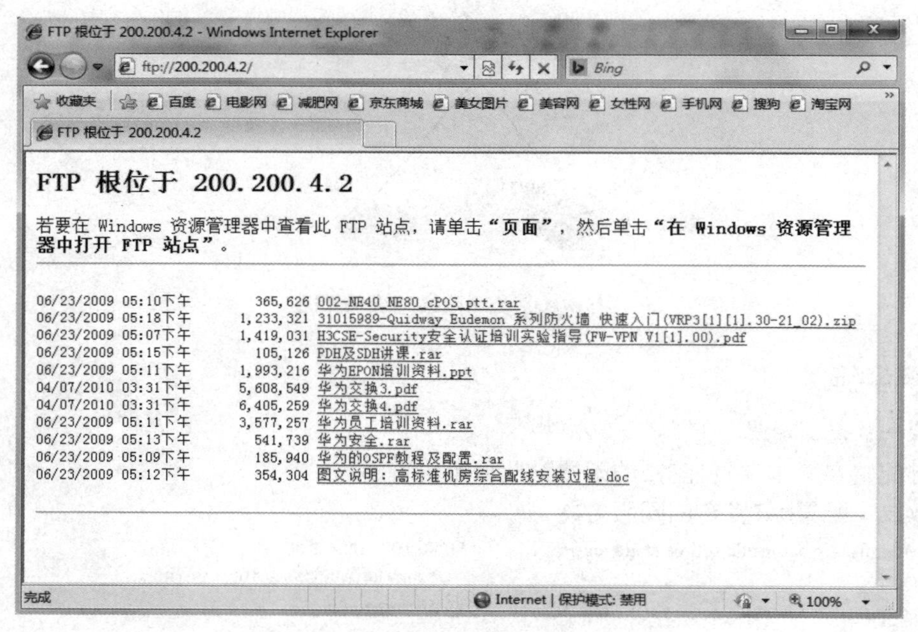

图5-9 测试学校FTP站点

步骤四：显示NAT转换结果

Ruijie#show ip nat translations；显示NAT转换结果

Pro Inside global	Inside local	Outside local	Outside global
tcp 100.100.3.2:80	**192.168.100.80:80**	**200.11.73.11:53204**	**200.11.73.11:53204**
udp 200.200.4.2:53655	192.168.100.21:53655	8.8.8.8:53	8.8.8.8:53
tcp 100.100.3.2:21	**192.168.100.21:21**	**200.11.73.11:53199**	**200.11.73.11:53199**
udp 200.200.4.2:56673	192.168.100.21:56673	8.8.8.8:53	8.8.8.8:53

由以上NAT转换结果可以看出当有外网用户访问内网服务器时，内网Web服务器192.168.100.80:80转换为100.100.3.2:80；内网FTP服务器192.168.100.21:21转换为100.100.3.2:21。

◆ 知识储备

NAT Server转换原理

图5-10为外网主机198.76.29.4访问内网服务器10.0.0.14的8080端口，途经NAT路由器，数据包在传输过程中转换的示意图。具体的数据包处理流程如下。

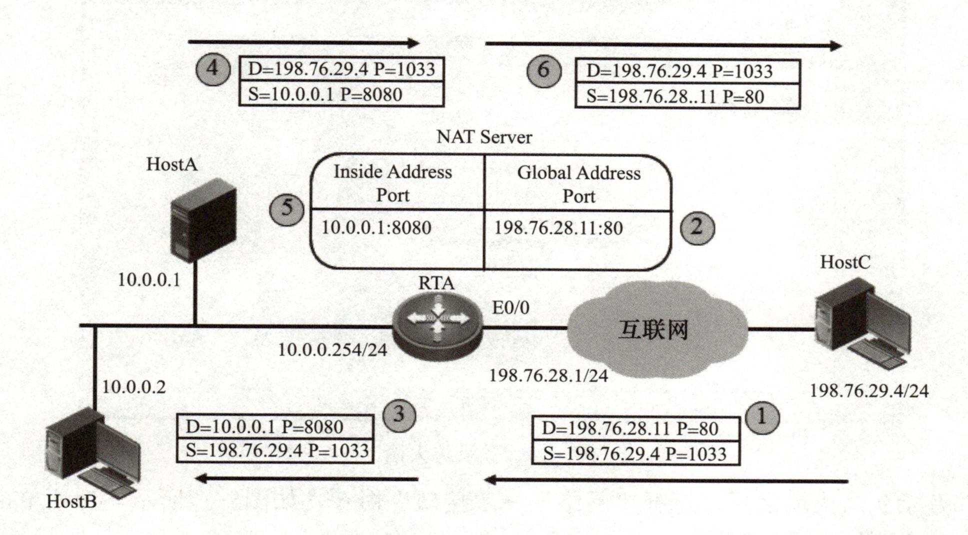

图5-10　NAT Server转换原理图

① 外网主机发出数据包源地址为198.76.29.4，源端口号为1033，目的地址为198.76.29.11，目的端口号为80。

② NAT路由器建立NAT转换表，10.0.0.1:8080对应为198.76.28.11:80。

③ NAT路由器把此数据包的目的IP地址和端口号由198.76.28.11:80转换为10.0.0.1:8080，并转发到内网。

④ 内网服务器收到数据包后进行回复，回复的数据包源地址为10.0.0.1:8080，目的地址为198.76.28.4:1033。

⑤ NAT路由器收到回复的数据包后，查找NAT转换表，10.0.0.1:8080对应为198.76.28.11:80。

⑥ NAT路由器把此数据包的源IP地址由10.0.0.1:8080转换为198.76.28.11:80，并转发到互联网上的PC上。

任务5　配置硬件防火墙

◆ 任务描述

某公司购买了一台神州数码防火墙，挂接在网络的边缘，以实现公司内网的客户机能够访问互联网。

◆ 任务实施

步骤一：配置接口

1）首先把一台管理站连接到防火墙eth0接口，此接口的IP地址为192.168.1.1，管理站通过Web浏览器登录防火墙界面。输入默认用户名admin、密码admin后单击“登录”按钮，配置外网接口地址，如图5-11所示。

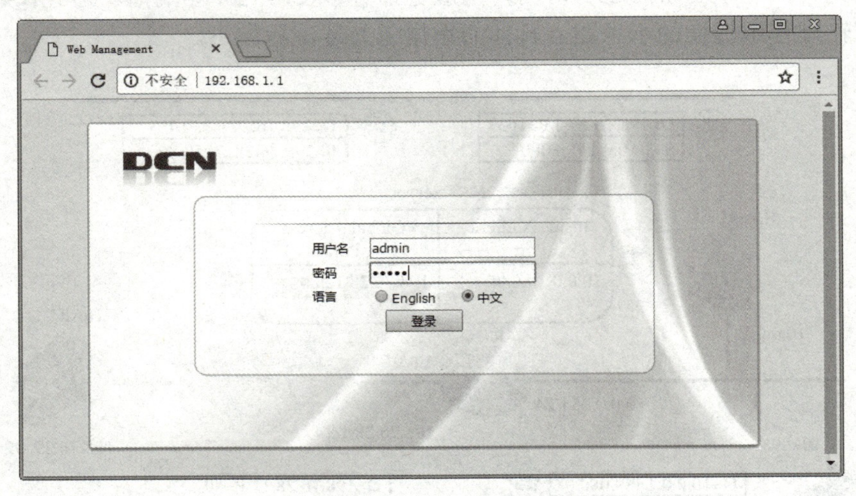

图5-11　登录防火墙

2）登录到防火墙之后，选择“网络”→“接口”命令，如图5-12所示，然后单击接口ethernet0/1后面的“操作”按钮。

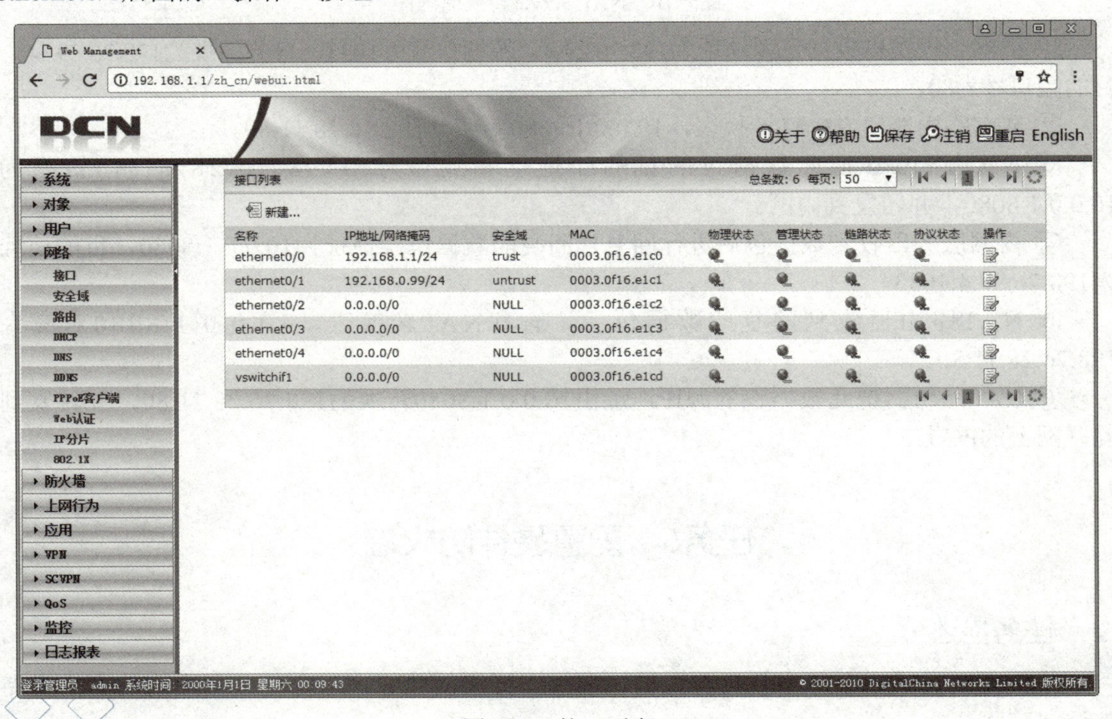

图5-12　接口列表

3）把接口ethernet0/1的“安全域类型”改为“三层安全域”，“安全域”属于“untrust”，IP地址设置为“100.100.100.2”，如图5-13所示。然后单击“确定”按钮进行保存。

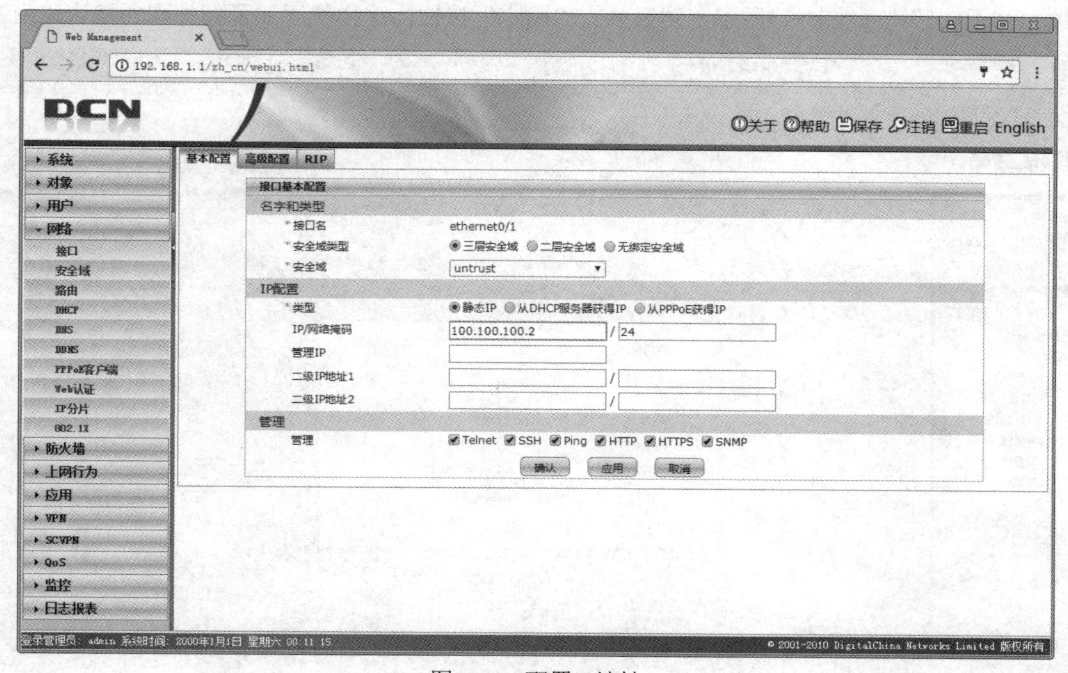

图5-13　配置IP地址

步骤二：添加路由

1）选择“网络”→“路由”→“目的路由”命令，打开目的路由列表，如图5-14所示。

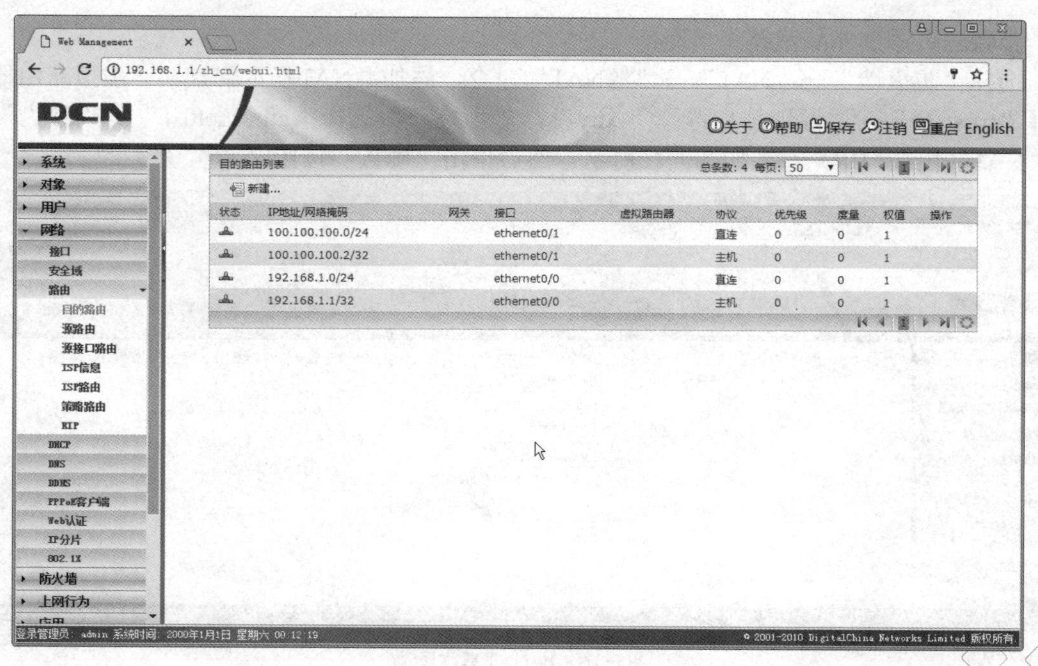

图5-14　目的路由列表

2）单击“新建”按钮，打开目的路由配置页面，在“目的IP”文本框中输入“0.0.0.0”，在“子网掩码”文本框中输入“0.0.0.0”，“下一跳”设置为“网关”，“网关”地址为“100.100.100.1”，如图5-15所示，然后单击“确定”按钮，这样就添加了到外网的默认路由。

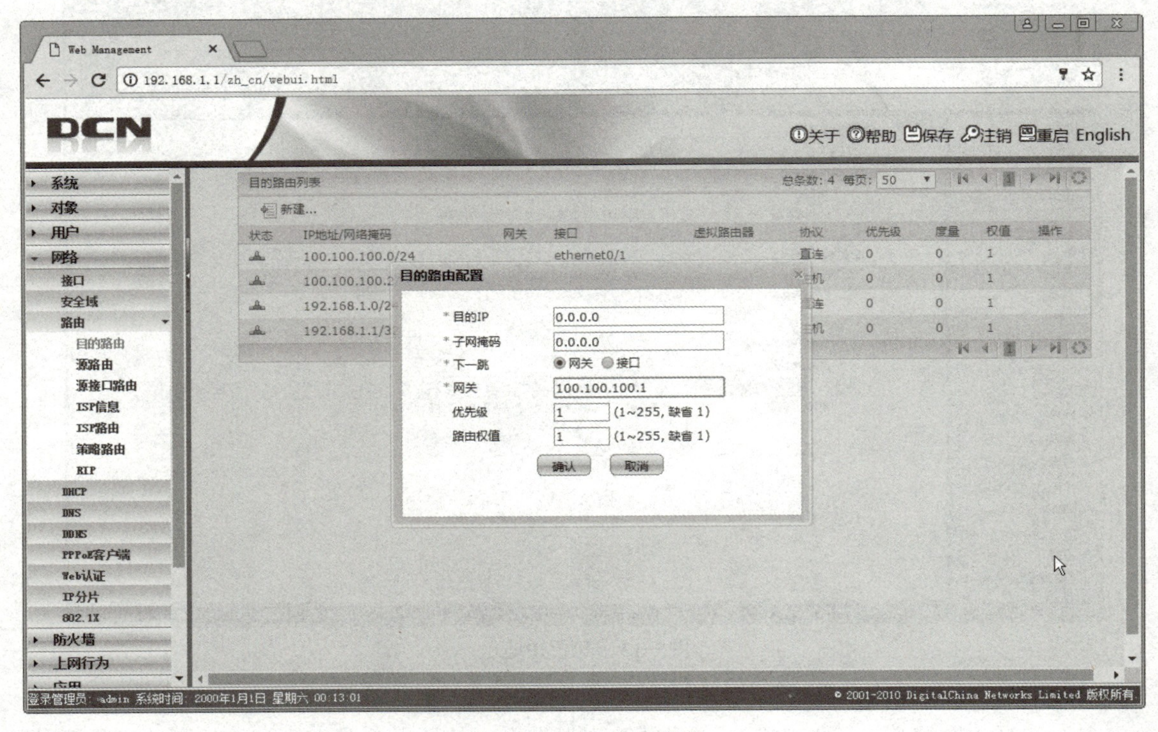

图5-15　目的路由配置

步骤三：添加SNAT策略

选择“防火墙”→“NAT”→“源NAT”命令，添加源NAT基本配置，“虚拟路由器”选择“trust-vr”，“源地址”选择“Any”，“出接口”选择“ethernet0/1”，“行为”选择“NAT（出接口IP）”，如图5-16所示，然后单击“确认”按钮。

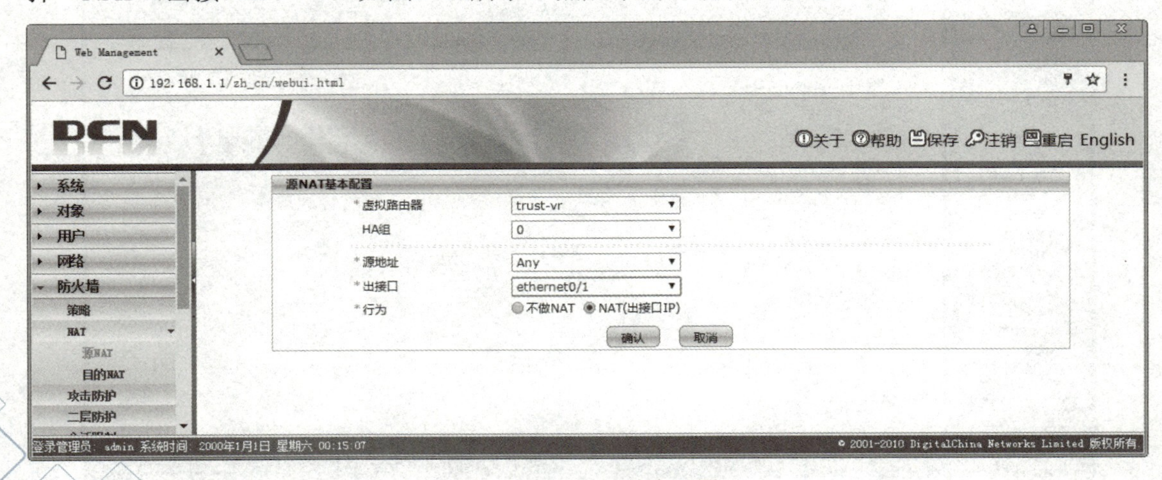

图5-16　源NAT基本配置

步骤四：添加安全策略

1）选择“防火墙”→“策略”命令，如图5-17所示，然后单击“新建”按钮。

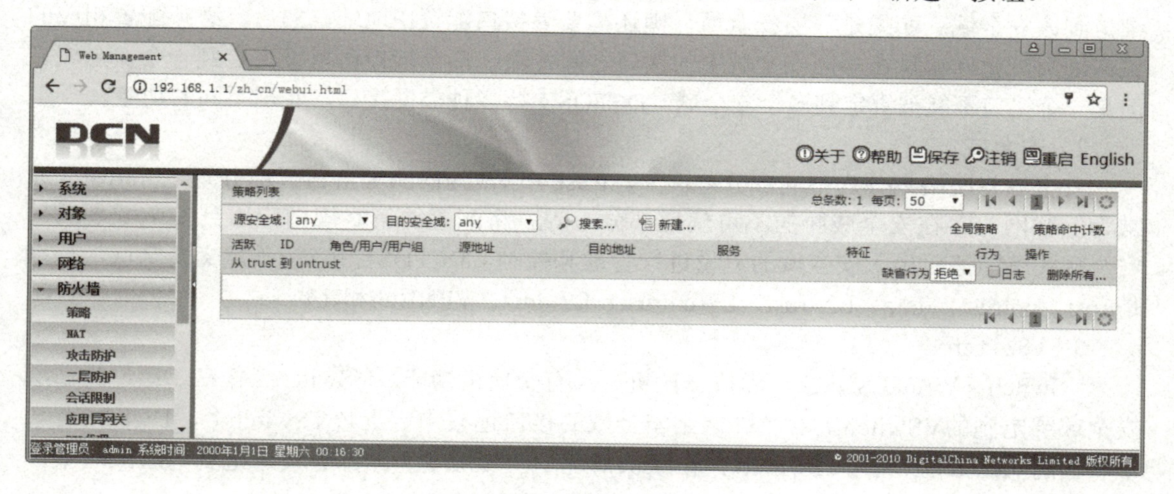

图5-17　策略列表

2）在策略基本配置中，“源安全域”选择“trust”，“源地址”选择“Any”，“目的安全域”选择“untrust”，“目的地址”为“Any”，“服务簿”为“Any”，“行为”设置为“允许”，如图5-18所示。

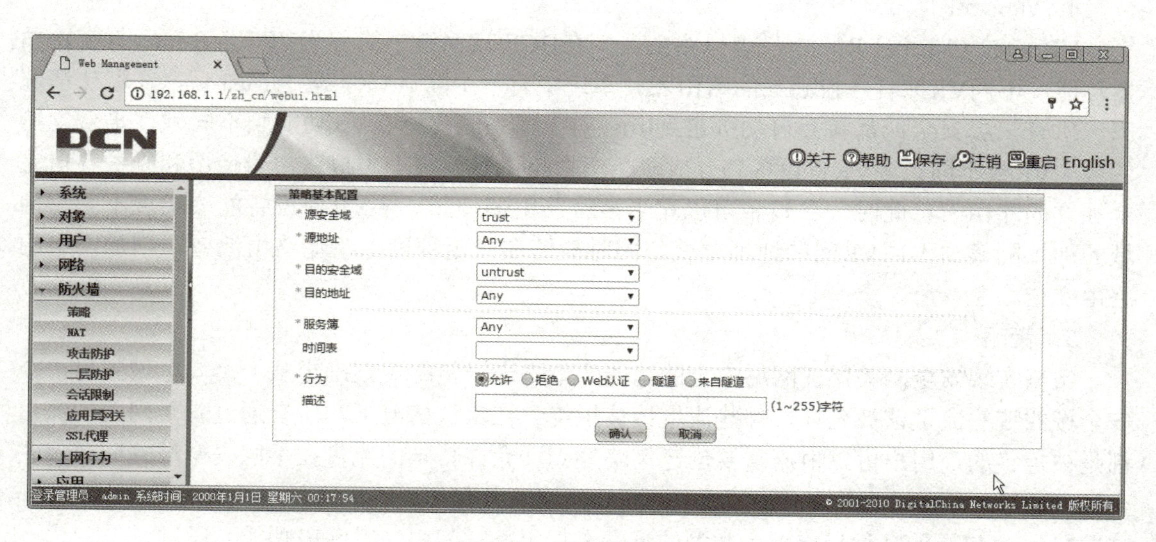

图5-18　策略基本配置

◆ 知识储备

DCFOS系统介绍

DCFOS是安全网关运行的系统固件。DCFOS系统中的基本组成部分包括：接口、安全域、VSwitch、VRouter、策略以及VPN等。

1. 接口

接口允许流量进出安全域。因此，为了使流量能够流入和流出某个安全域，必须将接口绑定到该安全域。如果是三层安全域，则还需要为接口配置IP地址。然后，必须配置相应的策略规则，允许流量在不同安全域中的接口之间传输。多个接口可以被绑定到一个安全域，但是一个接口不能被绑定到多个安全域。DCFOS支持多种类型接口，实现不同的功能。

2. 安全域

安全域将网络划分为不同部分，例如，trust（通常为内网等可信任部分）、untrust（通常为互联网等存在安全威胁的不可信任部分）等。将配置的策略规则应用到安全域上后，安全网关就能够对出入安全域的流量进行管理和控制。DCFOS提供8个预定义安全域，分别是trust、untrust、dmz、L2-trust、L2-untrust、L2-dmz、VPNHub和HA。

3. VSwitch

VSwitch（Virtual Switch，虚拟交换机）具有交换机功能。VSwitch工作在二层，将二层安全域绑定到的VSwitch上后，绑定到安全域的接口也被绑定到该VSwitch上。DCFOS有一个默认的VSwitch，名为VSwitch1，在默认情况下，二层安全域都会被绑定到VSwtich1中。用户可以根据需要创建其他VSwitch，绑定二层安全域到不同VSwitch中。

一个VSwitch就是一个二层转发域，每个VSwitch都有自己独立的MAC地址表，因此设备的二层转发在VSwitch中实现。并且，流量可以通过VSwitch接口实现二层与三层之间的转发。

4. VRouter

VRouter（Virtual Router，虚拟路由器）在DCFOS系统中简称为VR。VRouter具有路由器功能，不同VR拥有各自独立的路由表。系统中有一个默认VR，名为trust-vr，在默认情况下，所有三层安全域都将会自动绑定到trust-vr上。系统支持多VR功能且不同硬件平台支持的最大VR数不同。多VR将设备划分成多个虚拟路由器，每个虚拟路由器使用和维护各自完全独立的路由表，此时一台设备可以充当多台路由器使用。多VR使设备能够实现不同路由域的地址隔离与不同VR间的地址重叠，同时能够在一定程度上避免路由泄露，增加网络的路由安全。

5. 策略

策略实现安全网关保证网络安全的功能。策略通过策略规则确定从一个安全域到另一个安全域的哪些流量该被允许，哪些流量该被拒绝。在默认情况下，所有通过安全网关的流量都是被拒绝的，用户可以根据需要创建策略规则，允许特定的流量在不同安全域之间或者安全域内通过，例如，允许从trust域发起到untrust域的所有类型流量通过，或者只允许从untrust域发起到DMZ域的某种特定应用类型的流量在指定的时间内（时间表功能）通过。

任务6　配置防火墙实现域名过滤

任务描述

某企业需要员工在工作中不能使用百度作为搜索引擎，管理员在边缘防火墙上配置HTTP

控制来实现对百度网站访问的限制。

◆ 任务实施

步骤一：创建HTTP Profile，启用URL过滤功能

1）选择“应用”→“HTTP控制”命令，如图5-19所示，然后单击“新建”按钮。

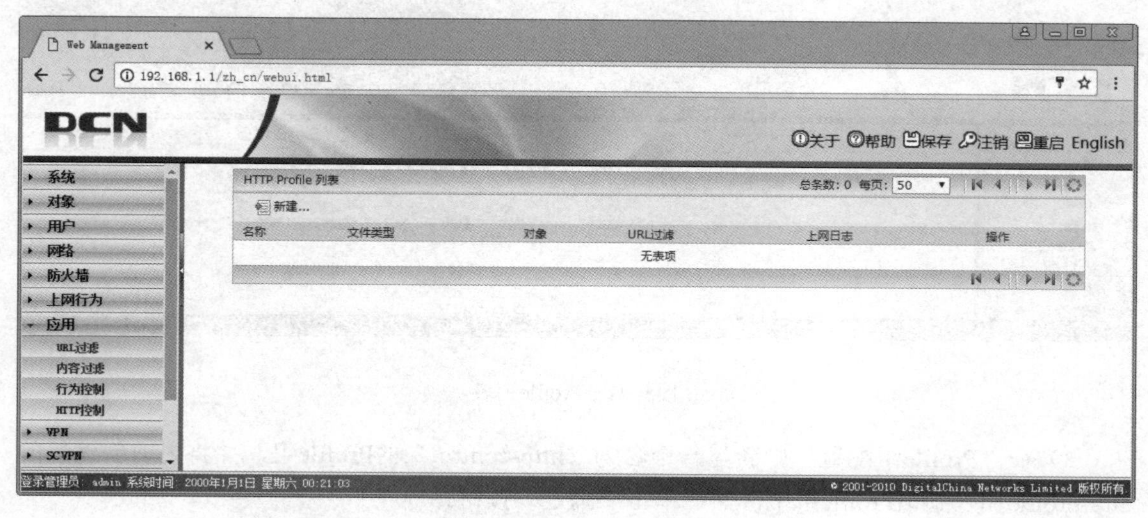

图5-19　HTTP Profile列表

2）在打开的HTTP Profile配置页面中，设置“Profile名称”为“http-profile”，将“URL过滤”设置成“启用”状态，其他选项如图5-20所示，然后单击“确认”按钮，这样就新建一个了HTTP Profile。

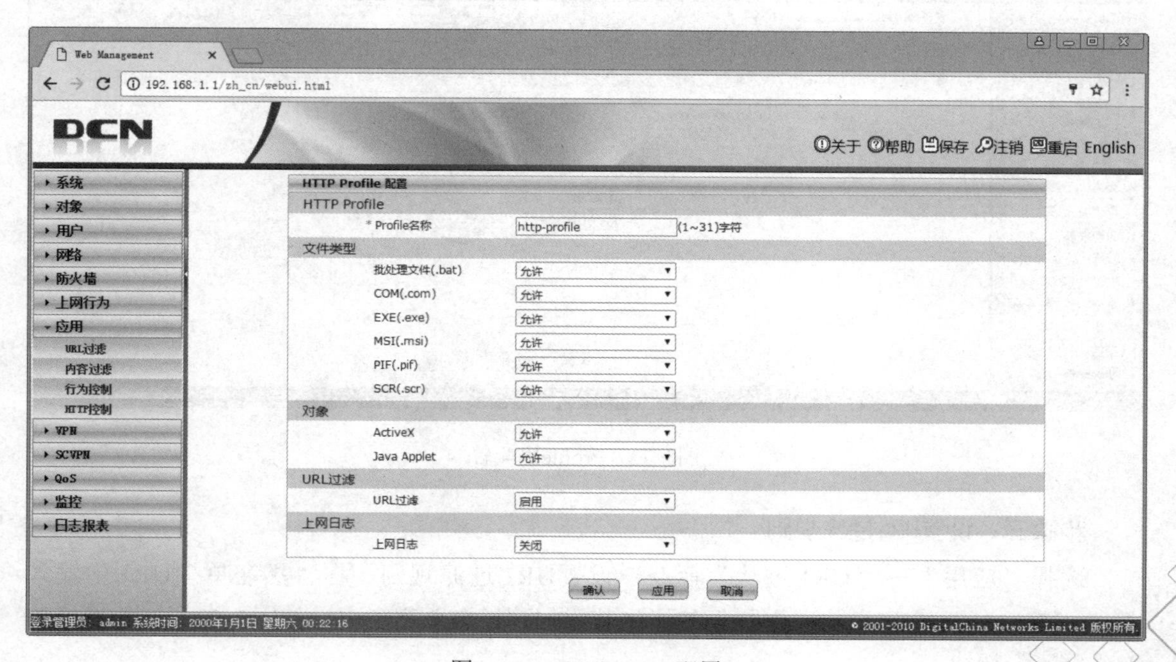

图5-20　HTTP Profile配置

步骤二：创建Profile组

1）选择“对象”→“Profile组”命令，在“Profile组列表”中单击“新建”按钮，如图5-21所示。

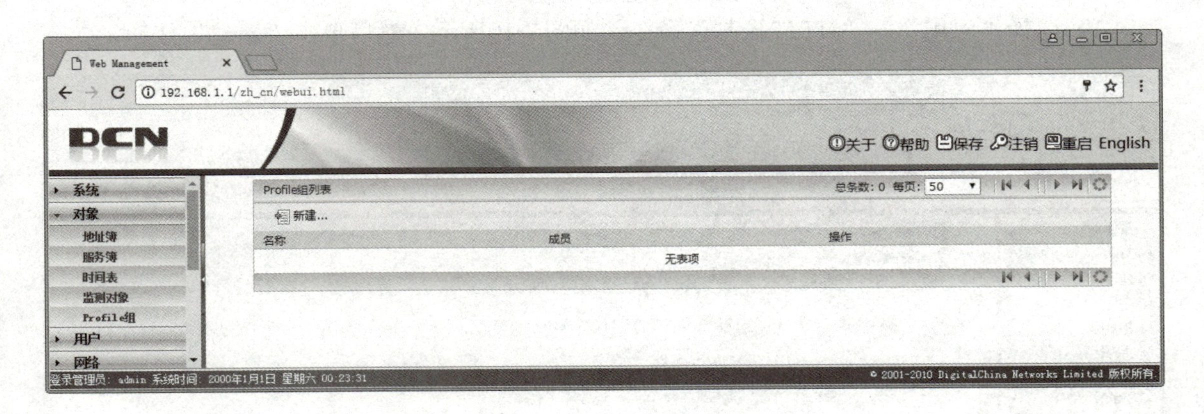

图5-21　Profile列表

2）在“Profile组配置”中新建一个名为“http-control”的Profile组，并将之前创建好的http-profile加入到该Profile组中，然后单击“确定”按钮。

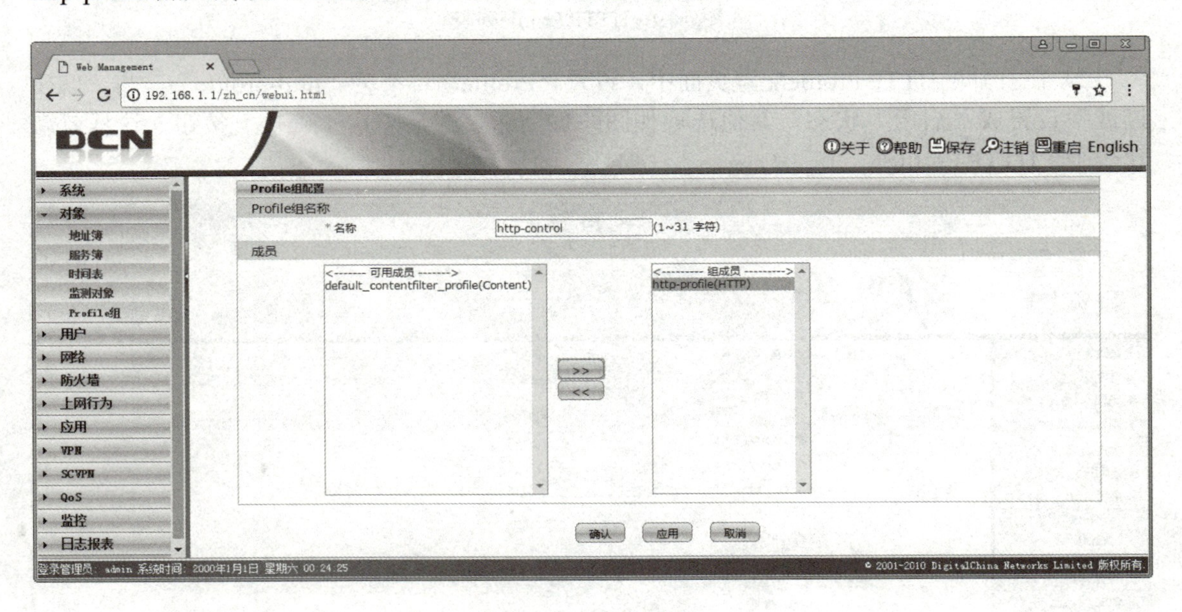

图5-22　Profile组配置

步骤三：设置URL过滤规则

选择“应用”→“URL过滤”命令，设置URL过滤规则，在“黑名单”URL中输入“www.baidu.com”，单击“添加”按钮将其添加到黑名单列表中，如图5-23所示。然后单击“确定”按钮。

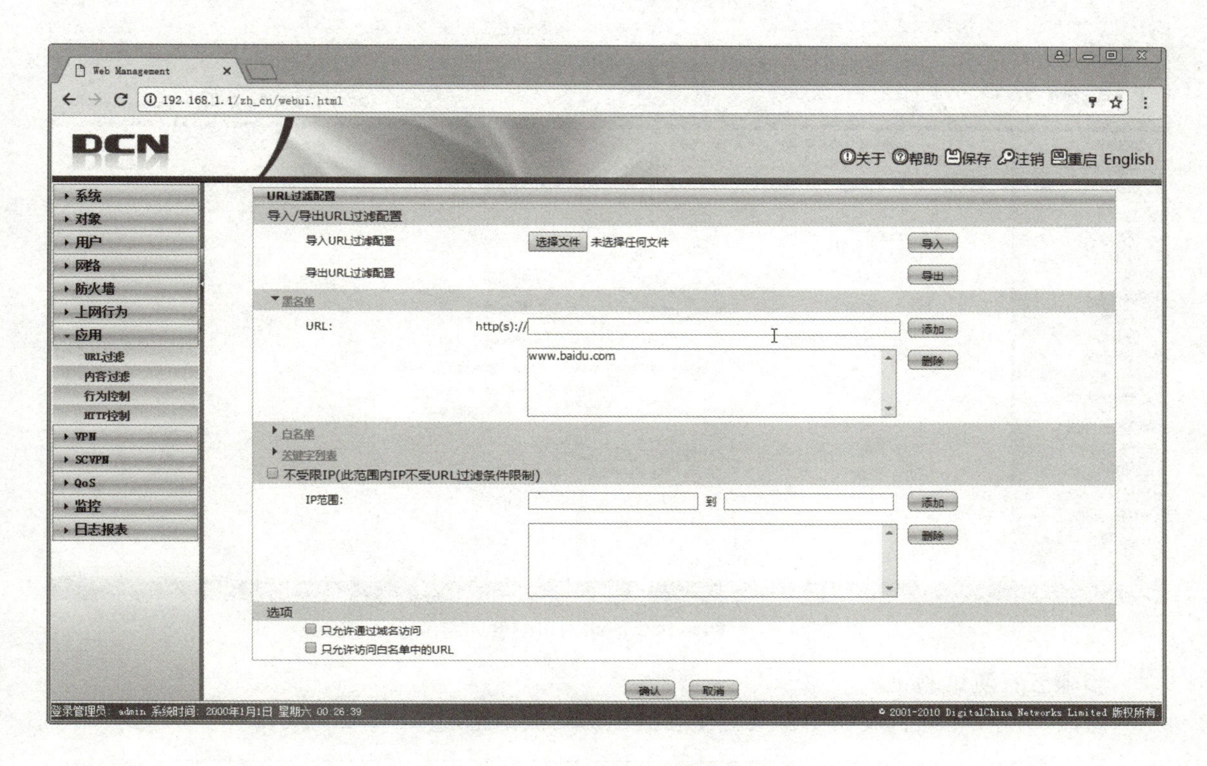

图5-23　URL过滤配置

步骤四：在安全策略中引用Profile组

1）选择“防火墙”→“策略”命令，选择针对内网到外网的安全策略，如图5-24所示，然后单击策略的编辑图标。

2）在策略的高级配置中，启用“Profile组”，并引用URL过滤的“Profile组”中的“http-control”，如图5-25所示，然后单击“确认”按钮。

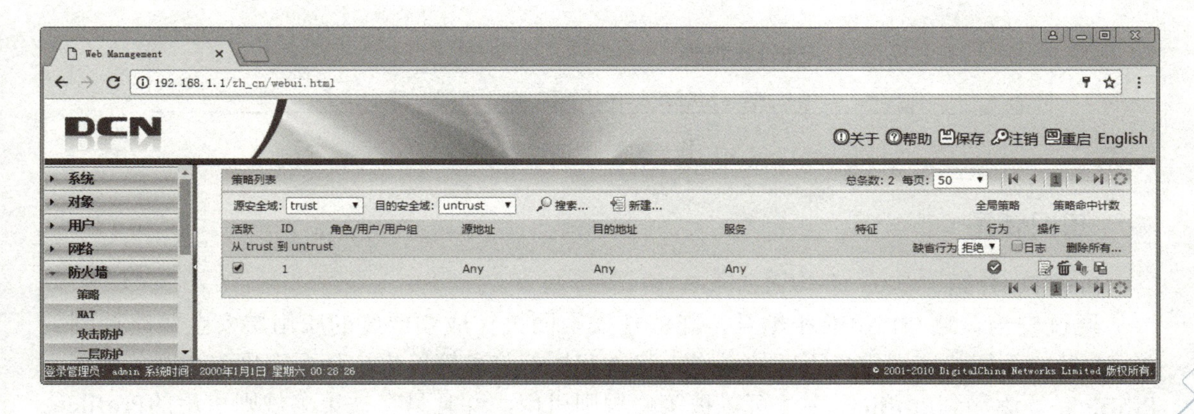

图5-24　策略列表

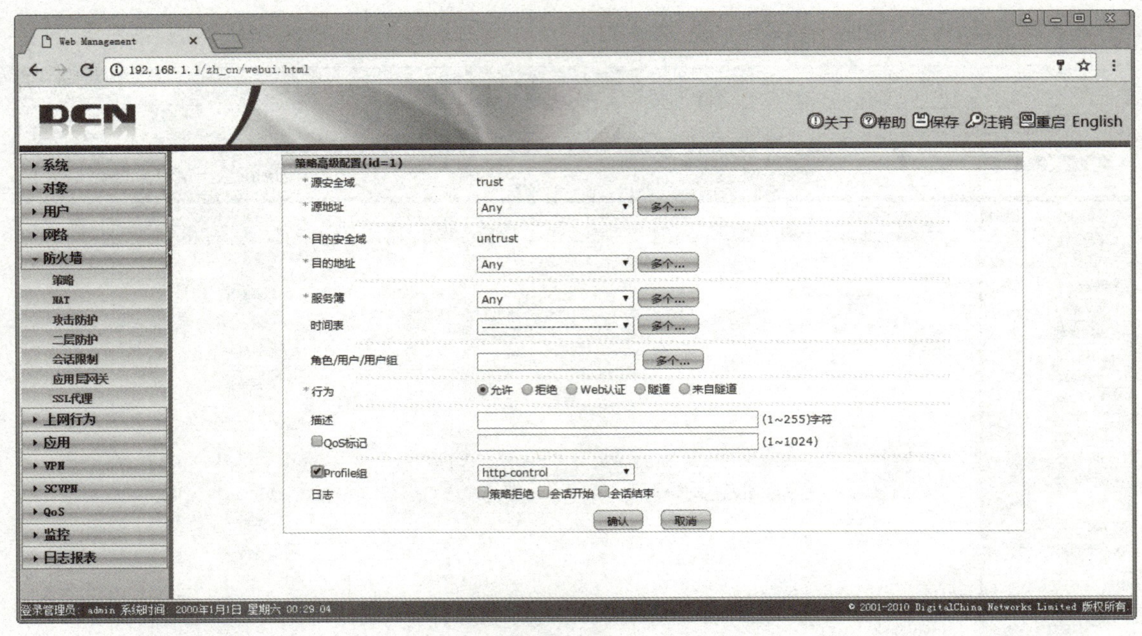

图5-25　策略高级配置

步骤五：测试验证

内网用户在访问百度网站首页时便会提示访问被拒绝，如图5-26所示。

图5-26　测试验证

◆ 知识储备

Profile介绍

通过安全策略与Profile相结合，能够使安全网关完成细粒度的应用层安全策略控制。Profile针对不同的应用定义不同的操作，将复杂控制信息简单化，从而简化安全网关配置。Profile必须添加到Profile组中才可以被策略规则引用，并且只有被策略规则引用的Profile组才能够在安全网关的配置中起作用。DCFOS支持5类Profile，分别是行为Profile、内容过滤Profile、HTTP Profile、防病毒Profile和IPS Profile。每一类Profile可以针对具体应用分别配置不同的控制动作。

一、Profile配置

Profile的配置包括以下各项：

1）创建行为Profile。

2）创建HTTP Profile。

3）创建Profile组并将Profile添加到Profile组。

4）在策略规则中引用Profile组。

二、URL过滤

通过使用安全网关的URL过滤功能，设备可以控制用户的PC对某些网址的访问。URL过滤功能包含以下组成部分：

1）黑名单：包含不可以访问的URL。不同平台黑名单包含的最大URL 条数不同。

2）白名单：包含允许访问的URL。不同平台白名单包含的最大URL条数不同。

3）关键字列表：如果URL中包含关键字列表中的关键字，则PC不可以访问该URL。不同平台关键字列表包含的关键字条目数不同。

4）不受限IP：不受URL过滤配置影响，可以访问任何网站。

5）只允许用域名访问：如果开启该功能，则用户只可以通过域名访问互联网，IP地址类型的URL 将被拒绝访问。

6）只允许访问白名单里的URL：如果开启该功能，则用户只可以访问白名单中的URL，其他地址都会被拒绝。

项目6 校园网综合实训

◆ 项目描述

某学校搬迁到新校区，学校原有的网络设备由于老旧不再应用到新校区的网络，并且原有的网络功能不能适应新的发展要求。学校领导决定让某网络公司重新规划学校的网络并实施，使新校区的网络能提供高速、安全、稳定的和具有一定冗错能力的服务，并能提供VPN和无线网络接入。某网络工程师负责了此项目，对校园网络进行规划与实施。

◆ 项目实施

网络工程师把校园网项目分为4个环节，第1个环节是了解网络设备，需求分析后进行校园网网络的功能规划，设计校园网的拓扑结构，划分虚拟局域网，规划IP地址；第2个环节是配置交换机搭建基础网络，配置交换机名称、VLAN和IP地址等基础信息，配置MSTP使在冗余环境中无数据环路，配置链路汇聚增加交换机间带宽，配置OSPF满足局域网通信，配置DHCP服务器，配置交换机启动DHCP Snooping，配置交换机的端口安全性，来满足学校的各项局域网功能；第3个环节是配置路由器来满足学校访问互联网的需求，配置OSPF协议和默认路由，并把默认路由引入OSPF协议，配置NAT协议允许内网用户访问互联网，配置VPN允许出差用户拨入，配置URL过滤来规定允许访问的网站；第4个环节是在学校网络中配置无线网络来满足学校部分移动用户的上网需求。

具体实施分为需求分析及规划、各设备的配置两个部分。

一、综合实验分析及规划

步骤一：网络设备命名及设备间连线

1. 设备命名规则

校园网路由器命名为WLZX1-RG-RSR2004-N，其中WLZX1代表设备放置在网络中心，RG代表为锐捷公司设备，RSR代表锐捷路由器，2004代表路由器型号，最后的N代表此种第*n*台路由器。

ISP路由器命名为WT100和DX200，WT100代表模拟网通路由器，所属为100.0.0.0网段，DX200代表模拟电信路由器，所属为200.0.0.0网段。

核心层交换机为名为WLZX1-RG-S5750-N，其中WLZX1代表设备放置在网络中心的核心层设备，RG代表为锐捷公司设备，S代表锐捷交换机，5750代表交换机型号，最后的N代表此种第*n*台交换机。

汇聚层交换机为名为BGL2-RG-S3760-N，其中BGL2代表设备是放置在办公楼的汇聚层设备，RG代表为锐捷公司设备，S代表锐捷交换机，3760代表交换机型号，最后的N代表此种第n台交换机。

接入层交换机名为BGL2-RG-S3760-N，其中BGL3代表设备是放置在办公楼的接入层设备，RG代表为锐捷公司设备，S代表锐捷交换机，2026和2150代表交换机型号，最后的N代表此种第n台交换机。

无线AP名为WLZX2-RG-AP220-N，其中WLZX2代表设备是放置在网络中心的汇聚层设备，RG代表为锐捷公司设备，AP代表无线AP，220为设备型号，最后的N代表此种第n台无线AP。

具体设备命名及设备间连线如图6-1所示。

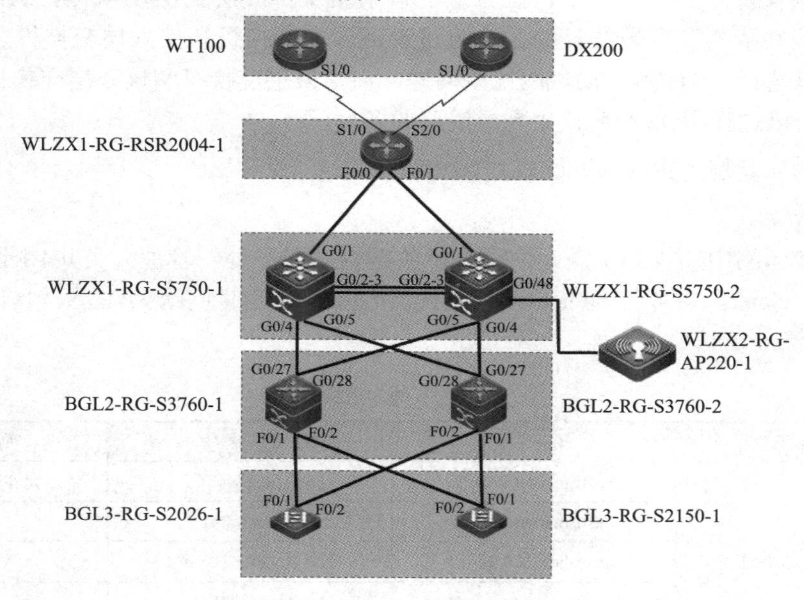

图6-1　网络设备命名及设备间连线

2. 设备间连线

路由器之间的线路为V.35串口线，交换机之间为双绞线连接，路由器和交换机之间为双绞线连接。

步骤二：归纳学校局域网功能

1）校园网的核心层交换机间和核心层交换机到链路层采用万兆链路连接，汇聚层和接入层交换机的带宽为1 000M，100M的带宽到用户桌面。

2）在接入层和汇聚层备份冗余链路，选择STP防止单点接入失败。

3）在核心层交换机进行链路汇聚增加网络带宽，保证能快速转发。

4）在所有设备上设置IP地址，搭建网络的基础。

5）通过Telnet远程管理接入层交换机，简化维护工作。

6）在汇聚层通过虚拟路由器协议建立动态的故障转移机制，防止网关单点失败和负载均衡。

7）配置汇聚层交换机进行虚拟局域网间访问控制，保障校园网内部子网之间的安全性。

8）汇聚层交换机设置DHCP服务器为内网自动分配IP地址，简化IP地址管理问题。

9）配置路由器的广域网协议。

10）设置默认路由来减轻路由器对路由表的维护工作量。

11）校园网中所有的三层设备启动OSPF路由协议、边缘路由器并向内网交换机发布默认路由。

12）通过网络地址转换允许内网用户访问外网。

13）通过网络地址转换发布内网服务器，允许内外网用户访问内网服务器。

14）路由器启动防火墙，进行访问控制。

15）配置无线AP，并进行安全控制。

在园区网模块的三层模型中，汇聚层应该采用支持三层交换技术和VLAN技术的交换机，以达到网络隔离和分段的目的。也就是说汇聚层交换机和接入层交换机之间以二层功能为主，所以选择了STP解决局域网冗余问题。而汇聚层交换机和核心层交换机之间为三层功能为主，所以选择用OSPF协议来完成线路的备份。

步骤三：功能规划完成，开始规划VLAN和IP地址

1. 规划VLAN

在模拟校园网中，规划了教师网络、学生网络、财务处、管理人员共4个逻辑网段。其中教师网络为vlan2，财务处为vlan3，管理人员为vlan4，学生网络为vlan5。具体端口与所属VLAN关系见表6-1。

表6-1 VLAN规划

交换机名	接口范围	接口类型	所属VLAN
BGL3-RG-S2026-1	FastEthernet 0/1～2	Trunk端口	允许所有VLAN
	FastEthernet 0/3～8	Access端口	vlan2
	FastEthernet 0/9～12	Access端口	vlan3
	FastEthernet 0/13～16	Access端口	vlan4
	FastEthernet 0/17～18	Access端口	vlan5
BGL3-RG-S2150-1	FastEthernet 0/1～2	Trunk端口	允许所有VLAN
	FastEthernet 0/3～8	Access端口	vlan2
	FastEthernet 0/9～12	Access端口	vlan3
	FastEthernet 0/13～16	Access端口	vlan4
	FastEthernet 0/17～20	Access端口	vlan5
BGL2-RG-S3760-1	FastEthernet 0/1～2	Trunk端口	允许所有VLAN
BGL2-RG-S3760-2	FastEthernet 0/1～2	Trunk端口	允许所有VLAN

2. 规划IP地址

IP地址规划为：内网所有网络设备之间的IP地址都是192.168.0.0/24的子网，子网掩码为255.255.255.252，这样能节省IP地址；所有汇聚层交换机和接入层交换机的管理IP地址段为192.168.1.0/24；教师VLAN所属网段为192.168.2.0/24；财务处人员所属网段为192.168.3.0；管理人员所属网段为192.168.4.0/24；学生所属网段为192.168.5.0/24；服务器所属网段为192.168.100.0/24；VPN拨入用户所属网段为192.168.200.0/24；无线用户所属网段为192.168.254.0；其余的网段是为了以后校园内新添加的PC做的预留。具体IP地址分配见表6-2。

表6-2　IP地址规划

设备	接口	IP地址
WLZX1-RG-S5750-1	GigabitEthernet 0/1	192.168.0.2/30
	GigabitEthernet 0/4	192.168.0.13/30
	GigabitEthernet 0/5	192.168.0.17/30
	AggregatePort 1	192.168.0.9/30
	GigabitEthernet 0/47	192.168.100.1/24
	GigabitEthernet 0/48	192.168.254.1/24
WLZX1-RG-S5750-2	GigabitEthernet 0/1	192.168.0.6/30
	GigabitEthernet 0/4	192.168.0.25/30
	GigabitEthernet 0/5	192.168.0.21/30
	AggregatePort 1	192.168.0.10/30
BGL2-RG-S3760-1	vlan1	192.168.1.1/24
	vlan2	192.168.2.1/24
	vlan3	192.168.3.1/24
	vlan4	192.168.4.1/24
	vlan5	192.168.5.1/24
	GigabitEthernet 0/27	192.168.0.14/30
	GigabitEthernet 0/28	192.168.0.22/30
BGL2-RG-S3760-2	vlan1	192.168.1.2/24
	vlan2	192.168.2.2/24
	vlan3	192.168.3.2/24
	vlan4	192.168.4.2/24
	vlan5	192.168.5.2/24
	GigabitEthernet 0/27	192.168.0.26/30
	GigabitEthernet 0/28	192.168.0.18/30
WLZX1-RG-RSR2004-1	FastEthernet 0/0	192.168.0.1/30
	FastEthernet 0/1	192.168.0.5/30
	Serial 3/0	100.100.3.2/30
	Serial 4/0	200.200.4.2/30
WT100	Serial 2/0	100.100.3.1/30
DX200	Serial 2/0	200.200.4.1/30

二、各设备的配置

步骤一：设置交换机主机名

设置各个交换机的主机名，总体拓扑如图6-1所示。

1. BGL3-RG-S2026-1

```
S2026F (config)#hostname BGL3-RG-S2026-1          ；设置主机名
BGL3-RG-S2026-1(config)# exit
BGL3-RG-S2026-1#reload                            ；重启交换机
```

```
System configuration has been modified. Save? [yes/no]:yes          ；保存更改
Proceed with reload? [confirm]                                      ；确认重启
```

2. BGL3-RG-S2150-2

```
S2150F (config)#hostname BGL3-RG-S2150-2                            ；设置主机名
BGL3-RG-S2150-2 (config)#exit                                       ；进入特权模式
BGL3-RG-S2150-2 #write                                              ；保存配置文件
```

3. BGL2-RG-S3760-1

```
S3760(config)#hostname BGL2-RG-S3760-1                              ；设置主机名
BGL2-RG-S3760-1(config)#exit                                        ；进入特权模式
BGL2-RG-S3760-1#write                                               ；保存配置文件
```

4. BGL2-RG-S3760-2

```
S3760(config)#hostname BGL2-RG-S3760-2                              ；设置主机名
BGL2-RG-S3760-2(config)#exit                                        ；进入特权模式
BGL2-RG-S3760-2#write                                               ；保存配置文件
```

5. WLZX1-RG-S5750-1

```
S5750(config)#hostname WLZX1-RG-S5750-1                             ；设置主机名
WLZX1-RG-S5750-1(config)#exit                                       ；进入特权模式
WLZX1-RG-S5750-1#write                                              ；保存配置文件
```

6. WLZX1-RG-S5750-2

```
S5750(config)#hostname WLZX1-RG-S5750-2                             ；设置主机名
WLZX1-RG-S5750-2(config)#exit                                       ；进入特权模式
WLZX1-RG-S5750-2#write                                              ；保存配置文件
```

步骤二：配置VLAN

在交换机上设置连接的VLAN和接口对应关系，见表6-1。

1. BGL3-RG-S2026-1

```
BGL3-RG-S2026-1(config)#vlan 2                                      ；创建vlan2
BGL3-RG-S2026-1(config-vlan)#exit                                   ；退出vlan模式
BGL3-RG-S2026-1(config)#vlan 3                                      ；创建vlan3
BGL3-RG-S2026-1(config-vlan)#exit                                   ；退出vlan模式
BGL3-RG-S2026-1(config)#vlan 4                                      ；创建vlan4
BGL3-RG-S2026-1(config-vlan)#exit                                   ；退出vlan模式
BGL3-RG-S2026-1(config)#vlan 5                                      ；创建vlan5
BGL3-RG-S2026-1(config-vlan)#exit                                   ；退出vlan模式
BGL3-RG-S2026-1(config)#interface range FastEthernet 0/3-8          ；进入接口组
BGL3-RG-S2026-1(config-if-range)#switchport access vlan 2           ；配置接口属于vlan2
BGL3-RG-S2026-1(config)#interface range FastEthernet 0/9-12         ；进入接口组
BGL3-RG-S2026-1(config-if-range)#switchport access vlan 3           ；配置接口属于vlan3
BGL3-RG-S2026-1(config-if-range)#exit                               ；退出
BGL3-RG-S2026-1(config)#interface range FastEthernet 0/13-16        ；进入接口组
BGL3-RG-S2026-1(config-if-range)#switchport access vlan 4           ；配置接口属于vlan4
BGL3-RG-S2026-1(config-if-range)#exit                               ；退出
BGL3-RG-S2026-1(config)#interface range FastEthernet 0/17-18        ；进入接口组
BGL3-RG-S2026-1(config-if-range)#switchport access vlan 5           ；配置接口属于vlan5
BGL3-RG-S2026-1(config-if-range)#exit                               ；退出
BGL3-RG-S2026-1(config)#interface range FastEthernet 0/1-2          ；进入接口组
BGL3-RG-S2026-1(config-if-range)#switchport mode trunk              ；配置端口为trunk端口
BGL3-RG-S2026-1(config-if-range)#switchport trunk allowed vlan all  ；允许所有vlan通过
```

2. BGL3-RG-S2150-1

```
BGL3-RG-S2150-1(config)#vlan 2                                          ；创建vlan2
2015-12-22 21:59:46 @5-CONFIG:Configured from outband                   ；提示消息带外管理
BGL3-RG-S2150-1(config-vlan)#exit                                       ；退出vlan模式
BGL3-RG-S2150-1(config)#vlan 3                                          ；创建vlan3
BGL3-RG-S2150-1(config-vlan)#exit                                       ；退出vlan模式
BGL3-RG-S2150-1(config)#vlan 4                                          ；创建vlan4
BGL3-RG-S2150-1(config-vlan)#exit                                       ；退出vlan模式
BGL3-RG-S2150-1(config)#vlan 5                                          ；创建vlan5
BGL3-RG-S2150-1(config-vlan)#exit                                       ；退出vlan模式
BGL3-RG-S2150-1(config)#interface range FastEthernet 0/1-2              ；进入接口组模式
BGL3-RG-S2150-1(config-if-range)#switchport mode trunk                  ；设置为trunk端口
BGL3-RG-S2150-1(config-if-range)#switchport trunk allowed vlan all      ；允许所有vlan通过
BGL3-RG-S2150-1(config-if-range)#exit
BGL3-RG-S2150-1(config)#interface range FastEthernet 0/3-8              ；进入接口组模式
BGL3-RG-S2150-1(config-if-range)#switchport  access  vlan 2             ；加入vlan2
BGL3-RG-S2150-1(config-if-range)#exit                                   ；退出接口模式
BGL3-RG-S2150-1(config)#interface range FastEthernet 0/9-12             ；进入接口组模式
BGL3-RG-S2150-1(config-if-range)#switchport access vlan 3               ；加入vlan3
BGL3-RG-S2150-1(config-if-range)#exit                                   ；退出接口模式
BGL3-RG-S2150-1(config)#interface range FastEthernet 0/13-16            ；进入接口组模式
BGL3-RG-S2150-1(config-if-range)#switchport access vlan 4               ；加入vlan4
BGL3-RG-S2150-1(config-if-range)#exit                                   ；退出接口模式
BGL3-RG-S2150-1(config)#interface range FastEthernet 0/17-20            ；进入接口组模式
BGL3-RG-S2150-1(config-if-range)#switchport access vlan 5               ；加入vlan5
BGL3-RG-S2150-1(config-if-range)#exit                                   ；退出接口模式
```

3. BGL2-RG-S3760-1

```
BGL2-RG-S3760-1(config)#vlan range 2-5                                  ；创建vlan2～5
BGL2-RG-S3760-1(config-vlan-range)#exit                                 ；退出vlan模式
BGL2-RG-S3760-1(config)#interface range FastEthernet 0/1-2              ；进入接口模式
BGL2-RG-S3760-1(config-if-range)#switchport mode trunk                  ；设置为trunk端口
BGL2-RG-S3760-1(config-if-range)#switchport trunk allowed vlan all      ；允许所有vlan通过
BGL2-RG-S3760-1(config-if-range)#exit                                   ；退出接口模式
```

4. BGL2-RG-S3760-2

```
BGL2-RG-S3760-2(config)#vlan range 2-5                                  ；创建vlan2～5
BGL2-RG-S3760-2(config-vlan-range)#exit                                 ；退出vlan模式
BGL2-RG-S3760-2(config)#interface range FastEthernet 0/1-2              ；进入接口模式
BGL2-RG-S3760-2(config-if-range)#switchport mode trunk                  ；设置为trunk端口
BGL2-RG-S3760-2(config-if-range)#switchport trunk allowed vlan all      ；允许所有vlan通过
BGL2-RG-S3760-2(config-if-range)#exit                                   ；退出接口模式
```

步骤三：配置生成树协议

生成树协议模式为MSTP；生成树域名为mstp；实例和vlan的对应关系为实例1对应vlan2和vlan3，实例2对应vlan4和vlan5。交换机BGL3-RG-S2026-1在实例1中的优先级为4096，交换机BGL3-RG-S2150-1在实例2中的优先级为4096。

1. BGL2-RG-S3760-1

```
BGL2-RG-S3760-1#spanning-tree                                           ；启动生成树协议
Enable spanning-tree.
*Dec 22 21:47:14: %SPANTREE-5-TOPOTRAP: Topology Change Trap for instance 0.
```

```
BGL2-RG-S3760-1(config)#spanning-tree mode mstp                    ；生成树协议模式为mstp
BGL2-RG-S3760-1(config)#spanning-tree mst configuration            ；进入mstp配置模式
BGL2-RG-S3760-1(config-mst)#name mstp                              ；配置mstp域名为mstp
BGL2-RG-S3760-1(config-mst)#instance 1 vlan 2-3                    ；实例1对应vlan2和vlan3
%Warning:you must create vlans before configuring instance-vlan relationship
BGL2-RG-S3760-1(config-mst)#instance 2 vlan 4-5                    ；实例2对应vlan4和vlan5
BGL2-RG-S3760-1(config-mst)#exit                                   ；退出mstp配置模式
```

2. BGL2-RG-S3760-2

```
BGL2-RG-S3760-2#spanning-tree                                      ；启动生成树协议
Enable spanning-tree.
*Dec 22 21:47:14: %SPANTREE-5-TOPOTRAP: Topology Change Trap for instance 0.
BGL2-RG-S3760-2(config)#spanning-tree mode mstp                    ；生成树协议模式为mstp
BGL2-RG-S3760-2(config)#spanning-tree mst configuration            ；进入mstp配置模式
BGL2-RG-S3760-2(config-mst)#name mstp                              ；配置mstp域名为mstp
BGL2-RG-S3760-2(config-mst)#instance 1 vlan 2-3                    ；实例1对应vlan2和vlan3
%Warning:you must create vlans before configuring instance-vlan relationship
BGL2-RG-S3760-2(config-mst)#instance 2 vlan 4-5                    ；实例2对应vlan4和vlan5
BGL2-RG-S3760-2(config-mst)#exit                                   ；退出mstp配置模式
```

3. BGL3-RG-S2026-1

```
BGL3-RG-S2026-1 (config)#spanning-tree                             ；启动生成树协议
BGL3-RG-S2026-1 (config)#spanning-tree mode mstp                   ；生成树协议模式为mstp
BGL3-RG-S2026-1 (config)#spanning-tree mst configuration           ；进入mstp配置模式
BGL3-RG-S2026-1 (config-mst)#name mstp                             ；配置mstp域名为mstp
BGL3-RG-S2026-1 (config-mst)#instance 1 vlan 2-3                   ；实例1对应vlan2和vlan3
BGL3-RG-S2026-1 (config-mst)#instance 2 vlan 4-5                   ；实例2对应vlan4和vlan5
BGL3-RG-S2026-1(config-mst)#exit                                   ；退出mstp配置模式
BGL3-RG-S2026-1(config)#spanning-tree mst 1 priority 4096          ；设置本交换机在实例1中的优先级为4096
```

4. BGL3-RG-S2150-1

```
BGL3-RG-S2150-1 (config)#spanning-tree                             ；启动生成树协议
BGL3-RG-S2150-1 (config)#spanning-tree mode mstp                   ；生成树协议模式为mstp
BGL3-RG-S2150-1 (config)#spanning-tree mst configuration           ；进入mstp配置模式
BGL3-RG-S2150-1 (config-mst)#name mstp                             ；配置mstp域名为mstp
BGL3-RG-S2150-1 (config-mst)#instance 1 vlan 2-3                   ；实例1对应vlan2和vlan3
BGL3-RG-S2150-1 (config-mst)#instance 2 vlan 4-5                   ；实例2对应vlan4和vlan5
BGL3-RG-S2150-1(config-mst)#exit                                   ；退出mstp配置模式
BGL3-RG-S2150-1(config)#spanning-tree mst 2 priority 4096          ；设置本交换机在实例2中的优先级为4096
```

步骤四：配置链路汇聚

WLZX1-RG-S5750-1建立汇聚端口1，汇聚接口配置为三层接口，IP地址为192.168.0.9/30。WLZX1-RG-S5750-2建立汇聚端口1，汇聚接口配置为三层接口，IP地址为192.168.0.10/30。配置两台交换机的G0/2～3加入汇聚接口。

1. WLZX1-RG-S5750-1

```
WLZX1-RG-S5750-1 (config)#interface aggregateport 1                ；建立链路汇聚端口
WLZX1-RG-S5750-1 (config-if-AggregatePort 1)#no switchport          ；设置链路汇聚端口1为三层汇聚
WLZX1-RG-S5750-1(config-if-AggregatePort1)#ip address 192.168.0.9 255.255.255.252
                                                                    ；设置汇聚端口IP地址
WLZX1-RG-S5750-1 (config-if-AggregatePort 1)#exit                   ；退出链路汇聚端口模式
WLZX1-RG-S5750-1 (config)#aggregateport load-balance src-dst-ip
                                                                    ；设置汇聚端口为源IP+目的IP的负载均衡方式
```

```
WLZX1-RG-S5750-1 (config)#interface range GigabitEthernet 0/2-3    ；进入接口组
WLZX1-RG-S5750-1 (config-if-range)#no switchport                   ；设置为三层接口
WLZX1-RG-S5750-1 (config-if-range)#port-group 1                    ；加入汇聚端口1
```

2. WLZX1-RG-S5750-2

```
WLZX1-RG-S5750-2 (config)#interface aggregateport 1                ；建立链路汇聚端口
WLZX1-RG-S5750-2 (config-if-AggregatePort 1)#no switchport         ；设置链路汇聚端口1为三层汇聚
WLZX1-RG-S5750-2 (config-if-AggregatePort 1)#ip address 192.168.0.10 255.255.255.252
                                                                   ；设置汇聚端口IP地址
WLZX1-RG-S5750-2 (config-if-AggregatePort 1)#exit                  ；退出链路汇聚端口模式
WLZX1-RG-S5750-2 (config)#aggregateport load-balance src-dst-ip    ；设置汇聚端口为源IP+目的IP的负载均衡方式
WLZX1-RG-S5750-2 (config)#interface range GigabitEthernet 0/2-3    ；进入接口组
WLZX1-RG-S5750-2 (config-if-range)#no switchport                   ；设置为三层接口
WLZX1-RG-S5750-2 (config-if-range)#port-group 1                    ；加入汇聚端口1
```

步骤五：配置并查看核心层交换机的IP地址

对核心层和汇聚层交换机的IP地址进行设置，见表7-2。

1. 配置WLZX1-RG-S5750-1的IP地址

```
WLZX1-RG-S5750-1(config)#interface g0/1                            ；进入接口模式
WLZX1-RG-S5750-1(config-if-GigabitEthernet 0/1)#no switchport      ；配置为三层接口
WLZX1-RG-S5750-1(config-if-GigabitEthernet 0/1)#ip address 192.168.0.2 255.255.255.252
                                                                   ；设置IP地址
WLZX1-RG-S5750-1(config-if-GigabitEthernet 0/1)#exit               ；退出接口模式
WLZX1-RG-S5750-1(config)#interface g0/4                            ；进入接口模式
WLZX1-RG-S5750-1(config-if-GigabitEthernet 0/4)#no switchport      ；配置为三层接口
WLZX1-RG-S5750-1(config-if-GigabitEthernet 0/4)#ip address 192.168.0.13 255.255.255.252
                                                                   ；设置IP地址
WLZX1-RG-S5750-1(config-if-GigabitEthernet 0/4)#exit               ；退出接口模式
WLZX1-RG-S5750-1(config)#interface g0/5                            ；进入接口模式
WLZX1-RG-S5750-1(config-if-GigabitEthernet 0/5)#no switchport      ；配置为三层接口
WLZX1-RG-S5750-1(config-if-GigabitEthernet 0/5)#ip address 192.168.0.17 255.255.255.252
                                                                   ；设置IP地址
WLZX1-RG-S5750-1(config)#interface GigabitEthernet 0/47
WLZX1-RG-S5750-1(config-if-GigabitEthernet 0/47)#no switchport     ；配置为三层接口
WLZX1-RG-S5750-1(config-if-GigabitEthernet 0/47)#ip address 192.168.100.1 255.255.255.0
                                                                   ；设置IP地址
WLZX1-RG-S5750-1(config)#interface GigabitEthernet 0/48
WLZX1-RG-S5750-1(config-if-GigabitEthernet 0/48)#no switchport     ；配置为三层接口
WLZX1-RG-S5750-1(config-if-GigabitEthernet 0/48)#ip address 192.168.254.1  255.255.255.0
                                                                   ；设置IP地址
```

2. 配置WLZX1-RG-S5750-2的IP地址

```
WLZX1-RG-S5750-2(config)#interface GigabitEthernet 0/1             ；进入接口模式
WLZX1-RG-S5750-2(config-if-GigabitEthernet 0/1)#no switchport      ；配置为三层接口
WLZX1-RG-S5750-2(config-if-GigabitEthernet 0/1)#ip address 192.168.0.6 255.255.255.252
                                                                   ；设置IP地址
WLZX1-RG-S5750-2(config-if-GigabitEthernet 0/1)#exit               ；退出接口模式
WLZX1-RG-S5750-2(config)#interface GigabitEthernet 0/4
WLZX1-RG-S5750-2(config-if-GigabitEthernet 0/4)#no switchport      ；配置为三层接口
WLZX1-RG-S5750-2(config-if-GigabitEthernet 0/4)#ip address 192.168.0.25 255.255.255.252
                                                                   ；设置IP地址
WLZX1-RG-S5750-2(config-if-GigabitEthernet 0/4)#exit
WLZX1-RG-S5750-2(config)#interface GigabitEthernet 0/5
```

```
WLZX1-RG-S5750-2(config-if-GigabitEthernet 0/5)#no switchport                                      ；配置为三层接口
WLZX1-RG-S5750-2(config-if-GigabitEthernet 0/5)#ip address 192.168.0.21 255.255.255.252            ；设置IP地址
WLZX1-RG-S5750-2(config-if-GigabitEthernet 0/5)#
```

3．配置BGL2-RG-S3760-1的IP地址

```
BGL2-RG-S3760-1(config)#interface vlan 1                                ；进入vlan接口模式
BGL2-RG-S3760-1(config-if)#ip address 192.168.1.1 255.255.255.0        ；设置IP地址
BGL2-RG-S3760-1(config-if)#exit
BGL2-RG-S3760-1(config)#interface vlan 2                                ；进入vlan接口模式
BGL2-RG-S3760-1(config-if)#ip address 192.168.2.1 255.255.255.0        ；设置IP地址
BGL2-RG-S3760-1(config-if)#exit
BGL2-RG-S3760-1(config)#interface vlan 3                                ；进入vlan接口模式
BGL2-RG-S3760-1(config-if)#ip address 192.168.3.1 255.255.255.0        ；设置IP地址
BGL2-RG-S3760-1(config-if)#exit
BGL2-RG-S3760-1(config)#interface vlan 4                                ；进入vlan接口模式
BGL2-RG-S3760-1(config-if)# ip address 192.168.4.1 255.255.255.0       ；设置IP地址
BGL2-RG-S3760-1(config-if)#exit
BGL2-RG-S3760-1(config)#interface vlan 5                                ；进入vlan接口模式
BGL2-RG-S3760-1(config-if)#ip address 192.168.5.1 255.255.255.0        ；设置IP地址
BGL2-RG-S3760-1(config-if)#exit
BGL2-RG-S3760-1(config)#interface GigabitEthernet 0/27
BGL2-RG-S3760-1(config-if)#no switchport                                ；配置为三层接口
BGL2-RG-S3760-1(config-if)#ip address 192.168.0.14 255.255.255.252     ；设置IP地址
BGL2-RG-S3760-1(config-if)#exit
BGL2-RG-S3760-1(config)#interface GigabitEthernet 0/28
BGL2-RG-S3760-1(config-if)#no switchport                                ；配置为三层接口
BGL2-RG-S3760-1(config-if)#ip address 192.168.0.22 255.255.255.252     ；设置IP地址
BGL2-RG-S3760-1(config-if)#
```

4．配置BGL2-RG-S3760-2的IP地址

```
BGL2-RG-S3760-2(config)#interface vlan 1                                ；进入vlan接口模式
BGL2-RG-S3760-2(config-if)#ip address 192.168.1.2 255.255.255.0        ；设置IP地址
BGL2-RG-S3760-2(config-if)#exit
BGL2-RG-S3760-2(config)#interface vlan 2                                ；进入vlan接口模式
BGL2-RG-S3760-2(config-if)#ip address 192.168.2.2 255.255.255.0        ；设置IP地址
BGL2-RG-S3760-2(config-if)#exit
BGL2-RG-S3760-2(config)#interface vlan 3                                ；进入vlan接口模式
BGL2-RG-S3760-2(config-if)#ip address 192.168.3.2 255.255.255.0        ；设置IP地址
BGL2-RG-S3760-2(config-if)#exit
BGL2-RG-S3760-2(config)#interface vlan 4                                ；进入vlan接口模式
BGL2-RG-S3760-2(config-if)# ip address 192.168.4.2 255.255.255.0       ；设置IP地址
BGL2-RG-S3760-2(config-if)#exit
BGL2-RG-S3760-2(config)#interface vlan 5                                ；进入vlan接口模式
BGL2-RG-S3760-2(config-if)#ip address 192.168.5.2 255.255.255.0        ；设置IP地址
BGL2-RG-S3760-2(config-if)#exit
BGL2-RG-S3760-2(config)#interface GigabitEthernet 0/27
BGL2-RG-S3760-2(config-if)#no switchport                                ；配置为三层接口
BGL2-RG-S3760-2(config-if)#ip address 192.168.0.26 255.255.255.252     ；设置IP地址
BGL2-RG-S3760-2(config-if)#exit
BGL2-RG-S3760-2(config)#interface GigabitEthernet 0/28
BGL2-RG-S3760-2(config-if)#no switchport                                ；配置为三层接口
```

```
BGL2-RG-S3760-2(config-if)#ip address 192.168.0.18 255.255.255.252    ；设置IP地址
BGL2-RG-S3760-2(config-if)#
```

步骤六：在交换机上配置OSPF

在核心层和汇聚层交换机上启动OSPF路由协议来保障校园网所有节点之间能互相访问，所有交换机启用OSPF路由协议的交换机都属于区域0。

1. 在交换机WLZX1-RG-S5750-1上配置OSPF

```
WLZX1-RG-S5750-1(config)#router ospf                                      ；启动OSPF路由协议
WLZX1-RG-S5750-1(config-router)#router-id 192.168.0.13                    ；配置router-id
Change router-id and update OSPF process! [yes/no]:yes                    ；确定更改router-id
WLZX1-RG-S5750-1 (config-router)#network 192.168.0.8 0.0.0.3  area 0      ；在此网段启动OSPF，并加入区域0
WLZX1-RG-S5750-1(config-router)#network 192.168.0.12 0.0.0.3 area 0       ；在此网段启动OSPF，并加入区域0
WLZX1-RG-S5750-1(config-router)#network 192.168.0.16 0.0.0.3 area 0       ；在此网段启动OSPF，并加入区域0
WLZX1-RG-S5750-1(config-router)#network 192.168.0.0 0.0.0.3 area 0        ；在此网段启动OSPF，并加入区域0
```

2. 在交换机WLZX1-RG-S5750-2上配置OSPF

```
WLZX1-RG-S5750-2(config)#router ospf                                      ；启动OSPF路由协议
WLZX1-RG-S5750-2(config-router)#router-id 192.168.0.21                    ；配置router-id
Change router-id and update OSPF process! [yes/no]:yes                    ；确定更改router-id
WLZX1-RG-S5750-2(config-router)#network 192.168.0.4 0.0.0.3 area 0        ；在此网段启动OSPF，并加入区域0
WLZX1-RG-S5750-2(config-router)#network 192.168.0.8 0.0.0.3  area 0       ；在此网段启动OSPF，并加入区域0
WLZX1-RG-S5750-2(config-router)#network 192.168.0.20 0.0.0.3 area 0       ；在此网段启动OSPF，并加入区域0
WLZX1-RG-S5750-2(config-router)#network 192.168.0.24 0.0.0.3 area 0       ；在此网段启动OSPF，并加入区域0
```

3. 在交换机BGL2-RG-S3760-1上配置OSPF

```
BGL2-RG-S3760-1(config)#router ospf                                       ；启动OSPF路由协议
BGL2-RG-S3760-1(config-router)#router-id 192.168.0.22                     ；配置router-id
BGL2-RG-S3760-1(config-router)#network 192.168.0.20 0.0.0.3 area 0        ；在此网段启动OSPF，并加入区域0
BGL2-RG-S3760-1(config-router)#network 192.168.0.12 0.0.0.3 area 0        ；在此网段启动OSPF，并加入区域0
BGL2-RG-S3760-1(config-router)#network 192.168.1.0 0.0.0.255 area 0       ；在此网段启动OSPF，并加入区域0
BGL2-RG-S3760-1(config-router)#network 192.168.2.0 0.0.0.255 area 0       ；在此网段启动OSPF，并加入区域0
BGL2-RG-S3760-1(config-router)#network 192.168.3.0 0.0.0.255 area 0       ；在此网段启动OSPF，并加入区域0
BGL2-RG-S3760-1(config-router)#network 192.168.4.0 0.0.0.255 area 0       ；在此网段启动OSPF，并加入区域0
BGL2-RG-S3760-1(config-router)#network 192.168.5.0 0.0.0.255 area 0       ；在此网段启动OSPF，并加入区域0
```

4. 在交换机BGL2-RG-S3760-2上配置OSPF

```
BGL2-RG-S3760-1(config)#router ospf
BGL2-RG-S3760-1(config-router)#router-id 192.168.0.22
BGL2-RG-S3760-1(config-router)#network 192.168.0.24 0.0.0.3 area 0        ；在此网段启动OSPF，并加入区域0
BGL2-RG-S3760-1(config-router)#network 192.168.0.16 0.0.0.3 area 0        ；在此网段启动OSPF，并加入区域0
BGL2-RG-S3760-1(config-router)#network 192.168.1.0 0.0.0.255 area 0       ；在此网段启动OSPF，并加入区域0
BGL2-RG-S3760-1(config-router)#network 192.168.2.0 0.0.0.255 area 0       ；在此网段启动OSPF，并加入区域0
BGL2-RG-S3760-1(config-router)#network 192.168.3.0 0.0.0.255 area 0       ；在此网段启动OSPF，并加入区域0
BGL2-RG-S3760-1(config-router)#network 192.168.4.0 0.0.0.255 area 0       ；在此网段启动OSPF，并加入区域0
BGL2-RG-S3760-1(config-router)#network 192.168.5.0 0.0.0.255 area 0       ；在此网段启动OSPF，并加入区域0
```

步骤七：配置交换机实现远程和本地访问控制

配置交换机的VTY虚拟接口和Console接口属性，使用户通过远程或本地登录交换机时，能通过本地的用户名和密码进行认证。BGL3-RG-S2026-1的vlan1的IP地址为192.168.1.3。BGL3-RG-S2150-1的vlan1的IP地址为192.168.1.4。

1. 配置交换机BGL3-RG-S2026-1允许远程访问

```
BGL3-RG-S2026-1(config)#interface vlan 1                          ；进入接口vlan1
BGL3-RG-S2026-1(config-if)#ip address 192.168.1.3 255.255.255.128 ；配置IP地址
BGL3-RG-S2026-1(config-if)#exit                                   ；退出vlan模式
BGL3-RG-S2026-1(config)#ip default-gateway 192.168.1.1            ；配置网关1
BGL3-RG-S2026-1(config)#ip default-gateway 192.168.1.2            ；配置网关2
BGL3-RG-S2026-1(config)#username wlzx password 0 wlzx22           ；配置用户名和密码
BGL3-RG-S2026-1(config)#username wlzx privilege 15                ；配置用户权限级别
BGL3-RG-S2026-1(config)#line vty 0 35                             ；进入VTY虚拟接口
BGL3-RG-S2026-1(config-line)#login local                          ；本地认证方式
BGL3-RG-S2026-1(config-line)#privilege level 15                   ；配置VTY最高权限级别
BGL3-RG-S2026-1(config-line)#transport input all                  ；允许远程通过Telnet、SSH等协议远程访问
```

2. 配置交换机BGL3-RG-S2026-1本地认证

```
BGL3-RG-S2026-1 (config)#line console 0                           ；进入Console口模式
BGL3-RG-S2026-1 (config-line)#login local                         ；本地用户认证
BGL3-RG-S2026-1 (config-line)#privilege level 15                  ；配置Console最高权限级别
BGL3-RG-S2026-1 (config-line)#exit                                ；退出Console模式
BGL3-RG-S2026-1 (config)#exit                                     ；退出配置模式
BGL3-RG-S2026-1#exit                                              ；退出特权模式并重新登录
```

3. 配置交换机BGL3-RG-S2150-1允许远程访问

```
BGL3-RG-S2150-1 (config)#interface vlan 1                          ；进入接口vlan1
BGL3-RG-S2150-1 (config-if)#ip address 192.168.1.4 255.255.255.128 ；配置IP地址
BGL3-RG-S2150-1 (config-if)#exit                                   ；退出vlan模式
BGL3-RG-S2150-1 (config)#ip default-gateway 192.168.1.1            ；配置网关1
BGL3-RG-S2150-1 (config)#ip default-gateway 192.168.1.2            ；配置网关2
BGL3-RG-S2150-1 (config)#username wlzx password 0 wlzx22           ；配置用户名和密码
BGL3-RG-S2150-1 (config)#username wlzx privilege 15                ；配置用户权限级别
BGL3-RG-S2150-1 (config)#line vty 0 35                             ；进入VTY虚拟接口
BGL3-RG-S2150-1 (config-line)#login local                          ；本地认证方式
BGL3-RG-S2150-1 (config-line)#privilege level 15                   ；配置VTY最高权限级别
BGL3-RG-S2150-1 (config-line)#transport input all                  ；允许远程通过Telnet、SSH等协议远程访问
BGL3-RG-S2150-1 (config)#line console 0                            ；进入Console口模式
BGL3-RG-S2150-1 (config-line)#login local                          ；本地用户认证
BGL3-RG-S2150-1 (config-line)#privilege level 15                   ；配置Console最高权限级别
BGL3-RG-S2150-1 (config-line)#exit                                 ；退出Console模式
```

4. 配置交换机BGL2-RG-S3760-1本地认证

```
BGL2-RG-S3760-1(config)#username wlzx password 0 wlzx22            ；配置用户名和密码
BGL2-RG-S3760-1 (config)#username wlzx privilege 15                ；配置用户权限级别
BGL2-RG-S3760-1 (config)#line vty 0 35                             ；进入VTY虚拟接口
BGL2-RG-S3760-1 (config-line)#login local                          ；本地认证方式
BGL2-RG-S3760-1 (config-line)#privilege level 15                   ；配置VTY最高权限级别
BGL2-RG-S3760-1 (config-line)#transport input all                  ；允许远程通过Telnet、SSH等协议远程访问
BGL2-RG-S3760-1 (config)#line console 0                            ；进入Console口模式
BGL2-RG-S3760-1 (config-line)#login local                          ；本地用户认证
BGL2-RG-S3760-1 (config-line)#privilege level 15                   ；配置Console最高权限级别
BGL2-RG-S3760-1 (config-line)#exit                                 ；退出Console模式
```

5. 配置交换机BGL2-RG-S3760-2本地认证

```
BGL2-RG-S3760-2(config)#username wlzx password 0 wlzx22            ；配置用户名和密码
BGL2-RG-S3760-2 (config)#username wlzx privilege 15                ；配置用户权限级别
```

```
BGL2-RG-S3760-2 (config)#line vty 0 35                    ；进入VTY虚拟接口
BGL2-RG-S3760-2 (config-line)#login local                 ；本地认证方式
BGL2-RG-S3760-2 (config-line)#privilege level 15          ；配置VTY最高权限级别
BGL2-RG-S3760-1 (config-line)#transport input all         ；允许远程通过Telnet、SSH等协议远程访问
BGL2-RG-S3760-2 (config)#line console 0                   ；进入Console口模式
BGL2-RG-S3760-2 (config-line)#login local                 ；本地用户认证
BGL2-RG-S3760-2 (config-line)#privilege level 15          ；配置Console最高权限级别
BGL2-RG-S3760-2 (config-line)#exit                        ；退出Console模式
```

步骤八：交换机启动VRRP

在汇聚层交换机启动虚拟路由器协议，建立动态故障转移机制，BGL2-RG-S3760-1作为vlan2和vlan3中的活动路由器，优先级为105；BGL2-RG-S3760-2作为vlan4和vlan5中的活动路由器，优先级为105。

1．配置BGL2-RG-S3760-1启动VRRP

```
BGL2-RG-S3760-1(config)#interface vlan 2                  ；进入vlan2接口
BGL2-RG-S3760-1(config-if)#vrrp 2 priority 105            ；设置VRRP优先级为105
BGL2-RG-S3760-1(config-if)#vrrp 2 ip 192.168.2.254        ；vlan2的虚拟IP
BGL2-RG-S3760-1(config-if)#Dec 27 16:33:56 %VRRP-6-STATECHANGE: VLAN 2 group 2 state Init -> Backup
Dec 27 16:33:59 %VRRP-6-STATECHANGE: VLAN 2 group 2 state Backup -> Master
                                                          ；上面显示的消息为VLAN2的VRRP状态由
                                                            初始化转为备份，再由备份转为主控
BGL2-RG-S3760-1(config)#interface vlan 3                  ；进入vlan3接口
BGL2-RG-S3760-1(config-if)#vrrp 3 priority 105            ；设置VRRP优先级为105
BGL2-RG-S3760-1(config-if)#vrrp 3 ip 192.168.3.254        ；vlan3的虚拟IP
BGL2-RG-S3760-1(config-if)#exit
BGL2-RG-S3760-1(config)#interface vlan 4                  ；进入vlan4接口
BGL2-RG-S3760-1(config-if)#vrrp 4 ip 192.168.4.254        ；vlan4的虚拟IP
BGL2-RG-S3760-1(config-if)#vrrp 4 preempt                 ；设置为抢占模式
BGL2-RG-S3760-1(config-if)#exit
BGL2-RG-S3760-1(config)#interface vlan 5                  ；进入vlan5接口
BGL2-RG-S3760-1(config-if)#vrrp 5 ip 192.168.5.254        ；vlan5的虚拟IP
BGL2-RG-S3760-1(config-if)#vrrp 5 preempt                 ；设置为抢占模式
```

2．配置BGL2-RG-S3760-2启动VRRP

```
BGL2-RG-S3760-2(config)#interface vlan 2                  ；进入vlan2接口
BGL2-RG-S3760-2(config-if)#vrrp 2 ip 192.168.2.254        ；vlan2的虚拟IP
BGL2-RG-S3760-2(config-if)#vrrp 3 preempt                 ；设置为抢占模式
BGL2-RG-S3760-2(config)#interface vlan 3                  ；进入vlan3接口
BGL2-RG-S3760-2(config-if)#vrrp 3 ip 192.168.3.254        ；vlan3的虚拟IP
BGL2-RG-S3760-2(config-if)#vrrp 3 preempt                 ；设置为抢占模式
BGL2-RG-S3760-2(config-if)#exit
BGL2-RG-S3760-2(config)#interface vlan 4                  ；进入vlan4接口
BGL2-RG-S3760-2(config-if)#vrrp 4 ip 192.168.4.254        ；vlan4的虚拟IP
BGL2-RG-S3760-2(config-if)#vrrp 4 priority 105            ；设置VRRP优先级为105
BGL2-RG-S3760-2(config-if)#exit
BGL2-RG-S3760-2(config)#interface vlan 5                  ；进入vlan5接口
BGL2-RG-S3760-2(config-if)#vrrp 5 ip 192.168.5.254        ；vlan5的虚拟IP
BGL2-RG-S3760-2(config-if)#vrrp 5 priority 105            ；设置VRRP优先级为105
```

步骤九：配置汇聚层交换机进行虚拟局域网间访问控制

禁止学生机访问教师PC（网段为192.168.3.0/24），但可以访问学校的服务器（网段为192.168.100.0/24）；星期一到星期五白天上课时间禁止学生访问互联网，晚上18:00～22:00可以访问互联网，星期六和星期日不限制。

1. 配置交换机BGL2-RG-S3760-1

```
BGL2-RG-S3760-1(config)#time-range student                          ；建立时间段
BGL2-RG-S3760-1(config-time-range)#periodic weekdays 18:00 to 22:00
                                                                     ；建立星期一到星期五时间周期
BGL2-RG-S3760-1(config-time-range)#periodic weekend 00:00 to 23:59
                                                                     ；建立周末时间周期
BGL2-RG-S3760-1(config-time-range)#exit                             ；退出时间段模式
BGL2-RG-S3760-1(config)#ip access-list extended student             ；建立基于名称的扩展访问列表
BGL2-RG-S3760-1(config-ext-nacl)#permit ip 192.168.5.0 0.0.0.255 192.168.100.0 0.0.0.255
                                                                     ；允许192.168.5.0访问192.168.100.0/24
BGL2-RG-S3760-1(config-ext-nacl)#deny IP 192.168.5.0 0.0.0.255 192.168.0.0 0.0.255.255
                                                                     ；拒绝192.168.5.0访问192.168.0.0/16
BGL2-RG-S3760-1(config-ext-nacl)#permit ip 192.168.5.0 0.0.0.255 any time-rangstudent
                                                                     ；允许192.168.5.0在student时间段访问任意网段
BGL2-RG-S3760-1(config-ext-nacl)#exit                               ；退出访问控制列表模式
BGL2-RG-S3760-1(config)#interface vlan 5                            ；进入vlan接口视图
BGL2-RG-S3760-1(config-if)#no vrrp 5 ip 192.168.5.254               ；取消VRRP
BGL2-RG-S3760-1(config-if)#ip access-group student in               ；绑定访问控制列表student到接口的入方向
```

2. 配置交换机BGL2-RG-S3760-2

```
BGL2-RG-S3760-2(config)#time-range student                          ；建立时间段
BGL2-RG-S3760-2(config-time-range)#periodic weekdays 18:00 to 22:00
                                                                     ；建立星期一到星期五时间周期
BGL2-RG-S3760-2(config-time-range)#periodic weekend 00:00 to 23:59
                                                                     ；建立周末时间周期
BGL2-RG-S3760-2(config-time-range)#exit                             ；退出时间段模式
BGL2-RG-S3760-2(config)#ip access-list extended student             ；建立基于名称的扩展访问列表
BGL2-RG-S3760-2(config-ext-nacl)#permit ip 192.168.5.0 0.0.0.255 192.168.100.0 0.0.0.255
                                                                     ；允许192.168.5.0访问192.168.100.0/24
BGL2-RG-S3760-2(config-ext-nacl)#deny IP 192.168.5.0 0.0.0.255 192.168.0.0 0.0.255.255
                                                                     ；拒绝192.168.5.0访问192.168.0.0/16
BGL2-RG-S3760-2(config-ext-nacl)#permit ip 192.168.5.0 0.0.0.255 any time-rangstudent
                                                                     ；允许192.168.5.0在student时间段访问任意网段
BGL2-RG-S3760-2(config-ext-nacl)#exit                               ；退出访问控制列表模式
BGL2-RG-S3760-2(config)#interface vlan 5                            ；进入vlan接口视图
BGL2-RG-S3760-2(config-if)#no vrrp 5 ip 192.168.5.254               ；取消VRRP
BGL2-RG-S3760-2(config-if)#ip access-group student in               ；绑定访问控制列表student到接口的入方向
```

步骤十：汇聚层交换机设置DHCP服务器为内网自动分配IP地址

在交换机BGL2-RG-S3760-1上启动DHCP服务，建立一个地址池wlb，分配192.168.2.0/24地址段，排除3个IP地址192.168.2.1、192.168.2.2和192.168.2.254，分配默认网关192.168.2.254，DNS服务器为202.99.160.68。

配置交换机BGL2-RG-S3760-1的DHCP服务

```
BGL2-RG-S3760-1(config)#service dhcp                          ；启动DHCP服务
BGL2-RG-S3760-1(config)#ip dhcp pool wlb                      ；建立地址池wlb
BGL2-RG-S3760-1(dhcp-config)# lease 5 0 0                     ；租约时间为5天
BGL2-RG-S3760-1(dhcp-config)# network 192.168.2.0 255.255.255.0   ；分配的地址段为192.168.2.0/24
BGL2-RG-S3760-1(dhcp-config)# dns-server 202.99.160.68        ；配置DNS服务器
BGL2-RG-S3760-1(dhcp-config)# default-router 192.168.2.254    ；配置网关IP地址
BGL2-RG-S3760-1(dhcp-config)#exit                             ；退出DHCP地址池
BGL2-RG-S3760-1(config)#ip dhcp excluded-address 192.168.2.1 192.168.2.2
                                                              ；排除IP地址192.168.2.1和192.168.2.2
BGL2-RG-S3760-1(config)#ip dhcp excluded-address 192.168.2.254  ；排除IP地址192.168.2.254
```

步骤十一：路由器基本配置

1．配置路由器名称并显示系统基本信息

```
route#config                                                  ；进入配置模式
Enter configuration commands, one per line.  End with CNTL/Z.
route(config)#hostname WLZX1-RG-RSR2004-1                     ；配置主机名
```

2．配置路由器以太网口IP地址

```
WLZX1-RG-RSR2004-1(config)#interface f0/0                     ；进入接口FastEthernet 0/0
WLZX1-RG-RSR2004-1(config-if-FastEthernet 0/0)#ip address 192.168.0.1 255.255.255.252
                                                              ；设置此接口IP地址
WLZX1-RG-RSR2004-1(config-if-FastEthernet 0/0)#exit           ；退出接口模式
WLZX1-RG-RSR2004-1(config)#interface f0/1                     ；进入接口FastEthernet 0/1
WLZX1-RG-RSR2004-1(config-if-FastEthernet 0/1)#ip address 192.168.0.5 255.255.255.252
                                                              ；设置此接口IP地址
WLZX1-RG-RSR2004-1(config-if-FastEthernet 0/1)#exit           ；退出接口模式
WLZX1-RG-RSR2004-1(config)#exit                               ；退出配置模式
```

3．配置远程管理路由器

```
WLZX1-RG-RSR2004-1(config)#aaa new-model                      ；启动AAA
WLZX1-RG-RSR2004-1(config)#aaa authentication login default local   ；AAA默认为本地认证
WLZX1-RG-RSR2004-1(config)#line vty 0 35                      ；进入VTY模式
WLZX1-RG-RSR2004-1(config-line)#login authentication default  ；使用默认登录验证
WLZX1-RG-RSR2004-1(config-line)#privilege level 15            ；特权级别为15
WLZX1-RG-RSR2004-1(config-line)#transport input all           ；配置进入协议
WLZX1-RG-RSR2004-1(config-line)#monitor                       ；启动监控
WLZX1-RG-RSR2004-1(config-line)#exit
```

4．配置Console口登录验证

```
WLZX1-RG-RSR2004-1(config)#line console 0                     ；进入Console配置模式
WLZX1-RG-RSR2004-1(config-line)#login authentication default  ；使用默认登录验证
WLZX1-RG-RSR2004-1(config-line)#privilege level 15            ；特权级别为15
WLZX1-RG-RSR2004-1(config-line)#exit
WLZX1-RG-RSR2004-1(config)#
WLZX1-RG-RSR2004-1(config)#enable password level 15 0 wlzx22  ；设置enable密码
WLZX1-RG-RSR2004-1(config)#username wlzx privilege 15 password 0 wlzx22
                                                              ；配置用户及密码
```

步骤十二：配置路由器上的PPP及验证

配置校园网的边缘路由器和两个ISP路由器之间的专线网络，两条线路都启用PPP。边

缘路由器和网通路由器之间的PPP选择CHAP认证方式；边缘路由器和电信路由器之间的PPP选择CHAP认证方式。

1．配置路由器WLZX1-RG-RSR2004-1串口IP地址

```
WLZX1-RG-RSR2004-1(config)#interface Serial 3/0                  ；进入接口模式
WLZX1-RG-RSR2004-1(config-if-Serial 3/0)#ip address 100.100.3.2 255.255.255.252
                                                                  ；配置IP地址为100.100.3.2
WLZX1-RG-RSR2004-1(config-if-Serial 3/0)# encapsulation ppp
                                                                  ；封装为PPP
WLZX1-RG-RSR2004-1(config-if-Serial 3/0)#exit                     ；退出接口模式
```

2．配置Serial 4/0的IP地址

```
WLZX1-RG-RSR2004-1(config)#interface s4/0                         ；进入接口模式
WLZX1-RG-RSR2004-1(config-if-Serial 4/0)#ip address 200.200.4.2 255.255.255.252
                                                                  ；配置IP地址为200.200.4.2
WLZX1-RG-RSR2004-1(config-if-Serial 4/0)#encapsulation ppp
                                                                  ；封装为PPP
WLZX1-RG-RSR2004-1(config-if-Serial 4/0)#exit                     ；退出接口模式
```

3．配置电信路由器串口的IP地址

```
router(config)#hostname DX200                                     ；配置主机名
DX200(config)#interface s2/0                                      ；进入接口模式
DX200(config)#ip address 200.200.4.1 255.255.255.252              ；配置IP为200.200.4.1
DX200(config-if)#encapsulation ppp                                ；封装为PPP
DX200 (config-if)#clock rate 2048000                              ；设置端口速度为2Mbit/s
DX200(config-if)#exit                                             ；退出接口模式
```

4．配置网通路由器串口的IP地址

```
router(config)#hostname wt100                                     ；配置主机名
WT100(config)#inter s2/0                                          ；进入接口模式
ip address 100.100.3.1 255.255.255.252                            ；配置IP地址为100.100.3.1
WT100(config-if)#encapsulation ppp                                ；封装为PPP
WT100(config-if)#cDec 30 15:25:43 %LINEPROTO-5-UPDOWN: Line protocol on Interface serial 2/0, changed state to up
                                                                  ；数据链路层UP
WT100(config-if)#clock rate 8192000                               ；设置端口速度为8Mbit/s
WT100(config-if)#exit                                             ；退出接口模式
WT100(config)#exit
WT100#ping 100.100.3.2                                            ；测试和边缘路由器的连通性
Sending 5, 100-byte ICMP Echoes to 100.100.3.2, timeout is 2 seconds:
<press Ctrl+C to break >
!!!!!
Success rate is 100 percent (5/5), round-trip min/avg/max = 1/2/10 ms
```

通过上面命令可以看出边缘路由器和网通路由器之间的网络已经连通。

5．路由器WT100配置CHAP

```
WT100(config)#aaa new-model                                       ；启动AAA
WT100(config)#aaa authentication ppp default local                ；PPP为本地认证
WT100(config)#username wlzx password 0 wlzx22                     ；配置用户名和密码
WT100(config)#inter s2/0                                          ；进入串口
WT100(config-if)#ppp authentication chap                          ；设置为CHAP认证
WT100(config-if)#pDec 30 15:30:10 %LINEPROTO-5-UPDOWN: Line protocol on Interface serial 2/0, changed state to
down                                                              ；由于现在一端启动认证，数据链路状态变为DOWN
```

```
WT100(config-if)#ppp chap hostname wlzx                                ；设置CHAP的用户名
WT100(config-if)#exit
```

6．路由器WLZX1-RG-RSR2004-1配置CHAP

```
WLZX1-RG-RSR2004-1(config)# aaa new-model                              ；启动AAA
WLZX1-RG-RSR2004-1(config)#aaa authentication ppp default local        ；PPP为本地认证
WLZX1-RG-RSR2004-1(config)#username wlzx password wlzx22               ；配置用户名和密码
WLZX1-RG-RSR2004-1(config-if-Serial 3/0)#ppp authentication chap       ；设置为CHAP认证
WLZX1-RG-RSR2004-1(config-if-Serial 3/0)#ppp chap hostname wlzx        ；设置CHAP的用户名
WLZX1-RG-RSR2004-1(config-if-Serial 3/0)#*Dec 30 16:43:37: %LINEPROTO-5-UPDOWN: Line protocol on Interface
Serial 3/0, changed state to up.                                       ；协商通过，数据链路层状态为UP
WLZX1-RG-RSR2004-1(config-if-Serial 3/0)#exit
```

7．路由器WLZX1-RG-RSR2004-1配置PAP

```
WLZX1-RG-RSR2004-1(config)#interface s4/0                              ；进入接口模式
WLZX1-RG-RSR2004-1(config-if-Serial 4/0)#ppp pap sent-username wlzx password 0 wlzx22
                                                                       ；设置为PAP被验证端，发送的用户名为
                                                                         wlzx，密码为wlzx22
WLZX1-RG-RSR2004-1(config-if-Serial 4/0)#exit
```

8．路由器DX200配置PAP

```
DX200(config)#aaa new-model                                            ；启动AAA
DX200(config)#aaa authentication ppp default local                     ；设置为本地认证
DX200(config)#username wlzx password 0 wlzx22                          ；设置用户名和密码
DX200(config)#interface s2/0                                           ；进入接口模式
DX200(config-if)#ppp authentication pap                                ；配置为PAP认证
DX200(config-if)#exit                                                  ；退出接口模式
```

步骤十三：启动OSPF路由协议并向内网交换机发布默认路由

校园网络边缘路由器启动OSPF路由协议，使内网所有网段互通，并设置到两个ISP的默认路由来减轻路由器对路由表的维护工作量，同时把默认路由引入内网，使交换机把到未知网段的数据转发到边缘路由器。

1．配置默认路由

```
WLZX1-RG-RSR2004-1#config                                              ；进入配置模式
Enter configuration commands, one per line.  End with CNTL/Z.
WLZX1-RG-RSR2004-1(config)#ip route 0.0.0.0 0.0.0.0 100.100.3.1        ；建立到100.100.3.1的默认路由
WLZX1-RG-RSR2004-1(config)#ip route 0.0.0.0 0.0.0.0 200.200.4.1        ；建立到200.200.4.1的默认路由
```

2．启动OSPF路由协议

```
WLZX1-RG-RSR2004-1(config)#router ospf                                 ；进入OSPF路由协议模式
WLZX1-RG-RSR2004-1(config-router)#network 192.168.0.0 0.0.0.3 area 0
                                                                       ；把网络192.168.0.0/30加入区域0
WLZX1-RG-RSR2004-1(config-router)#network 192.168.0.4 0.0.0.3 area 0
                                                                       ；把网络192.168.0.4/30加入区域0
WLZX1-RG-RSR2004-1(config-router)#exit                                 ；退出OSPF路由协议模式
```

3．引入静态路由和默认路由

```
WLZX1-RG-RSR2004-1(config)#router ospf                                 ；进入OSPF路由协议模式
WLZX1-RG-RSR2004-1(config-router)#redistribute connected subnets       ；重新分布直连路由到OSPF路由协议
WLZX1-RG-RSR2004-1(config-router)#redistribute static subnets          ；重新分布静态路由到OSPF路由协议
WLZX1-RG-RSR2004-1(config-router)#default-information originate always
                                                                       ；产生默认路由并重新分布到OSPF路由协议
```

步骤十四：通过网络地址转换的端口多路复用技术（NAPT）允许内网用户访问外网及发布内网服务器

在校园网的边缘路由器上，启动NAPT协议，使“内部”网络在通过此路由器发送和接收数据包的过程中，路由器进行私有地址和公网IP地址的转换，即可实现私有地址网络内所有计算机与互联网的通信需求；同时通过NAT协议发布内网的Web和FTP服务器，允许外网主机访问内网服务器。

1. 管理员配置路由器的相应接口为内部接口或外部接口

```
WLZX1-RG-RSR2004-1(config)# interface FastEthernet 0/0
WLZX1-RG-RSR2004-1(config-if-FastEthernet0/0)#ip address192.168.0.1 255.255.255.252
                                                        ；设置IP地址
WLZX1-RG-RSR2004-1 (config-if-FastEthernet 0/0)#ip nat inside    ；设置此接口连接内部网络
WLZX1-RG-RSR2004-1 (config-if-FastEthernet 0/0)#exit
WLZX1-RG-RSR2004-1 (config)#interface FastEthernet 0/1
WLZX1-RG-RSR2004-1(config-if-FastEthernet0/1)#ip address192.168.0.5255.255.255.252
                                                        ；设置IP地址
WLZX1-RG-RSR2004-1 (config-if-FastEthernet 0/1)#ip nat inside    ；设置此接口连接内部网络
WLZX1-RG-RSR2004-1 (config-if-FastEthernet 0/1)#exit
WLZX1-RG-RSR2004-1 (config)#interface serial 3/0
WLZX1-RG-RSR2004-1 (config-if-Serial 3/0)# ip address 100.100.3.2 255.255.255.252
                                                        ；设置IP地址
WLZX1-RG-RSR2004-1 (config-if-Serial 3/0)#ip nat outside    ；设置此接口连接外部网络
WLZX1-RG-RSR2004-1 (config-if-Serial 3/0)#exit
WLZX1-RG-RSR2004-1 (config)#interface serial 4/0
WLZX1-RG-RSR2004-1 (config-if-Serial 4/0)# ip address 200.200.4.2 255.255.255.252
                                                        ；设置IP地址
WLZX1-RG-RSR2004-1 (config-if-Serial 4/0)#ip nat outside    ；设置此接口连接外部网络
WLZX1-RG-RSR2004-1 (config-if-Serial 4/0)#exit
```

2. 创建ACL，允许内网所有用户

```
WLZX1-RG-RSR2004-1 (config)#ip access-list standard 1    ；创建标准访问控制列表1
WLZX1-RG-RSR2004-1 (config-std-nacl)#permit any    ；允许所有网络
WLZX1-RG-RSR2004-1 (config-std-nacl)#exit
WLZX1-RG-RSR2004-1 (config)#ip access-list standard 2    ；创建标准访问控制列表2
WLZX1-RG-RSR2004-1 (config-std-nacl)#permit any    ；允许所有网络
WLZX1-RG-RSR2004-1 (config-std-nacl)#exit
```

3. 建立明确的内外网IP地址映射

```
WLZX1-RG-RSR2004-1 (config)#ip nat inside source list 1 interface serial 3/0
                                    ；启用NAPT，转换标识访问控制列表1定义
                                      网络为接口S3/0的IP地址
WLZX1-RG-RSR2004-1 (config)#ip nat inside source list 2 interface serial 4/0
                                    ；启用NAPT，转换标识访问控制列表2定义
                                      网络为接口S4/0的IP地址
WLZX1-RG-RSR2004-1 (config)#ip nat inside source static tcp 192.168.100.80 80 100.100.4.2 80
                                    ；发布内网Web服务器IP地址192.168.100.80
WLZX1-RG-RSR2004-1 (config)#ip nat inside source static tcp 192.168.100.80 80 200.200.4.2 80
                                    ；发布内网Web服务器IP地址192.168.100.80
```

```
WLZX1-RG-RSR2004-1 (config)#ip nat inside source static tcp 192.168.100.21 21 200.200.4.2 21
                                                        ；发布内网FTP服务器IP地址192.168.100.21
WLZX1-RG-RSR2004-1 (config)#ip nat inside source static tcp 192.168.100.21 21 100.100.3.2 21
                                                        ；发布内网FTP服务器IP地址192.168.100.21
```

步骤十五：路由器启动URL过滤

在路由器上设置过滤规则sohu，建立URL过滤类别sohu，建立基本访问控制列表允许内网所有用户，并在内网接口入方向应用此URL过滤类别。

```
WLZX1-RG-RSR2004-1(config)#ip url_filter rule sohu .*sohu.com       ；建立过滤规则sohu条目1
WLZX1-RG-RSR2004-1(config)#ip url_filter rule sohu .*sohu*          ；建立过滤规则sohu条目2
WLZX1-RG-RSR2004-1(config)#ip url_filter category 1 sohu            ；建立过滤类别sohu
WLZX1-RG-RSR2004-1(config)#access-list 10 permit any                ；建立访问控制列表
WLZX1-RG-RSR2004-1(config)#interface FastEthernet 0/0               ；进入F0/0接口模式
WLZX1-RG-RSR2004-1(config-if-FastEthernet 0/0)#ip url_filter exclusive-domain 1 10 permit in
                                                        ；应用过滤规则1到F0/0的入方向
WLZX1-RG-RSR2004-1(config-if-FastEthernet 0/0)#exit
WLZX1-RG-RSR2004-1(config)#interface FastEthernet 0/1               ；进入F0/1接口模式
WLZX1-RG-RSR2004-1(config-if-FastEthernet 0/1)#ip url_filter exclusive-domain 1 10 permit in
                                                        ；应用过滤规则1到F0/1的入方向
WLZX1-RG-RSR2004-1(config-if-FastEthernet 0/1)#exit
```

步骤十六：通过Console口配置无线AP并测试客户端

在核心交换机连接的无线AP的端口启动POE功能，配置连接无线AP接口的IP地址；配置无线AP为胖模式，配置DHCP服务为客户端分配192.168.254.0/24网段的IP地址，设置无线的SSID为wireless，周期性广播SSID。

1. 切换AP为胖模式工作

```
Ruijie>ap-mode fat                                   ；切换无线AP为胖模式
Ruijie>enable                                        ；进入特权模式
Ruijie#conf                                          ；进入配置模式
Enter configuration commands, one per line.  End with CNTL/Z.
Ruijie(config)#hostname WLZX2-RG-AP220-1             ；设置主机名
```

2. 配置无线用户VLAN和DHCP服务器

```
WLZX2-RG-AP220-1 (config)#vlan 1                     ；创建无线用户VLAN
WLZX2-RG-AP220-1 (config)#service dhcp               ；开启DHCP服务
WLZX2-RG-AP220-1 (config)#ip dhcp excluded-address 192.168.254.1 192.168.254.2
                                                        ；排除IP地址范围
WLZX2-RG-AP220-1(config) #ip dhcp pool wireless      ；配置DHCP地址池，名称是“wireless”
WLZX2-RG-AP220-1 (dhcp-config)#network 192.168.254.0 255.255.255.0 ；下发172.16.1.0地址段
WLZX2-RG-AP220-1 (dhcp-config)#dns-server 8.8.8.8    ；下发DNS地址
WLZX2-RG-AP220-1 (dhcp-config)#default-router 192.168.254.1        ；下发网关
WLZX2-RG-AP220-1 (dhcp-config)#exit                  ；退出dhcp模式
```

注意：如果DHCP服务在上联设备设置，请在全局配置无线广播转发功能，否则会出现DHCP获取不稳定现象。命令如下：

```
Ruijie(config)#data-plane wireless-broadcast enable
```

3. 配置AP的以太网接口，让无线用户的数据可以正常传输

```
WLZX2-RG-AP220-1 (config)#interface GigabitEthernet 0/1   ；进入上联端口
WLZX2-RG-AP220-1 (config-if)#encapsulation dot1Q 1        ；封装为vlan1
```

注意：要封装相应的vlan，否则无法通信。

```
WLZX2-RG-AP220-1 (config-if)#exit                                  ；退出接口模式
```

4. 配置WLAN，并广播SSID

```
WLZX2-RG-AP220-1 (config)#dot11 wlan 1                             ；配置wlan1
WLZX2-RG-AP220-1 (dot11-wlan-config)#vlan 1                        ；关联vlan1
WLZX2-RG-AP220-1 (dot11-wlan-config)#broadcast-ssid                ；广播SSID
WLZX2-RG-AP220-1 (dot11-wlan-config)#ssid wireless                 ；SSID名称为wireless
WLZX2-RG-AP220-1 (dot11-wlan-config)#exit                          ；退出wlan模式
```

5. 创建射频子接口，封装无线用户vlan

```
WLZX2-RG-AP220-1 (config)#interface Dot11radio 1/0.1               ；进入射频子接口
WLZX2-RG-AP220-1 (config-if-Dot11radio 1/0.1)#encapsulation dot1Q 1
                                                                   ；封装为vlan1
WLZX2-RG-AP220-1 (config-if-Dot11radio 1/0.1)#mac-mode fat         ；MAC模式为胖模式
```

注意：mac-mode 模式必须为fat，否则会出现能搜索到信号，但连接不上无线网络的现象。

6. 在射频口上调用wlan-id，使能发出无线信号

```
WLZX2-RG-AP220-1 (config)#interface Dot11radio 1/0                 ；进入射频口
WLZX2-RG-AP220-1 (config)#radio-type 802.11n                       ；设置为802.11n
WLZX2-RG-AP220-1 (config-if-Dot11radio 1/0)#channel 1              ；信道为channel 1，802.11n中互不干扰的信
                                                                     道为1、6、11
WLZX2-RG-AP220-1 (config-if-Dot11radio 1/0)#power local 100        ；功率改为100%（默认）
WLZX2-RG-AP220-1 (config-if-Dot11radio 1/0)#wlan-id 1              ；关联wlan1
WLZX2-RG-AP220-1 (config-if-Dot11radio 1/0)#exit
```

7. 配置interface vlan地址和静态路由

```
WLZX2-RG-AP220-1 (config)#interface BVI 1                          ；配置管理地址接口
WLZX2-RG-AP220-1 (config-if-BVI 1)#ip address 192.168.254.2 255.255.255.0
                                                                   ；该地址只能用于管理，不能作为无线用户
                                                                     网关地址
WLZX2-RG-AP220-1 (config-if-BVI 1)#exit                            ；退出管理地址模式
WLZX2-RG-AP220-1 (config)#ip route 0.0.0.0 0.0.0.0 192.168.254.1   ；配置默认路由指向192.168.254.1
WLZX2-RG-AP220-1 (config)#end                                      ；结束配置
WLZX2-RG-AP220-1 #write                                            ；保存配置
```